中国北方地区植被与水循环相互作用机理

邵薇薇　陈向东　刘家宏
关天胜　黄昊　孙福宝　等　著

科学出版社

北京

内 容 简 介

本书通过基础分析、理论探索、机理分析、模型方法、方法应用等手段探讨了中国北方干旱半干旱地区植被与水循环的相互作用机理。研究提出了 Budyko 水热耦合平衡模型中植被特征的数学表达，并基于 Eagleson 生态水文理论分析植被与流域水文要素的动态平衡关系。本书通过 VIC 模型与 CASACNP 模型的耦合，解析了水、能量和碳氮之间的复杂联系，并对特定气候模式下水量能量平衡进行了模拟。在水热耦合平衡理论与生态水文模型的耦合研究的基础上，探讨了未来气候变化条件下流域的生态水文响应，对于理解我国植被与水循环之间的复杂作用机理，具有一定的参考意义。

本书可作为大专院校和科研单位的专家学者、研究生的参考书，也可为从事生态水文、生态环境保护及水资源管理的技术人员提供参考借鉴。

图书在版编目 (CIP) 数据

中国北方地区植被与水循环相互作用机理 / 邵薇薇等著 . —北京：科学出版社，2017.9

ISBN 978-7-03-054133-8

Ⅰ. ①中… Ⅱ. ①邵… Ⅲ. ①植被-关系-水循环-研究-中国 Ⅳ. ①Q948.15 ②P339

中国版本图书馆 CIP 数据核字（2017）第 194008 号

责任编辑：刘 超 / 责任校对：彭 涛
责任印制：张 伟 / 封面设计：无极书装

科学出版社 出版

北京东黄城根北街 16 号
邮政编码：100717

http://www.sciencep.com

北京京华虎彩印刷有限公司 印刷

科学出版社发行 各地新华书店经销

*

2017 年 9 月第 一 版 开本：B5（720×1000）
2018 年 5 月第二次印刷 印张：17 1/2
字数：350 000

定价：**118.00 元**

（如有印装质量问题，我社负责调换）

前　言

本书主要针对非湿润地区植被与流域水循环的相互作用机理和碳氮的生物地球化学循环对陆地生态系统的作用进行探讨研究。

非湿润地区植被与流域水循环的相互作用机理是流域生态水文学的研究热点之一。在缺水环境下，植被的生长主要由可利用水分的多少决定，而植被在生长过程中通过冠层截留及蒸腾等影响流域的水文循环。近几十年来，森林砍伐、过度耕作和不合理的水资源开发等，导致我国北方非湿润地区出现严重的生态和环境问题。因此，研究植被与流域水循环的相互作用机理是解决非湿润地区生态环境问题的迫切需要。

碳氮的生物地球化学循环对于陆地生态系统来说至关重要，同时碳氮的循环通过植被与水循环也产生紧密的联系。有研究证明，在二氧化碳升高的背景下，如果不考虑碳氮循环，对于未来气候情景下的模拟，会低估陆地地表径流的增加及高估陆地表面的蒸发。同时，水循环的改变也会影响碳氮的循环。水文过程与生物地球化学过程之间紧密的相互作用已受到越来越多的关注。

本书按照研究内容主要划分为三个部分，第一部分主要是对中国非湿润地区植被与流域水循环相互作用机理的研究，为本书的第 1 章到第 5 章。第 1 章概述非湿润地区生态水文相关的研究背景及意义；第 2 章是植被与流域水循环要素的相关分析；第 3 章是基于水热耦合平衡原理分析植被对流域水循环的影响；第 4 章是基于生态水文模型分析植被与流域水循环的关系；第 5 章是流域水循环模拟中的植被参数化方法。第二部分是对陆面水文模型与碳氮生物地球化学循环的耦合与应用的研究，为本书的第 6 章到第 11 章。第 6 章是碳氮生物地球化学循环相关的研究背景及意义；第 7 章是试验站点与使用数据；第 8 章是 VIC 与 CASACNP 模型的耦合；第 9 章是 VIC 土壤水模块的改进与稳定性分析；第 10 章是水、能量和碳氮的耦合以及倍增 CO_2 情景下的模拟；第 11 章是 Richards 方程下边界对水–能量–碳循环的影响研究。第三部分为本书的结论，即第 12 章。

特别指出，感谢清华大学杨大文教授和中国科学院地理科学与资源研究所夏军研究员、匹兹堡大学梁旭教授在本书编著和课题研究过程中的悉心指导。本书主要由中国水利水电科学研究院邵薇薇高工和中国水权交易所陈向东高工共同编写完成，中国水利水电科学研究院刘家宏教高、杨朝晖高工、刘扬工程师、黄昊高工、研究生周晋军、郑爽、李维佳和中国科学院地理科学与资源研究所孙福宝研究员及厦门市城市规划设计研究院关天胜总工、王宁高工等以及长江勘测规划设计研究院曾思栋等也参与了本书的编写和校编工作。此外，中国水利水电科学研究院杨志勇教高、清华大学杨汉波副教授和吕华芳高工等也对本书的出版给予了关心和支持。由于作者水平有限，书中难免存在不足之处，敬请广大读者不吝批评赐教。

作　者

2017 年 8 月

| 目　　录 |

|第1章| 非湿润地区生态水文相关的研究背景及意义

1.1 研究背景和意义

　　地球上的大气圈、水圈、生物圈、土壤圈和岩石圈之间无时无刻不在进行着物质和能量的交换、运移和转化。生态系统的物质循环主要包括水循环、气体型循环（如碳的循环）和沉积型循环（如磷的循环）等。生态系统中所有的物质循环都是在水循环的推动下完成的，因此，没有水的循环，也就没有生态系统的功能，生命也将难以维持。大气圈中的大气、生物圈中的植被、土壤圈中的土壤是水循环的重要载体（图1-1）。水分在大气–植被–土壤系统中复杂的运移和转化过程，表现为气候–植被–水循环之间复杂的相互作用（刘昌明和孙睿，1999；芮孝芳，2004；康绍忠等，1994）。大气通过降水等气象事件来影响植被和土壤，降水一部分入渗，一部分产生径流，入渗的部分不断通过植被和土壤的蒸散发作用又进入大气，径流部分最终也以蒸发的形式返回到大气，形成一个循环反复的过程。

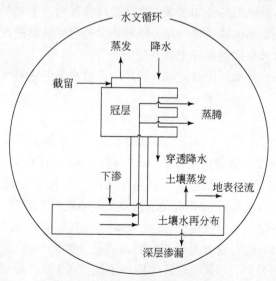

图1-1　水分在大气–植被–土壤系统中运移和转化示意图

气候、植被和水循环之间是紧密相关和相互制约的。一方面，气候中的光、热条件和土壤中的水分供给等决定了植被的生长。植被在气候和土壤水分的双重控制下，在长期的自然选择中形成了它们特有的形态和空间分布。另一方面，植被的生长又会通过冠层的蒸腾、冠层对降水的截留蒸发，以及与水分过程同时伴随的能量分配过程（如净辐射在显热和潜热之间的分配）来影响流域的水循环和区域的小气候。气候-植被-水循环之间复杂的内在相互作用机理一直以来都是流域生态水文学研究的核心问题之一。

1.1.1 理论背景

从生态水文学的观点来看，植被和土壤生态系统对陆地的水文过程进行了划分，将降水分割成人类可见的"蓝水"和不可见的"绿水"（Falkenmark and Rockstrom，2004；任立良和束龙仓，2006）。蓝水是指水循环过程中的径流部分，包括地表径流和地下径流等，它们构成了水循环的水平分量。蓝水部分是农业灌溉、工业生产、城市生活和水生栖息地等用水的主要来源。绿水是指进入大气的水分，即水循环过程中的蒸散发部分，包括植被的蒸腾、土壤的蒸发、水面的蒸发和冠层降水截留蒸发等，它们构成了水循环的垂直分量。绿水又可以进一步细分为生产性绿水和非生产性绿水，前者指植被的蒸腾，其水分直接用于生物量的生产，后者则由土壤蒸发、水面蒸发和冠层降水截留蒸发等部分组成，也有学者称后者为"白水"（程国栋和赵传燕，2006）。绿水部分主要用于保障生态系统功能或者提供生态系统服务，如雨养农业、森林和草地的生长耗水等。蒸散发将流域水量平衡与能量平衡联系在一起，植被的蒸腾占流域蒸散发的很大部分，因此植被对于流域水分和能量循环十分重要。

对于无外来调水补给的闭合流域，长期的水量平衡公式可以表示为

$$P = E+R$$
$$= E_v + E_s + E_c + E_w + R_s + R_g \tag{1-1}$$

式中，P 为流域的降水量；E 为流域的蒸散发量，主要包括植被的蒸腾 E_v，裸土的蒸发 E_s，冠层对降水的截留蒸发 E_c 和水面蒸发 E_w；而 R 为流域的径流量，主要包括地表径流 R_s 和地下径流 R_g。就全球来说，约 60% 的降水被蒸散发所消耗，在农田系统中则有接近 99% 的用水被蒸散发消耗（刘京涛，2006）。

蒸散发过程不仅是水分迁移的过程，同时，也伴随着近地表能量的分配。近地表所获得的净辐射的能量分配形式主要包括显热通量（用于大气升温）、潜热通量（用于水分蒸发）、土壤热通量（用于土壤升温），以及用于植被光合作用和生物量增加的能量。通常最后一部分能量所占比例较小，常常被忽略不计。根

据能量平衡原理，区域近地表的能量平衡公式可以表示为

$$R_n = H + \lambda E + G + PH \tag{1-2}$$

式中，R_n 为地表接受到的净辐射；H 为显热通量；λE 为潜热通量，其中 λ 为水的汽化潜热（约 $2.26 \times 10^6 \text{J/kg}$）；$G$ 为土壤热通量；PH 为生物质能消耗（庞治国等，2004）。

由式（1-1）和式（1-2）可知，蒸散发既是流域水量平衡的重要组成部分，又是流域近地表能量平衡的重要构成环节。也就是说，区域的水量平衡和能量平衡通过蒸散发而耦合在一起。而这个新的平衡事实上是独立于水量平衡和能量平衡的，称为水热耦合平衡。苏联著名气候学家 Budyko（1974）在研究全球水量和能量平衡时，指出陆面长期平均的蒸散发量主要由大气对陆面的水分供给（降水量）和蒸发需求（净辐射量或潜在蒸散发量）之间的平衡决定。基于此，在多年尺度上，用降水量 P 代表陆面蒸散发的水分供应条件，用潜在蒸散发 E_0 来代表蒸散发的能量供应条件，对陆面蒸散发限定了如下边界条件。

在极端干燥条件下，如沙漠地区，全部降水都将转化为蒸散发量，

$$\text{当} \frac{E_0}{P} \to +\infty \text{时}, \quad \frac{E}{P} \to 1 \tag{1-3}$$

在极端湿润条件下，可用于蒸散发的能量（潜在蒸散发）都将转化为潜热，

$$\text{当} \frac{E_0}{P} \to 0 \text{时}, \quad \frac{E}{E_0} \to 1 \tag{1-4}$$

并提出了满足此边界条件的水热耦合平衡方程的一般形式，

$$\frac{E}{P} = f(E_0/P) = f(\phi) \tag{1-5}$$

式中，ϕ 为辐射干燥度或干旱指数，$\phi = R_n/\lambda P$ 或 $\phi = E_0/P$。辐射干燥度或干旱指数作为水热联系的度量指标已被广泛地应用于气候带的划分与自然植被带的区划中，对探讨自然地理的规律具有重要意义（FAO，1977）；Budyko 认为，$f(\phi)$ 是一个普适函数，是一个满足如上边界条件并独立于水量平衡和能量平衡的水热耦合平衡方程。

Budyko 最初的研究跨越了较大的时空尺度，并未考虑下垫面条件的影响，其经验曲线形状单一。按生态水文学的理解，陆地植被同时受到气候和水分的双重控制，在长期的自然选择中形成了特有的植被形态和空间分布（Eagleson，2002），同时流域的水量平衡，即使在多年平均尺度上，除了受到气候因素的影响外，还受到地形、植被和土壤等下垫面条件的影响，即土壤-植被-大气系统的相互作用（Rodríguez-Iturbe et al.，2004）。其土壤-植被-大气系统中的能量和水分平衡关系可以抽象表示为

$$P = E(s_0, c, s, v) + R(s_0, c, s) \tag{1-6}$$

式中，s_0 为均衡土壤水分的影响；c 为气候条件的影响；s 为土壤特性的影响；v 为植被特性的影响。式（1-6）反映了气候、植被、土壤特性、土壤水分等对流域水量平衡的影响，其中覆被状况通过影响蒸散发进而影响着总的水量平衡。这是因为，植被的蒸腾和冠层截留蒸发是蒸散发的重要组成部分。覆被的变化，如植被覆盖状况的变化（如砍伐森林等）或植被类型的改变（如森林转变成农田等），将会导致区域蒸散发的改变。

我国幅员辽阔，水资源总量丰富，约为 28 100 亿 m³，而人均水资源量仅约为 2200 m³，不足世界平均水平的 1/4，是联合国所列的世界上 13 个贫水国家之一（汪恕诚，2005；何炎红，2006）。而且，我国水资源时空上分布极不均匀，空间上的不均表现为东多西少，时间上的不均表现为降水量和径流量的年际变化剧烈和年内高度集中，造成水旱灾害频发。我国多年平均降水深为 648 mm/a，作为参照，世界多年平均降水深为 800 mm/a，亚洲多年平均降水深为 740 mm/a。若按照年平均降水深的大小，可以将我国主要分为 4 个干湿区域：湿润区、半湿润区、半干旱区和干旱区（秦大河，2002），4 个区域之间降水深的分界线分别为 800 mm/a、400 mm/a 和 200 mm/a（表 1-1）。

表 1-1   我国干湿地区降水量划分表

干旱特性	年降水深/(mm/a)	气候和生物特征
湿润区	>800	气候湿润，能生长森林
半湿润区	400~800	气候比较湿润，能生长森林和草原
半干旱区	200~400	气候比较干燥，主要是草原
干旱区	<200	气候干燥

一个地区的干湿程度取决于水分和能量收支平衡状态。区域干湿状况不仅和降水量有关，还和潜在的蒸散发量有密切关系。学者们认为，各地区干湿程度的基本情况可以用干燥度 $\phi = R_n/\lambda P$ 来表示（吴绍洪等，2005；高国栋和陆渝蓉，1985）。根据经验分法，可以按照干燥度的大小将区域划分为 5 种不同的干旱特性（表1-2）。在我国，按干燥度大小划分的干旱特性分区和我国自然景观的分布是基本一致的；并且，半干旱和半湿润区的分界线大致与年降水深 400 mm/a 等值线相重合，而干旱区与半干旱区的分界线也大致与年降水深 200 mm/a 等值线相重合（刘玉平，1998）。

表 1-2   干燥度划分及干旱特性

干燥度（$\phi = R_n/\lambda P$）	干旱特性	干燥度（$\phi = R_n/\lambda P$）	干旱特性
$\phi < 1.0$	湿润区	$7.0 \leq \phi < 10.0$	干旱区
$1.0 \leq \phi < 2.0$	半湿润区	$\phi \geq 10.0$	极端干旱区
$2.0 \leq \phi < 7.0$	半干旱区		

在我国十大水资源一级区中（松花江流域、西北诸河区、辽河流域、海河流域、黄河流域、淮河流域、长江流域、西南诸河区、珠江流域和东南诸河区），北方地区的流域基本上处于半干旱半湿润区（如海河流域、辽河流域、淮河流域、黄河流域等）和干旱半干旱区（如西北内陆河流域等）。若将湿润区以外的地区定义为非湿润地区，则我国北方的流域基本都属于非湿润地区。

在非湿润地区，降水绝大部分都转化为蒸散发。通常情况下，我国北方非湿润地区的年蒸散发量可达到年降水量的80%左右。蒸散发的主要组成部分包括植被冠层蒸腾、土壤蒸发，以及冠层和地表洼地对降水的截留蒸发等。其中，植被的蒸腾和冠层的截留蒸发是总蒸散发量的重要组成部分，它们与植被的生长状况有很大关联。因此，在非湿润区，土壤–植被–大气的相互作用对流域水循环的影响尤为重要。

1.1.2　应用背景

在传统的"狭义水资源"观念中，一般只考虑了径流性水资源，即蓝水部分。近半个多世纪以来，我国北方的流域对蓝水的过度开发利用给生态和环境带来了一系列问题（潘家铮和张泽祯，2001；夏军等，2004）。以海河流域为例，根据第二次全国水资源评价的结果，20世纪八九十年代以来水资源总量减少了25.3%，地表水资源更减少了41%。而为弥补水资源供给的不足，每年超采深层地下水达60亿 m³以上，累计超采量已超过1000亿 m³，仅河北境内就出现了20多个漏斗区，加上北京、天津地区，影响面积达5万 km²。长期超采地下水不仅造成地面沉降、海水入侵等一系列生态和环境问题，还由于战略性地下水储备锐减而大大降低了抵御特大干旱的能力（薛禹群等，2006；吴吉春等，1993）。在黄河流域，自1972年以后，下游持续间歇性地断流，且断流现象在20世纪90年代加剧。河道流量的减少、黄土高原地区的高度侵蚀及沿途沉积物的堆积，导致了黄河下游河床的抬高（杨大文等，2004；王栋等，2006；Shao et al.，2009）。在内陆河流域，对水资源的过度开发也已经导致了一系列的生态环境问题，如湖泊萎缩、植被退化（如胡杨林衰败）、土壤荒漠化和盐碱化严重、下游地区无径流入湖等（程国栋和赵传燕，2006）。近年来，"广义水资源"理论不断地被引用和推广。"广义水资源"不仅包括径流性水资源，还包括生态系统可以利用的有效降水、土壤水等（王浩等，2004），前文所述的蓝水和绿水的总和即可以理解为"广义水资源"（贾仰文等，2006）。但是就目前来看，对绿水资源的评价，以及如何更有效地利用绿水资源等还有待于进一步加强研究。

另外，国内许多研究表明，近50年来我国北方地区的径流量呈减少趋势，如黄河干流近50年来实际来水量不断减少，其原因主要受到气候变化和人类活动的影响（Yang et al. , 2004；刘昌明和张学成，2004；王浩等，2005）。人类活动主要包括在流域内对下垫面条件的改变，如覆被变化、农业灌溉等。黄河流域、海河流域、辽河流域和松花江流域的长系列观测数据表明，其河川径流量均有减少的趋势，在同一量级的降水量下，20世纪八九十年代的径流量比五六十年代的径流量减少20%~50%，表明人类活动对下垫面的改变是导致这些流域径流量减少的直接原因（任立良等，2001；Yang and Shao，2008）。自1970年以来，一些国际组织先后开展了土地利用/覆被变化的水文水资源效应研究，如国际地圈-生物圈计划（IGBP）的核心项目［全球分析、解释与建模（GAIM），水循环的生物学方面（BAHC），全球变化与陆地生态系统（GCTE），土地利用/土地覆盖变化（LUCC）］就是把土地利用/覆被变化的水文水资源效应作为全球变化的重要研究内容之一。其研究方法也在发生较大的转变，逐渐由传统的统计分析方法转向水文模型方法，由只关注土地利用/覆被变化造成的结果转向揭示土地利用/覆被变化对水文和水资源影响的过程与机理。但利用流域水文模型模拟研究人类活动引起土地利用等下垫面变化对水循环影响的研究仍然处于起步阶段（谢平等，2007）。流域的覆被特征与流域水循环之间的数量关系还不清楚，也缺乏一个可信的模型来模拟覆被变化对流域水循环的影响（Kokkonen and Jakeman，2002）。

自1998年起，我国政府开始实施"天然林保护工程"（natural forest protection project，NFPP）以防治土壤侵蚀和确保可持续发展（McVicar et al. , 2007）。黄河流域中游的黄土高原地区是我国环境恶化最为突出的地区之一。1999年，我国政府规定，在黄土高原地区要增加植树造林工程（Zhang et al. , 2007）。目前，黄土高原地区已经采取一系列水土保持措施，如植树造林、建设淤地坝等。建设淤地坝的目的也是想通过改变区域的土壤水分状况，来改善黄河流域的植被生长条件，以增加植被的覆盖率，从而控制水土流失（徐宪立等，2006）。但是在水资源短缺的地区植树造林，必须要研究植被与流域水循环的相互作用机理，否则水资源供不应求，会造成树木成活率不高；而且植被生长会通过蒸散发消耗土壤水分，若是植树造林不当，会改变当地的水量平衡，使生态环境恶化（游珍等，2005；王红闪等，2005）。

1.1.3 研究意义

由上述的研究背景可知，植被和水循环的相互作用机理是流域生态水文学研究的热点问题之一。我国北方地区缺水严重，并伴随着一系列生态环境问题，也亟须探究植被对流域水循环的影响，以期为水土资源的可持续利用提供科学依据。因此，我国非湿润地区植被与流域水循环相互作用机理是当前紧迫的研究课题，具有极其重要的研究意义。其研究意义主要包括以下 3 个方面。

1）为预测气候变化下流域的生态水文响应提供理论基础

探究近几十年来植被与流域水循环之间的相互作用机理，了解其作用规律，可以为预测在未来气候变化条件下流域水循环的响应和植被系统的响应提供参考。例如，在未来降水和辐射变化时，流域的植被覆盖状况如何变化，与之相应的流域蒸散发、径流等将如何改变等。

2）为评价人为活动对流域水循环和流域水资源的影响提供依据

研究植被与流域水循环之间的相互作用机理，可以为定量评价人类活动（如砍伐森林或水土保持工程等）对流域水循环和水资源的影响提供依据，并为评价人类活动在生态环境的改变及水土资源的利用等方面引发的问题或发挥的作用提供参考。

3）为认识与解决中国北方地区的水资源问题与生态环境问题提供建议

本书以我国北方的非湿润地区为研究对象，研究成果将为认识和解决我国北方地区的水资源问题和生态环境问题提供有益的参考。

总之，研究非湿润区植被与流域水循环相互作用机理，将为中国北方地区的水土资源的可持续利用打下坚实的理论基础，为实现以水资源的可持续利用支撑社会经济的可持续发展提供科学支持。

1.2　国内外研究现状

植被与流域水循环的相互作用机理所涉及的研究领域主要包括植被变化对流域水循环、近地表能量平衡，以及流域水热耦合平衡的影响，土壤水分对植被的影响，气候变化对流域水循环和植被变化的影响等。近年来，一些学者在这些研究领域已经进行了大量的研究，并取得了丰硕的研究成果。现简要介绍如下。

1.2.1　植被变化对流域水循环的影响

引起覆被变化的原因主要包括自然因素和人工控制两大类。其中，自然因素包括林地自然生长树龄变化引起的森林系统结构变化和自然衰落、野火、虫害等；人工控制包括砍伐（皆伐或选择性砍伐）、植树造林、人工火烧、放牧、化学处理（如人工或飞机喷洒除草剂）等（刘昌明和曾燕，2002）。森林水文学的研究对象主要为自然气候条件变化、砍伐和植树造林所引起的流域覆被变化。

关于覆被变化对流域水循环影响的研究已有 80 多年的历史，主要是研究覆被变化前后流域产水量、蒸散发量的变化情况，并分析造成产水量、蒸散发量变化的主要原因。研究所用到的植被信息主要有两种来源：一种是"对比流域"或"对照流域"（paired-catchment）试验技术；另一种为"单个流域"（single-catchment）研究方法（Zhang et al.，1999）。"对比流域"试验的方法一般选择两个地理位置比较靠近，并且面积形态、方位海拔、地质条件、土壤类型、局地气候、植被特征等方面都比较接近的流域。在研究阶段内，首先对这两个流域进行多年的共同观测，称为"校准期"或"校正期"。通过"校准期"的观测建立两个流域径流量之间的回归方程。然后，通过植树造林或砍伐森林等方式改变其中一个流域的植被状况，称为"研究流域"，而保持另一个流域的植被状况不变，称为"对照流域"或"参照流域"。在植被变化后，将"研究流域"的径流量与通过"对照流域"的径流量按回归方程预测的"研究流域"植被未改变情况下的径流量进行比较，从而确定研究流域植被变化所引起的产水量、蒸散发量的变化，以评价植被变化对水文过程的影响（刘昌明和曾燕，2002）。"对比流域"试验的优点是排除了观测期间气候变异所产生的误差，然而这种方法一般只适用于集水面积较小的流域（1000 km² 以下），不适用于大流域（Zhang et al.，1999）。而"单个流域"的研究方法主要包括水量平衡法和模拟模型法。水量平衡法主要根据流域植被变化前后降水损失量的改变来确定径流量的变化；模拟模型法则以植被变化前后的气象、水文、植被和土壤等参数为输入来模拟产水量的变化。"单个流域"研究方法主要是为了反映在气候、植被和土壤多样性的流域中，植被在水量平衡中所扮演的水文学角色。

1. 植被变化对降水量的影响

关于森林与降水量的关系，一种观点认为，森林与垂直降水无关或关系很小，其理由是林木蒸腾给空气中增加的水汽量较少，森林没有产生降水的机能，而且森林分布与降水分布是一致的。而另一种观点认为，森林可以增加降水量，其依据如下：林木蒸腾增加了大气的水分，森林能给大气提供大量的凝结核；而且林区反射率小，被林冠吸收并用来产生降水的热量比反射率大的空旷地面要多；另外，林区下垫面粗糙度大，森林上方紊流加强，可促进气流的垂直运动，把林木蒸腾蒸发的大量水汽迅速输送到高空促进降水（袁嘉祖和朱劲伟，1983；于静洁和刘昌明，1989；张卓文等，2004）。王焕榜（1984）认为，评价森林对降水的作用时，应该排除进行对比地区的地理位置、地势及地面相对高度等因素对降水的影响；他指出，当其他条件相同时，森林地区的降水量是否会显著地增加仍然需要进一步探讨。雒文生（1989）从降水的主要因素——动力抬升和水汽来源上分析了森林对降水的影响，指出面积小于 3000 km² 的森林，对本区域降水量的影响不显著，可以忽略不计；而大面积的森林，主要由于增加了蒸散发，促进了水分循环，使得该区域的降水有所增加。其研究还表明，在全球除澳大利亚以外的其他各洲内，陆地蒸散发量的 41% ~ 76% 又以降水的形式回落到地面（亚洲约 65%），这部分降水占总降水量的 30% ~ 40%。

2. 植被变化对蒸散发量的影响

关于植被变化对流域蒸散发量的影响，国内外学者进行了一系列的研究。有的学者指出了不同流域森林覆盖率变化对蒸散发量变化的影响可能有差异。石培礼和李文华（2001）指出，在黄河流域、秦岭和东北等地，森林植被的破坏或森林覆盖度的降低一般会导致径流量增加、蒸散发量降低。这主要是由于森林砍伐后，降低了冠层的蒸腾，增加了产流量。而在长江流域情况则相反，森林的砍伐会导致流域产流量降低、蒸散发量增加、蒸散发量占降水量的比例增加。对于长江流域与其他流域得出的相反结论，学者们给出了这样的解释：在长江上游地区，山高谷深，气候湿润，潜在蒸散发量与实际蒸散发量接近，在这种气候条件下森林生长并不一定引起实际蒸发量的显著增加。相反，由于森林的调蓄作用，使河流洪水减少，平水期流量增大，森林体现出涵养水源的作用。因此，森林的破坏反而可能导致流域径流量降低。而在干旱半干旱地区，如黄土高原等，年潜在蒸散发量大于实际蒸散发量，甚至可以大 1 倍以上，森林的生长必然引起冠层蒸腾量增加，流域的蒸散发量增大；砍伐森林则导致流域的蒸散发量降低，径流量增加（刘昌明和钟骏襄，1978；马雪华，1993）。

另外，还有学者针对土地利用/覆被类型的改变对蒸散发量变化的影响进行了研究。莫兴国等（2004）以黄土高原地区无定河流域的岔巴沟子流域为研究对象，利用基于过程的分布式地表通量模型，模拟了不同土地利用情景下流域水量平衡和能量平衡的响应。分析结果表明，当全流域假定覆盖上不同种类的植被时，流域地表获取的净辐射的差异较小，而流域的径流量变化却较显著；在全流域的土地利用类型都变为落叶阔叶林时，流域的径流量略有减少，而全变为农田时，流域的径流量略有增加。对于这两种覆被变化，流域的植被蒸腾量和土壤蒸发量变化的差异非常明显。其中，蒸腾量在土地利用类型全变为农田时大幅减少，而在土地利用全变为落叶阔叶林时大幅增加。而土壤蒸发量则在土地利用类型全变为落叶阔叶林时大幅减少，在土地利用类型全变为农田时大幅增加。流域总蒸散发量由高到低的排列顺序为落叶阔叶林、混交林、草地、针叶林、灌木、农田，但是差别不大。该研究结果表明，在干旱半干旱地区，土地利用和覆被变化对水量平衡的影响非常复杂。

3. 植被变化对径流量的影响

在较早期的研究中，Bosch 和 Hewlett（1982）根据对全球 94 个流域的实验结果，分析了流域对植被覆盖状况大范围变化的响应，指出流域森林覆盖的减少将减少蒸散发，从而增加产流量；他们还指出，流域产流量下降的程度与植被品种的生长速率有关。而前苏联学者 Rahmanov 在伏尔加河上游 50 个观测站的测定结果则表明，随着流域内森林面积增加，流域的年径流量也增加，而且夏季、秋季、冬季的径流量均增加（刘昌明和曾燕，2002；刘永宏等，2000）。可见，对于森林对流域总径流的影响长期存在争论。美国水文学家大多认为，森林对流域年径流量的影响可能与流域的面积大小有关；面积较小的集水区和流域（数十平方千米以下），森林的存在会减少年径流量，采伐森林通常可使得年径流量增加；面积较大的流域（数百或数千平方千米以上）的情况则相反（周晓峰，2001）。这可能是由于流域面积较小时，森林蒸腾大量水分起着主要作用。但是关于形成上述正负效应的流域面积大小的界限也无公认结论，即使是同一学者所作的分析也因地区不同而不同。

而我国自 20 世纪 60 年代开展森林水分循环研究以来，也已经积累较多成果，但是关于森林与年径流量的关系的研究结论也是因地域而不同。刘昌明等通过比较黄土高原不同森林覆盖率地区的年径流量发现，在其他自然条件相似的情况下，森林覆盖率的增加将导致年径流量的减少（刘昌明和钟骏襄，1978；于静洁和刘昌明，1989）。周晓峰等（2001）指出，黄河中游子午岭地区各小流域明显表现出年径流量随森林覆盖率增加而减少的趋势；但相近的六盘山地区的渭河和泾河水系的各流域则无此趋势；而黑河流域（7231km^2）和岷江上游的杂谷脑河流域（4625 km^2）经过大量采伐后，森林覆盖率分别下降 15% 和 10%，同期的年径流量增加了 26.27 mm 和 24.76 mm。而长江中游（包括岷江流域）5 组多林和少林流域（674～5322 km^2）的对比分析结果则相反，多林流域的年径流量无一例外比少林流域大，而蒸发量却较小，多林流域的年径流系数比少林流域的增加 33%～218%。松花江地区 20 个流域（101～1.7×10^5 km^2）10 年测定的多元回归分析结果也得出类似结论，多林流域的年径流量大于少林流域的径流量，森林覆盖率每增加 1%，年径流深将增加 1.46mm（孙慧南，2001）。中国林学会森林涵养水源考察组在华北选择了地质、地貌、气候等条件相似的 3 组对比流域研究得出，森林的覆盖率每增加 1%，流域径流量将增加 0.04～1.1mm（刘昌明和曾燕，2002）。Liu 等（2006）研究了四川省黑水河流域不同植被类型与流域产流量的关系，发现流域整体植被覆盖（森林、亚高山带松类林）的减少将导致地表径流和土壤径流产流的减少，而高山类灌木和牧草地覆盖的增加将会导致产流量的增加；他们发现，整体的植被覆盖对大尺度的产流有重要作用，而松类林的覆盖则会影响相对小尺度的流域的产流。

总之，基于已有的研究，有关植被变化对流域水循环要素的影响的一些经验关系被一些学者提出。但是在已有研究中，关于植被变化对流域蒸散发量和径流量的影响，有些结果之间还存在争论。总的来说，由于影响森林植被生态功能的环境异质性的普遍存在，不同地区、不同尺度流域森林植被变化对水文循环过程的影响幅度相差较大（王清华等，2004）。关于覆被变化对水文循环要素的复杂影响，还有待于进一步定量研究。

1.2.2 植被变化对近地表能量平衡的影响

关于植被变化对近地表能量平衡的影响，学者们有对不同季节植被覆盖状况进行比较研究的，也有对不同年代的覆被变化进行比较研究的。大部分研究结果表明，植被覆盖的增加，会导致潜热通量的增加（蒸散发量的增加），或波文比（Bowen ratio，指能量平衡中显热通量与潜热通量的比值）的减少。

Bounoua 等（2000）指出，全球植被密度增加将导致北方中纬度地区生长季节温度降低，而热带全年降温，结果会在一定程度上缓冲温室效应引起的全球升温。他们指出，当全球归一化植被指数（normalized difference vegetation index，NDVI）增加时，北方纬度的反照率减少而热带地区增加。在全球年尺度下，最大植被覆盖状况与最小植被覆盖状况相比，对可见光的吸收增加了 46%，CO_2 的吸收也相应增加，导致冠层蒸腾量和截留蒸发量的增加，以及土壤蒸发量的减少。对地表能量的重新分配则较显著地减少了生长季节的波文比，导致近地表气候变得更加凉爽和湿润（除了在土壤水分受限时）。研究结果显示，全球植被密度的增加导致蒸散发和降水的增加，可以抵消部分温室效应带来的升温影响。Buermann 等（2001）指出，叶面积指数（leaf area index，LAI）最主要的作用是将净辐射的能量在潜热通量和显热通量之间进行分配，这是通过改变植被冠层和土面吸收的能量来实现的。其研究指出，在绿化情形下，全球潜热通量的增加将导致年陆面温度降低 0.3℃，而降水增加 0.04 mm。这些结果显示了基于卫星观测的植被数据在模拟或预测近地表气候变化时的重要性和效用。Stockli 和 Vidale（2005）利用陆面过程模型模拟了跨越 3 个纬度带的欧洲 6 个通量站点的季节和日内的水热交换，结果表明，在气候环境的影响下，土壤蓄水和植被生物物理过程决定了地表水量和热量分配的年过程。当大气相关的环境条件没有限制时，植物的生物化学过程和植被的物候驱动着蒸散发。张杰等（2005）指出，中国西北地区潜热通量的季节变化表现为冬季最小，夏、春、秋三季较大，但季节变化不明显，并且结果表明，高植被覆盖的南部山区，潜热通量平均高出其他区域的40.7%。Rechid 和 Jacob（2006）利用区域气候模型模拟了植被的逐月变化对欧洲气候的影响，结果显示，植被的逐月变化强烈影响着垂直地表通量、近地表温度和降水，并且时序分析结果显示植被对气候的影响主要发生在夏季，即在生长季节，植被使近地表的气候变得凉爽而湿润。

还有一些研究关注覆被类型的变化对近地表能量平衡的影响。Bounoua 等（2002）指出，在温带地区，当人为活动把大面积的森林和草地变成农田时，冠层温度夏季下降了 0.7℃，冬季下降了 1.1℃。他们认为，降温来自于植被形态的改变，其使得反照率增加；以及植被生理的改变使得在生长季节时，农作物的潜热增加。而在热带和亚热带地区，同样的覆被变化却使得冠层温度约增加了0.8℃。此时，植被形态和生理的改变导致潜热减少，引起了升温。总的说来，大规模森林和草地变成农田时，温带纬度降温，而热带纬度升温，但就全球平均而言，作用几乎互相抵消。

1.2.3　区域水热耦合平衡与植被的联系

水热耦合平衡关系的研究一般与区域或流域长期或年尺度的实际蒸散发量与径流量的估算相联系。Budyko（1974）在德国学者 Schreiber（1904）与俄国学者 Ol′dekop（1911）提出的实际蒸散发量的经验公式的基础上，通过对一系列流域实测资料进行对比，得到估算区域长期平均蒸散发量的经验公式，即 Budyko公式：

$$\frac{E}{P} = \sqrt{\frac{E_0}{P}\tanh\left(\frac{P}{E_0}\right)\left[1-\exp\left(-\frac{E_0}{P}\right)\right]} \qquad (1\text{-}7)$$

式中，E 为区域长期平均的实际蒸散发；E_0 为长期平均的潜在蒸散发量或蒸发能力；P 为长期平均的降水量。在 Budyko 公式最初提出时，E_0 也曾采用 R_n/λ 代表最大可能的蒸散发，其中 R_n 为净辐射，λ 为水的汽化潜热。Budyko 曲线有两种表达形式，一种是按坐标系 $E/P \sim E_0/P$ 表示，另一种是按坐标系 $E/E_0 \sim P/E_0$ 表示（图1-2），尽管两种曲线有类似的形式，但并不完全等价。在极端的气候情形下，Budyko 曲线接近于两条渐近线：极端干旱时，$E \approx P$；而极端湿润时，$E \approx E_0$。

Budyko 曲线反映出在极端干旱的环境下，实际蒸散发量主要受可获得的水量控制；在极端湿润条件下，实际蒸散发量主要受可获得的能量控制。Budyko最初的研究跨越了较大的时空尺度，并未考虑下垫面条件的影响，其经验曲线形状单一。Budyko（1974）后来又在 1200 个中等流域（面积>1000 km²）验证了

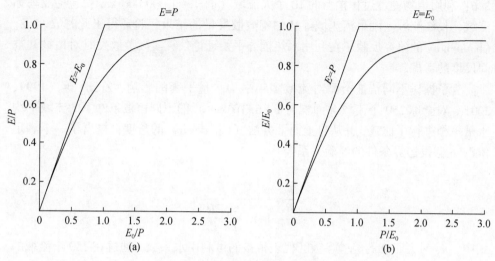

图 1-2　Budyko 经验曲线的两种形式

这一关系，发现在中等流域模拟结果不如在大流域（面积>10 000 km²）好，他认为，当流域面积减小时，实际蒸散发可能还受当地一些非气候性条件的影响，如地形、植被等。

Milly（1994）在美国落基山区域，基于水分的"供给–需求–储存"，认为当降水大于潜在蒸散发速率时，若土壤蓄水量的时间变率为 0，则定义此时的土壤蓄水量 w_0 为植物可获得水分对应的土壤蓄水能力，它与植被的根系深度有关。并假设降水和潜在蒸散发在年内按正弦曲线变化，获得了土壤蓄水量的解析解，并得出 E/P 是 3 个变量的函数，这 3 个变量分别为干燥度 E_0/P、P–E_0 的季节性指数 S 和植物获得水分的能力 $W=w_0/PT$，其中 PT 为某阶段降水的期望值。这项研究反映了对土壤、气候的季节性及植被特性的考虑，强调了土壤蓄水能力和降水随机特性对水量平衡的影响，在该研究中对植被的考虑主要为根深对土壤蓄水的影响。

Choudhury（1999）基于 Pike（1964）对实际蒸散发的研究，提出一个更一般性的经验估算公式：

$$E = \frac{P}{\left[1+\left(\dfrac{P}{R_n}\right)^{\alpha}\right]^{1/\alpha}} \tag{1-8}$$

式中，R_n 为年净辐射；α 为经验参数。该公式通过不同植物的不同反照率和表面温度等对 R_n 的影响来反映不同植被对蒸散发影响的差异。Choudhury 利用 8 个不同植被的小流域（面积 ≈ 1 km²）田间实验的微气象和水平衡数据，验证得 $\alpha=$

2.6；利用生物物理过程模型的 10 个大流域（面积 ≈ 1 000 000 km²，包括亚马孙流域、长江流域、刚果河流域等）的年蒸散发量的结果，验证得出此时 α = 1.8。Choundhury 的研究反映了在利用水热耦合平衡理论估算实际蒸散发时对植被和空间尺度的考虑。

为了探讨不同植被类型对流域多年平均水量平衡的影响，Zhang 等（1999，2001）对全球 250 个流域（面积为 1~6×10⁵ km²）的不同植被条件下的流域平均水量平衡进行了比较，并从自上而下方法（top-down）的角度，提出了一个满足 Budyko 假设边界条件的经验关系：

$$\frac{E}{P}=\frac{1+w_z\frac{E_0}{P}}{1+w_z\frac{E_0}{P}+\frac{P}{E_0}} \tag{1-9}$$

式中，w_z 为大于 0 的经验参数，代表植被的可利用水系数。通过在 250 个流域的验证，张橹等给出了森林和草地不同的经验参数值，对于森林植被，得出 w_z = 2.0；对于草地植被，得出 w_z = 0.5。在计算混合植被的实际蒸散发时，先分别计算不同覆被类型（森林和草地）的实际蒸散发，再合并：

$$E=fE_f+（1-f）E_h \tag{1-10}$$

式中，f 为森林的覆盖率；E_f 为森林植被的实际蒸散发；E_h 为草本植被的实际蒸散发，两者都分别由式（1-9）求得。McVicar 等（2007）通过改进该模型的参数值，将模型应用于中国的黄土高原地区，评价区域植树造林对流域年平均径流的影响。Oudin 等（2008）将更详细的土地利用信息（覆被类型及比例）结合 Budyko 公式和 Zhang 等（2001）的水热耦合模型，评价了覆被类型变化对流域长期平均径流的影响。但是，Zhang 等（2001）的模型并不严格满足 Budyko 假设：按 Budyko 曲线的两个对称形式，Zhang 等（2001）的水热耦合模型均超出了 Budyko 所给定的边界条件，w_z 取值越大，偏离越远（孙福宝等，2007）。但张橹等、McVicar 等和 Oudin 等研究的意义在于利用水热耦合平衡关系开展了植被变化，如森林覆盖率变化如何引起蒸散发和径流量变化的研究（杨大文和楠田哲也，2005）；而原先的一些经验公式认为，蒸发系数/蒸发比例（E/P）主要由气候条件决定，植被对蒸散发的影响仅仅是通过地表反照率的变化影响净辐射，而没有考虑到植被特性对实际蒸散发的影响，如林地可能会比草地蒸腾更多的水分，因为它们很深的根系具有汲取更多水分的能力（Arora，2002）。而且他们的结果均表明，覆被类型信息或土地利用信息的加入对改进水热耦合模型的有效性有较显著的贡献。

傅抱璞（1981）从流域水文气象的物理意义出发，通过量纲分析和数学推导，得出了 Budyko 假设的解析表达式：

$$\frac{E}{P} = 1 + \frac{E_0}{P} - \left[1 + \left(\frac{E_0}{P}\right)^w\right]^{1/w} \text{ 或} \frac{E}{E_0} = 1 + \frac{P}{E_0} - \left[1 + \left(\frac{P}{E_0}\right)^w\right]^{1/w} \tag{1-11}$$

式中，w 为积分常数，其范围为（1，∞）。傅抱璞的推导不仅为 Budyko 理论提供了坚实的数理基础，其公式的对称形式也证实了 Budyko 对水热耦合平衡的理解。Zhang 等（2004）通过对 470 个流域长期降水、潜在蒸散发、径流资料验证发现，傅抱璞公式可以很好地估算年实际蒸散发，表明干旱指数是影响蒸散发的首要因素，森林流域比草地流域有更高的蒸散发；并得出森林流域最佳拟合参数 $w = 2.84$，草地流域参数 $w = 2.55$，混合流域参数 $w = 2.53$。还通过逐步回归分析其他因素对年平均蒸散发的影响，发现其中平均暴雨深、植物获得水分能力和暴雨到达率均通过了显著性检验。Zhang 等（2004）还指出，流域的长期水量平衡应受到气象条件和流域特性的共同控制，气象条件包括降水、太阳辐射、气温、湿度和风速等的年平均值及其时间变异性，流域特性包括地形地貌和植被因素，其中植被因素主要包括叶面积指数、根系层深度、植物结构、辐射特性和气孔功能等。

Yang 和 Shao（2006）以及 Yang 等（2007）在傅抱璞公式的基础上证明了蒸发理论中看似矛盾的 Penman 正比关系和 Bouchet 互补假设的一致性，建立了基于傅抱璞公式对蒸散发理论（蒸发正比和互补理论）的统一理解。Yang 和 Shao（2006）以及 Yang 等（2007）还利用我国非湿润地区（黄河、海河和甘肃内陆河流域）108 个小流域（面积为 $272 \sim 108\,000$ km^2）的长期气候和流量资料，分析了年水量平衡的时空变异性，说明除了气候条件外，区域水量平衡还受到相对入渗能力、相对土壤蓄水量及平均坡度的影响，他们提出傅抱璞公式中参数 w 的半经验公式如下：

$$w = 1 + 8.65 \left(K_s / \overline{i_r}\right)^{-0.37} \left(S_{max} / \overline{E_0}\right)^{0.44} \exp\left(-4.46\tan\beta\right) \tag{1-12}$$

式中，$\tan\beta$ 为流域地形平均坡度，是流域内所有山坡坡度的平均，用来代表地形地貌对年水量平衡的影响，为无量纲数；K_s 为土壤饱和导水率（mm/a）；$\overline{i_r}$ 为平均降水强度（mm/a），两者的比值 $K_s / \overline{i_r}$ 反映了土壤的相对入渗能力，为无量纲数；$S_{max} / \overline{E_0}$ 为植被-土壤相对蓄水能力，其中植被-土壤有效蓄水能力 S_{max}（vegetation-extractable soil-water capacity，单位：mm）计算公式如下：

$$S_{max} = \left(\theta_f - \theta_w\right) \times d_{root} \tag{1-13}$$

式中，植被的有效蓄水根深 d_{root}（mm），取表层土壤深度 d_{top}（mm）和植被的最大根层深度 d_{rmax}（mm）之间的最小值，即 $d_{root} = \min\left(d_{top}, d_{rmax}\right)$。Yang 和 Shao（2006）以及 Yang 等（2007）还指出，w 的值与流域大小之间几乎无关，并认为流域大小不是导致区域（流域）之间差异性的主要原因。式（1-12）在年尺度上得到验证，证明了傅抱璞公式可以用来预测长期平均及年尺度的实际蒸散发量和径流量，可以反映实际蒸散发量的年际变化，并证明在非湿润地区降水量对蒸散发量的变化起着控制作用。该研究综合考虑了土壤、地形、植被等下垫面因素的影响，并探讨了水循环对气候变化响应的区域性。

Donohue 等（2007）指出，在水热耦合平衡方程中显性表示植被动态很有必要，尤其在较小的流域空间尺度（≤1000 km²）和较小的时间尺度（≤5a）。Donohue 等（2007）认为，一些重要的植被特性，如叶面积指数（LAI）、光合作用有效辐射和根深可能会对流域的水热耦合平衡产生重要影响。

杨汉波等（2008a，2008b）通过量纲分析和数学推导，得到一个能描述不同时间尺度上的水热耦合平衡的解析表达式，即

$$E = \frac{E_0 Q}{(Q^n + E_0{}^n)^{1/n}} \tag{1-14}$$

式中，Q 为研究时段区域的可利用水量，包括研究时段的降水量 P、外部来水量 I 与时段初始时刻的可供水量 S；参数 n 反映了流域的下垫面特征。杨汉波等（2008a，2008b）田间实验数据验证结果表明，该方程在月、旬甚至日时间尺度都可以很好地模拟作物的实际腾发量，其中在月尺度上的确定性系数 $R^2 = 0.97$，在旬尺度上 $R^2 = 0.98$，并且发现参数 n 与田间实测的 LAI 有较好的线性关系，在旬尺度上参数 n 与 LAI 的关系可表示如下：

$$n = 0.118 \text{LAI} + 0.454, \qquad R^2 = 0.74 \tag{1-15}$$

杨汉波等（2008a，2008b）还指出，该公式在多年平均的尺度上与 Budyko 假定是一致的，在较小的时间尺度上与 Penman 假定是一致的。

从水热耦合平衡模型的发展来看，在 Budyko 假设理论框架下，流域下垫面特性（尤其是植被特征）对流域水热耦合平衡关系的影响是目前水文学研究的热点问题之一，众多学者也已经取得了很多研究成果。但是水热耦合平衡中对植被的考虑，目前主要还局限于反映其对地表反照率的改变及对植被根深和叶面积指数的考虑上（其中，对于根深的考虑，目前一般还是采用常数；对于叶面积指数的考虑，目前主要还是基于田间观测实验）。不过从这些研究来看，在 Budyko 理论框架内建立水量平衡与土壤、植被的关系是有可能和有必要的，如果能在水热耦合平衡关系中加入对植被覆盖度这一植被宏观特性的考虑，将对理解植被和流域水文循环的相互作用机理具有积极意义。

1.2.4　土壤水分对植被的影响

关于植被与土壤水分的相互作用，国内外的学者也进行了大量的相关研究。其中，有些研究是关注土壤水分和植被指数之间的相关关系。例如，Adegoke 和

Carleton（2002）研究了美国玉米带的土壤水分和卫星植被指数的关系，发现消除季节性影响的土壤水分测值与 NDVI 及植被覆盖度（fractional vegetation coverage，FVC）在两种土地利用类型（森林和农田）中都呈微弱相关。在生长季节，森林地区土壤水分和植被指数的相关性要比农田地区略好。当 NDVI 和植被覆盖度的像元从 1 km 被合并到 3 km、5 km 和 7 km 时，土壤水分和植被指数的相关性增加。Adegoke 和 Carleton（2002）认为，相关关系的增加一方面可能是由于卫星数据在空间合并时误差减小，另一方面也可能是因为植被指数–土壤水分关系具有尺度依赖性。另外，该研究还指出，土壤水分推后 8 周对植被指数的相关性也很强，意味着土壤水分对植被生长状态而言可能是一个有效的指标，可以用来预测作物的产量。

还有一些研究关注土壤水分对植被生物量或生长潜力的影响。例如，Boulain 等（2006）研究了半干旱环境下，水文和土地利用对流域植被生长和净初级生产力（net primary productivity，NPP）的影响。该研究指出，半干旱区的植被对可利用的土壤水分有很高的敏感性，尤其是在生长季节的初期。该研究还指出，每种植被类型都有一个临界的入渗量使植被达到完全的生长潜力；在临界值以下，植被生长随累计入渗量呈线性变化，在临界值以上，植被生长与实际的入渗量几乎无关。

也有一些研究反映了植被的蒸腾作用与土壤水分之间的联系。例如，Yamanaka 等（2007）分析了植被在土壤水分循环和地表能量平衡过程中的作用，指出地表潜热通量 λE 和 3 cm 深处的土层体积含水量 θ_3 有很强的线性关系，并且 $\Delta\lambda E/\Delta\theta_3$ 随着植被覆盖度的增加而增加，这显示了植被的存在驱动着快速的水循环，并通过蒸腾作用来控制地表能量平衡。

还有一些研究分析了土壤水分变化对生态系统过程的影响。例如，秦大河等（2005）指出，在水分胁迫下，植物净光合作用速率、叶绿素含量均下降，气孔阻力增加，叶绿体超微结构受损；干旱可以阻碍植物根的生命活动能力，并使根系吸水功能受到抑制；不过，轻度干旱可以促进营养物质向根部运输，减少冠部分配，导致根冠比增大。土壤水分变化影响植物的生长发育过程，干旱将导致植物生育期缩短，干物质积累减慢，而复水后存在补偿作用；缺水对冬小麦生长造成的滞后效应在复水后将成为作物快速生长的驱动因素，反映了植物对水分变化的适应机制。

总之，在气候变化和人类活动影响下，土壤水分也将产生一系列的变化，将会影响植被的水分利用；而反过来，植被在适应于当地的土壤水分条件的过程中，也会对区域的土壤水分有所反馈，改变当地的土壤水分状况，这之间是一个动态平衡关系。在进行水土保持工程等活动时，需要充分考虑土壤水分和植被之间的相互作用，以期达到水资源的可持续利用和生态系统的可持续发展之间的均衡。

1.2.5 气候变化对流域水循环的影响

全球变暖引起我国水循环要素的改变。虽然一些早期的研究对东亚地区未来的降水变化方面存在争议，但随着对气候变化科学认识程度的提高和模式的改进，最近的研究普遍认为，我国未来百年的温度会升高、降水会增加（赵宗慈等，2003；姜大膀等，2004；许吟隆等，2006；气候变化国家评估报告编写委员会，2007；孙颖和丁一汇，2009），同时，气候变暖也将引起极端气候事件的变化，使强降水事件频率和强度趋于加强，干旱加重（江志红等，2009；高学杰等，2003）。

气候变化对径流量的影响主要反映在气温升高对冰川融雪的影响与降水变化对径流的影响两个方面。一般认为，全球变暖，冰川消融，短期内河川径流量将有所增加，而从长期来看则将有所下降（叶柏生等，1997；Mark and Seltzer，2003；高前兆等，2008）。气温升高将对以降雪为主流域的径流年内分配有显著影响，阿尔卑斯山区、喜马拉雅地区、北美西部、俄罗斯全境等地区径流峰值将提早1个月出现，冬季径流增加而夏季径流减少（Barnett et al.，2005）。关于降水变化对径流量的影响，一般认为径流与降水的变化趋势一致（范广洲等，2001；苏凤阁和谢正辉，2003；陈玲飞和王红亚，2004），但不同流域、不同来源的径流受气候因子的影响程度不同。Milly等（2005）基于12个GCM模式，在IPCC排放情景特别报告（SRES）情景下预测了2050年全球平均的径流变化，结果表明，北美和欧洲高纬地区的径流将明显增加（10%~40%），而地中海、南非和美国西部及墨西哥北部地区径流将明显减少（10%~30%）。

一般认为，温度升高将使地球表面的空气变干，从而增加陆面水体的蒸发量。（郭生练，1994；Brutsaert et al.，1998；刘晓英和林而达，2004）。但大量的观测资料表明，在过去50年间，全球大部分地区的蒸发皿蒸发量呈下降趋势（Peterson et al.，1995；Chattopadhyay and Hulme，1997；Roderick and Farquhar，2004）。但对蒸发皿蒸发量下降是否意味着陆面蒸发的下降，也存在不同看法（郭生练和朱英浩，1993）。Peterson等（1995）认为，蒸发皿蒸发量下降表明水文循环中陆面蒸散发量下降，其结论得到了过去20年间前苏联与美国北部部分河川径流量增加的验证。Brutsaert和Parlange（1998）则通过能量平衡推导出蒸发皿蒸发量下降意味着陆面蒸发增加的结论。

1.2.6　气候变化对植被的影响

气候变化对植被的影响，以及对植被光合作用的影响是气候变化对植被影响研究中的重要内容（Bonan，2002）。李双成（2001）对植物响应气候变化模拟模型的研究进行了评述。袁婧薇和倪健（2007）分析了我国气候变化的植物信号和生态证据，指出气候变暖导致我国 33°N 以北大部分地区植物春季物候期显著提前，植被生长季延长；群落物种组成和分布发生改变，主要表现在长白山等高山群落交错带物种组成和林线位置的变化，以及青藏高原高寒草甸的退化；全国总体植被覆盖度增加，植被活动加强，生产力增加。莫兴国等（2006）采用分布式生态水文模型（VIP 模型）并利用卫星遥感反演地植被叶面积指数，模拟了1981~2001 年黄土高原无定河区域植被总第一生产力（gross primary productivity，GPP）和水量平衡的时空变化特征及其对气候变化的响应。Shi 等（2007）的研究表明，过去 50 年来的气候变化已经使中国西北地区 13% 的地表植被覆盖得到改善，植被增加的主要地区位于新疆西部和北部；因为水资源供给和管理的改善，新疆南部、河西、银川平原的植被覆盖也有所增加。Yu 等（2006）利用植被-土壤-大气碳交换模型（CEVSA），模拟得出到 21 世纪末我国总植被覆盖度将增加 19%，森林将增加 8%，而沙漠和裸地将减少 13%。但针对气候变化后，在新的生态水文平衡条件下，流域水文响应的定量分析和预测研究尚十分缺乏。原因是，通常的研究还只考虑植被对水文的单向作用，较少考虑植被-水文的相互作用，流域生态水文模型还有待于进一步发展。

|第 2 章| 植被与流域水循环要素的相关分析

干旱半干旱地区大气、植被和水循环之间的相互作用机理一直以来都是流域生态水文学研究的热点问题之一。植被的生长受到气候和土壤条件的限制，而植被在生长过程中反过来又会对流域的水量平衡和气候产生影响。在缺水的环境下，植被的生长在很大程度上是由可利用水分的多少决定的（Laio et al.，2001）；植被在生长过程中则主要是通过冠层截留及蒸腾等过程来影响当地的水量平衡（Rodríguez-Iturbe et al.，2001）。

水文知识归根结底来源于观测（Kirchner，2006），通过对观测提供的原始数据进行分析，从中提取出有价值的水文响应的指标、图形或特征是水文学研究中通常采用的数据分析方法（Sivapalan，2005；Farmer et al.，2003；Shamir et al.，2005）。而数据分析方法中的相关分析可以通过一种简单而有效的方式来描述流域的结构和水文响应之间的关系（McDonnell and Woods，2004；Wagener，2007）。相关分析方法有助于认识流域水文基本特征，分析影响流域水文特征的主要因素，以及分析流域气候和下垫面因素与流域水文特征之间的相关程度等，从而为流域水循环机理研究提供基础。本章采用相关分析方法，研究植被和流域水循环要素（包括降水量、蒸散发量、径流成分和土壤水分等）之间的相关关系，为以后几章的机理研究提供了基础。

2.1 研究区域和资料

2.1.1 研究区域

本章的研究区域主要包括两部分：①位于黄河流域中游的黄土高原地区的51 个小流域（图 2-1）；②位于海河流域东北部的滦河和北三河流域（图 2-2）。本章在两个研究区域，对植被变化和水循环相互关系的研究的侧重点不同。在黄土高原地区，对 51 个小流域的分析主要侧重于研究 1982～2000 年植被覆盖率和降水量、蒸散发量、径流成分之间的关系；而在滦河和北三河流域，则侧重于研究 1991～2000 年生长季节覆被类型与土壤水分的关系。

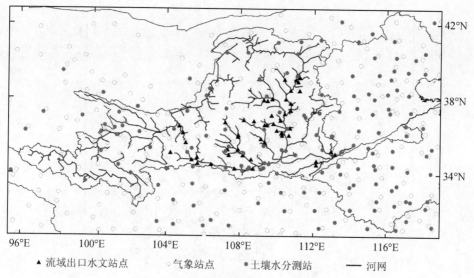

图 2-1　黄河流域及中部的黄土高原地区

　　黄土高原位于黄河流域中游从青海省龙羊峡到河南省桃花峪的区间，面积约为 64 万 km²。黄土高原地区生态环境极度脆弱，水土流失面积约为 45.4 万 km²。黄土高原的 51 个小流域主要分布在黄河干流，以及窟野河、无定河、洛河、渭河和泾河等支流，流域面积由 282 km² 至 46 827 km² 不等。在所选择的黄土高原 51 个小流域中，人类活动对水资源干涉（如大坝水库和跨流域调水）的影响较小。

　　滦河发源于河北省丰宁县巴延屯图古尔山麓，源头称闪电河，流经内蒙古，又折回河北，经承德到潘家口穿过长城至滦县进入冀东平原，于乐亭县入海，流域面积约为 54 400 km²，干流河长约为 888 km。其主要支流有小滦河、兴洲河、伊逊河、武烈河、老牛河和青龙河等。滦河流域内植被覆盖较好，河川径流量在海河流域水系中相对较丰。1979 年，在滦河干流修建了潘家口、大黑汀两座大型水库。其下游干支流建有引滦入津、引滦入唐、引青济秦等大型引水工程。北三河由蓟运河、潮白河和北运河 3 个单独入海的水系组成，自新中国成立以来，该区大兴水利工程，三水系闸坝控制河道相通，水系间可以互相调节。因此，将这 3 个水系统称为北三河水系。北三河水系属于海河北系，位于永定河和滦河之间。北三河水系内建有于桥、邱庄、海子、密云、怀柔、云州等大型水库。北三河流域内地势自西北倾向东南，东南为京津唐广阔平原（王俊英和吴晋青，2000）。

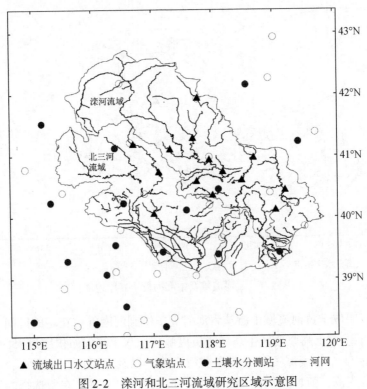

图 2-2　滦河和北三河流域研究区域示意图

2.1.2　研究资料

1. 所用资料

本章所用的气象数据为覆盖北方非湿润地区的 238 个气象站点的 1982～2000 年长系列逐日气象资料，数据来源于中国气象局（China Administration of Meteorology），包括日平均气温、日最高和最低气温、日平均大气压、日照时数、2 m 日平均风速、日平均相对湿度和降水量等常规要素。其中，238 个气象站点有 47 个站点具有逐日太阳辐射资料，被用来计算潜在蒸散发量。

黄土高原地区 51 个小流域的地形地貌采用 1 km 的数字高程模型（digital elevation model，DEM）描述，数据来源于美国地质调查局（USGS）。1982～2000 年，1 km 分辨率的每月 NDVI 数据来源于美国国家海洋和大气管理局 NOAA-AVHRR（Advanced Very High Resolution Radiometer，高级超高分辨率传感器）全球数据库。NDVI 为近红外波段和红光波段测得的反射率之差除以两者之和，是植被生长状态和植被覆盖率的最佳指示因子（Schultz and Engman，2000）。全国 420 个站点 1991～2000 年逐旬的土壤水饱和度数据来源于中国气象局的农田气象站，包含 10 cm、20 cm、50 cm、70 cm、100 cm 深度的土壤水饱和度数据，其中在黄土高原地区约有 56 个站点，在滦河、北三河流域研究区域约有 10 个站点。我国北方地区的 20 世纪 90 年代的土地利用资料来源于中国科学院（刘纪远等，2002），其土地利用类型主要分为 6 种：耕地、林地、草地、水域、城乡居工地和未利用土地。1982～2000 年的黄土高原地区 51 个小流域出口的逐月径流数据（Yang et al.，2007）来源于中国水利部水文局。假设流域土壤蓄水量年际变化值为零，通过水量平衡计算可获得黄土高原地区 1982～2000 年各小流域的实际蒸散发量。

2. 气象要素的空间插值方法

气象要素的空间插值方法采用水文气象领域广泛使用的距离方向加权平均法（New et al.，1999，2000；Yang et al.，2004，2006，2007；Qian et al.，2006）。其中，降水、相对湿度、风速和太阳辐射量采用距离方向加权平均法。气温（平均、最高和最低气温）和大气压空间插值采用高程修正的距离方向加权平均法（相关变量随高程的改变率根据实测数据的平均值与站点高程进行拟合）。

首先，在不考虑方向的情况下，选择最近的 8 个站点，计算每个站点对目标网格的中心距离权重（ω_k）：

$$\omega_k = \left[\exp\left(-x/x_0 \right) \right]^{m_z} \tag{2-1}$$

式中，x_0 为控制空间衰减程度的基于经验的衰减距离；x 为站点至目标点的距离；m_z 为调节系数，取 1～8，一般取 4。接下来，对 8 个距离权重分别进行方向修正，其修正系数（a_k）的计算公式如下：

$$a_k = \frac{\sum\limits_{l=1}^{8} \omega_l \left[1 - \cos\theta_j(k, l) \right]}{\sum\limits_{l=1}^{8} \omega_l}, \quad l \neq k \tag{2-2}$$

式中，$\theta_j(k, l)$ 为以目标点为中心的站点 k 和 l 的分离角度；ω_l 为站点 l 的距离权重。修正后的总距离方向权重为

$$W_k = \omega_k (1 + a_k) \tag{2-3}$$

这样目标网格的降水量（以降水量 P 为例）为 8 个站点的加权平均值：

$$P = \frac{\sum\limits_{l=1}^{8} \omega_l P_{l,\,\text{obs}}}{\sum\limits_{l=1}^{8} W_l} \tag{2-4}$$

式中，$P_{l,obs}$ 为站点观测降水量。该方法使气象要素在时间和空间上均一化且连续，有利于描述气候状况改变的区域性特征；同时，能弱化密集站点对平均值的影响，有利于给出合理的空间平均值（孙福宝等，2007；许继军，2007）。

3. 潜在蒸散发量估算

按《水文学手册》（Shuttleworth，1993）建议，利用气象站点的日观测数据，包括降水、风速、相对湿度、日照时数、日平均气温，来估算潜在蒸散发量。对于水面，潜在蒸发量按式（2-5）（Penman，1948；Maidment，1992）计算，即

$$E_0 = \frac{\Delta}{\Delta+\gamma} \frac{(R_n-G)}{\lambda} + \frac{\gamma}{\Delta+\gamma} \frac{6.43(1+0.536U_2)(e_s-e_a)}{\lambda} \qquad (2-5)$$

对于其他土地利用类型，潜在蒸散发量采用参考作物蒸散发量（reference crop evapotranspiration）计算公式。联合国粮食及农业组织（FAO）（Allen et al.，1998）、美国土木工程师协会（ASCE）和其他水文学及农业气象研究者（Shuttleworth，1993；刘钰等，1997）在 Penman-Monteith 模型的基础上，定义了一个假想的参考作物面（作物高为 0.12 m，表面阻力为 70 s/m，反射率为 0.23），来计算参考作物蒸散发量。该假想面类似于高度均一、生长旺盛、完全覆盖地面、水分充足的广阔低矮绿色植被构成的表面。FAO 推荐（Allen et al.，1998）的公式为

$$E_0 = \frac{\Delta}{\Delta+\gamma*} \times \frac{(R_n-G)}{\lambda} + \frac{\gamma}{\Delta+\gamma*} \times \frac{900}{T+273} U_2 (e_s-e_a) \qquad (2-6)$$

上两式中，Δ 为饱和水汽压-温度曲线的斜率（kPa/℃）；γ 为空气湿度常数（kPa/℃）；λ 为水的汽化潜热（约 2.26×10^6 J/kg）；e_s 为空气温度对应的饱和水汽压（kPa）；e_a 为实际水汽压（kPa）；e_s-e_a 为饱和水汽压亏缺；T 为温度（℃）；U_2 为 2m 处风速（m/s）；R_n 为净辐射量 [MJ/(m^2·d)]；G 为土壤热通量 [MJ/(m^2·d)]；$\gamma* = \gamma(1+0.34U_2)$。当计算尺度为天时，土壤热通量 G 取 0。

准确估算太阳辐射量是计算潜在蒸散发的关键，也是能量平衡的基础。一般根据日照时数采用如下经验公式进行计算：

$$R_s = \left(a_s + b_s \frac{n_s}{N_s}\right) R_a \qquad (2-7)$$

式中，n_s 为实际日照时数（h）；最大可能日照时数 N_s（h）与到达大气层顶的太阳辐射量 R_a [MJ/(m^2·d)] 可通过理论准确计算（Shuttleworth，1993）。参数 a_s 一般取 0.25，b_s 取 0.50。根据日照时数估算出各站逐日太阳辐射量。拥有实测太阳辐射资料的站点直接采用实测值，估算值作为缺测日期的补充，最后用距离方向加权平均法对所有站点逐日太阳辐射量进行空间插值。

净长波辐射量 R_{nl} 采用 Shuttleworth（1993）推荐的如下公式进行计算：

$$R_{nl} = \sigma \left(\frac{(T_{min}+273.2)^4+(T_{max}+273.2)^4}{2} \right)$$
$$\times (0.34-0.14\sqrt{e_a}) \left(1.35\frac{R_s}{R_{so}}-0.35 \right) \tag{2-8}$$

式中，T_{max} 与 T_{min} 分别为日最高和最低气温（℃）；σ 为 Stefan-Boltzmann 常数；太阳晴空辐射 R_{so} 可由式（2-7）计算，即当 $n_s/N_s=1$ 时，有 $R_{so}=(a_s+b_s)R_a$。

4. 土壤水分数据处理

在黄土高原地区，对 10 cm、20 cm、50 cm 深度的表层土壤水饱和度的数值平均值采用格里金（Kriging）方法插值，再获得黄土高原地区 51 个小流域平均的 50cm 以内表层的土壤水饱和度。而在滦河和北三河流域，则对 10 cm、20 cm、50 cm、70 cm、100 cm 的土壤水饱和度分别进行 Kriging 插值，获得不同深度层的土壤水饱和度的区域平均值。

通过上述的资料整理和数据处理，得到黄土高原研究区的 51 个小流域的年均降水量为 331～824 mm/a，年均径流量变化范围为 8～150 mm/a，年均实际蒸散发量变化范围为 299～674 mm/a，潜在蒸散发量的变化范围为 751～1219 mm，年均 NDVI 的变化范围为 0.11～0.45。各小流域平均林地覆盖比例为 13%，草地和雨养耕地覆盖比例为 78%（在黄土高原地区选择的 51 个小流域受人为活动干扰较小，认为其耕地类型主要为雨养耕地）。黄土高原地区常见的植被有刺槐、松油、柠条和苜蓿等。

滦河和北三河流域的主要土地类型及比例见表 2-1。总的来说，这两个地区覆被比例较高，耕地、林地和草地总的面积比例达到 88.7%。而对应于滦河和北三河流域地区多年平均的 NDVI 为 0.38。在我国北方地区，4～9 月为降水集中、植被生长旺盛的季节，将这几个月定义为植被的生长季节。北三河和滦河流域地区在生长季节对应的平均 NDVI 分别为 0.52 和 0.51。

表 2-1 滦河和北三河流域土地利用类型及比例　　　　（单位：%）

土地利用类型	北三河	滦河	滦河和北三河
耕地	38.2	29.7	33.0
林地	32.9	34.0	33.6
草地	14.8	26.8	22.1
水域	3.5	2.1	2.7
城乡居工地	9.9	4.1	6.4
未利用土地	0.6	3.4	2.3

本章的研究内容主要是利用数据分析等手段，研究植被覆盖状况的指标NDVI 和区域水量平衡要素（降水量、蒸散发量等）之间的关系。本章的研究目的是为预测缺水环境中流域在气候变化和人类活动下产生的生态水文响应提供支持，并为中国北方地区的水资源管理工作提出有益的建议。

2.2　植被覆盖率与流域降水量的相关分析

2.2.1　植被覆盖率与年降水量的相关分析

NDVI 作为遥感获得的归一化植被指数，反映了植被的生长状况和覆盖情况，它的大小与当地水分状况密切相关。通过分析黄土高原地区 51 个小流域 1982 ~ 2000 年多年平均的 NDVI 数据和多年平均降水量的关系，发现 NDVI 与降水量在空间上的相关性良好（图 2-3），相关系数 $R = 0.74$。同样，在滦河和北三河流域，研究发现，多年平均的 NDVI 数据和多年平均降水量的关系也良好，相关系数 $R = 0.60$。分析结果反映了在黄土高原和海河流域这样的比较干旱的区域，植被的生长主要是受降水的影响，可获得水量是植被生长的主要限制因素。

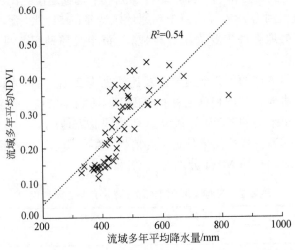

图 2-3　黄土高原地区 51 个小流域的多年平均降水量与 NDVI 的相关关系

若从多年平均降水量与多年平均 NDVI 之间的物理意义出发，当多年平均降水量为 0 时，流域多年平均 NDVI 值也应为 0，当多年平均降水量为无穷大时，流域的植被生长趋于饱和，相应的植被指数 NDVI 趋于最大值（约为 0.80）。于是，对黄土高原地区 51 个小流域的多年平均降水量与 NDVI 的研究也尝试采用了3次多项式拟合（图2-4）。结果发现，在黄土高原地区，当多年平均降水量从350 mm/a 增加到 450 mm/a 时，多年平均 NDVI 从 0.11 增加到 0.27；当多年平均降水量从 450 mm/a 增加到 550 mm/a 时，多年平均 NDVI 从 0.28 增加到 0.45；当多年平均降水量从 550 mm/a 再增加时，多年平均 NDVI 的增加不明显。可见，在黄土高原地区多年平均降水量为 350～550 mm/a 时，植被生长对降水的响应比较显著。

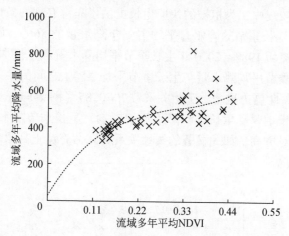

图 2-4　黄土高原地区 51 个小流域的多年平均降水量与 NDVI 的多项式拟合

　　将黄土高原地区 51 个小流域的多年平均 NDVI 按照大小排列，分为个数大致相等的 3 组：0.11≤NDVI<0.17、0.17≤NDVI≤0.32、0.32<NDVI≤0.45（表2-2）。经过分析发现，0.11≤NDVI<0.17 的小流域主要分布在黄土高原西北部的祖厉河、窟野河和无定河等流域；0.17≤NDVI≤0.32 的小流域主要分布在延河、北洛河、泾河和渭河等支流的中游；0.32<NDVI≤0.45 的小流域主要分布在延河、北洛河、泾河和渭河等支流的下游及洛河、沁河流域。可见，在黄土高原地区，由于降水量西北较少东南较多，导致了该地区的植被覆盖率也是西北部较为稀疏、东南部较为密集。另外，通过比较土地利用资料发现，3 组流域对应的平均林地覆盖面积比例也有较为显著的差异，从东南到西北分别为 35%、10% 和3%，林地覆盖比例也逐渐降低，与 NDVI 分析结果一致。

表 2-2　黄土高原地区多年平均的 NDVI 及其对应的降水量

NDVI	主要分布区域	年均降水量/mm	林地比例/%
0.11～0.17	祖厉河、窟野河、无定河	382	3
0.17～0.32	延河、北洛河、泾河和渭河等河的中游	460	10
0.32～0.45	延河、北洛河、泾河和渭河等河的下游及洛河、沁河	542	35

本章关于黄土高原地区植被指数和林地比例与降水量的关系的结论与其他学者的研究成果具有一致性。例如，莫兴国等（2006）指出，黄土高原无定河流域在1981~2001年降水量的空间分布有明显的由南向北递减的特征；余卫东等（2002）指出，黄土高原地区森林地带分布在东南部和立地条件好的山地，荒漠草原带分布在水热资源缺乏的西北部。

在黄土高原地区，植被的生长季节主要集中在4~9月，在这些月中气温比较适宜，降水比较集中，为植被的快速生长提供了非常有利的条件。在研究区的51个小流域中，生长季节的降水量平均占到年降水量的86%。研究分析了黄土高原地区各个小流域1982~2000年生长季节平均降水量和生长季节平均NDVI的关系，发现生长季节平均降水量与生长季节平均NDVI之间的关系比年降水量与年均NDVI的相关性更为显著，正相关系数$R=0.85$（图2-5）。这反映了黄土高原地区植被的生长主要受生长季节降水量的影响，生长季节降水量大的小流域，其植被覆盖率相对更高，如此显著的线性关系可以估算黄土高原地区某小流域长期平均的植被状况。

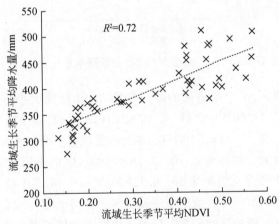

图2-5　黄土高原地区51个小流域的生长季节平均NDVI与平均降水量的相关关系

不仅植被覆盖的疏密程度受到降水量的影响，植被覆盖的年际变化也受到降水量的影响（周睿等，2007）。通过分析黄土高原51个小流域1982~2000年NDVI的变差系数（C_v）与生长季节平均降水量的关系，发现两者存在较强的负相关性（图2-6），相关系数$R=-0.72$。这表明区域生长季节的降水量对NDVI的年际波动有较为显著的影响。对于整个黄土高原区域，生长季节降水量相对越充沛的地区，其植被指数NDVI的年际波动也越小，也就是说，植被受气候波动影响的脆弱性越低。

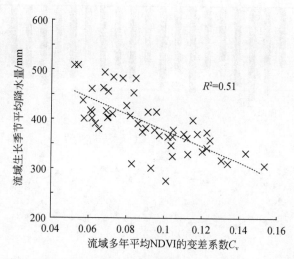

图 2-6　黄土高原地区 51 个小流域多年平均 NDVI 的变差
系数与生长季节平均降水量的关系

　　但是，比较黄土高原 51 个小流域生长季节降水量的变差系数和 NDVI 的关系，却并未发现有明显的相关性，这可能是因为在我国北方非湿润地区，植被的覆盖状况主要受长期平均降水量多少的控制，而降水量的年际变化对植被覆盖状况的影响只是次要的。一般而言，降水的稳定性也会对植被生长产生影响，但是在所研究的 51 个小流域中，因为各个小流域生长季节降水量在 1982～2000 年变化不大，而且变差系数（C_v）基本都集中在 0.20～0.25，差别很小，所以降水量的变化对 NDVI 的影响不明显，因此，在黄土高原区域植被指数 NDVI 最主要的影响因素还是降水量的多少。

2.2.2　降水年际变化对植被覆盖率的影响

　　由黄土高原地区 1982～2000 年降水量的年际变化（图 2-7）可见，近 20 年来，该地区的年降水量略有下降趋势（确定性系数 $R^2 = 0.17$），但植被指数 NDVI 却无明显变化趋势（对于生长季节平均 NDVI，确定性系数 $R^2 = 0.02$；对于年平均 NDVI，确定性系数 $R^2 = 0.04$），这与前人的研究结果相近（莫兴国等，2006），反映出黄土高原地区有干化的趋势，同时也表明植被生长具有适应气候波动的能力。

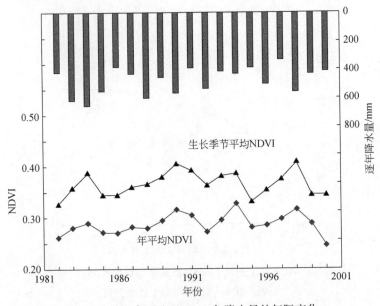

图2-7 黄土高原地区 NDVI 与降水量的年际变化

同样，对滦河和北三河流域生长季节 NDVI 与生长季节降水量的年际变化的分析（图2-8）也表明，1991～2000 年该区域的生长季节降水量略有减少趋势（确定性系数 $R^2 = 0.16$），而生长季节 NDVI 的变化趋势不明显（确定性系数 $R^2 = 0.04$）；尽管两者在年际变化的波动上也具有良好的一致性。

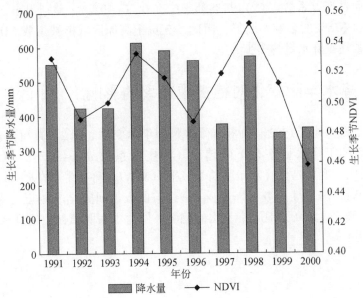

图2-8 滦河和北三河流域生长季节 NDVI 与降水量的年际变化

本章未考虑气温变化对植被生长的影响，前人的研究表明，黄土高原地区 1961 ~ 2000 年春季气温呈上升趋势，平均上升速度为 0.1℃/10a 以上（张定全和王毅荣，2005）；而对西峰黄土高原地区气温升高和物候关系的研究表明，气温升高导致地温升高，植被发育期提前（郭江勇等，2007）；另有在海河流域的研究表明，近 20 年来海河流域年平均温度明显升高，但其对植被指数的年际变化没有显著影响（刘德义等，2008）。本章研究认为，在我国北方非湿润地区，气温主要影响的是物候，而植被覆盖率主要还是受区域降水量控制。

2.3 植被覆盖率和流域蒸散发的相关分析

2.3.1 植被覆盖率与蒸散发量的相关分析

在非湿润地区，蒸散发是降水的主要消耗方式，其组成部分主要包括植被冠层蒸腾、土壤蒸发，以及冠层和地表洼地对降水的截留蒸发等。通常情况下，我国北方非湿润地区的年蒸散发量可以占到年降水量的 80% 左右。其中，植被的蒸腾和冠层的截留蒸发作为蒸散发的主要贡献者，与植被的覆盖状况有密切的关系。

对于实际蒸散发量，本章采用了两种方法，一种是假设小流域多年平均蓄水量变化为 0，根据长期的水量平衡计算得到；另一种是根据 Budyko 水热耦合平衡方程计算得到（Budyko，1974）。其中，采用 Budyko 水热耦合平衡方程时，其公式如式（1-7）所示。根据流域长期平均降水 P 和潜在蒸散发量 E_0，可模拟各个流域逐年的实际蒸散发量。在以往的研究中已经证明了 Budyko 水热耦合平衡方程在我国北方非湿润区的应用（Yang et al.，2006，2007；孙福宝等，2007）。在黄土高原地区的 51 个小流域中，采用 Budyko 水热耦合平衡方程模拟的实际蒸散发与采用水量平衡计算的实际蒸散发两者长期平均及逐年实际蒸散发均有良好的一致性；两种方法所得的多年平均实际蒸散发量的绝对偏差（mean absolute error，MAE）和方差均方根（the square-root of the mean square error，RMSE）分别为 27.2 mm/a 和 34.6 mm/a。本章采用的绝对偏差 MAE 和方差均方根 RMSE 是描述偏差状况的常用指标，其计算方法分别如下：

$$\text{MAE} = \frac{\sum_{i=1}^{n} \left| E_{\text{pre},\, i} - E_{\text{obs},\, i} \right|}{n} \tag{2-9}$$

$$RMSE = \sqrt{\frac{\sum_{i=1}^{n} (E_{\text{pre}, i} - E_{\text{obs}, i})^2}{n}} \tag{2-10}$$

式中，i 为起始序列数；n 为序列长度。对本书的研究而言，$E_{\text{pre},i}$ 和 $E_{\text{obs},i}$ 分别为某流域实际蒸散发量采用 Budyko 水热耦合平衡方法的估算值和根据实测数据采用水量平衡方法的估算值。

研究分析了黄土高原地区 51 个小流域多年平均 NDVI 与多年平均蒸散发量的关系，发现两种方法获得的多年平均实际蒸散发量与多年平均 NDVI 在空间上均具有良好的正相关性，其中 NDVI 与水量平衡方程估算的实际蒸散发量相关系数 $R = 0.79$（图 2-9），NDVI 与 Budyko 水热耦合平衡方程估算的实际蒸散发量的相关系数 $R = 0.76$，表明在该研究区域植被状况与实际蒸散发量之间存在显著的联系，植被越多的地方，蒸散发也越大，反映了植被增多对增加区域蒸散发所作的贡献。

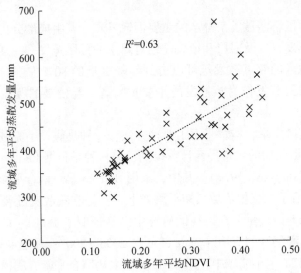

图 2-9　黄土高原地区 51 个小流域多年平均蒸散发量与 NDVI 的相关关系

而通过比较黄土高原地区 51 个小流域生长季节蒸散发量和生长季节平均 NDVI 的关系，发现两者的正相关性比年均蒸散发量和年均 NDVI 的正相关性更为强烈。如图 2-10 所示，51 个小流域生长季节平均 NDVI 与水量平衡估算的生长季节平均实际蒸散量相关系数 $R = 0.88$。这表明植被的蒸腾作用及冠层截留蒸发作用对蒸散发的影响主要体现在生长季节。

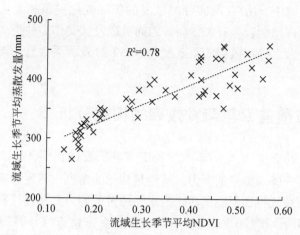

图 2-10　黄土高原地区 51 个小流域生长季节平均 NDVI 与蒸散发量的相关关系

　　分析黄土高原地区各流域逐年的实际蒸散发量与年均 NDVI 时，研究采用的是 Budyko 水热耦合平衡方程计算的实际蒸散发。分析结果发现，各流域逐年的实际蒸散发量与年均 NDVI 值呈正相关的流域占流域总数的 84%，仅有 8 个小流域呈现负相关（表 2-3）。当采用水量平衡计算实际蒸散发时，NDVI 与蒸散发量年际变化呈负相关或弱负相关的流域个数为 16 个。这可能是因为水热耦合平衡方法能反映大气与陆面之间复杂的耦合与反馈作用，即当陆面植被增加导致蒸散发量增加时，大气蒸发能力受陆面水热通量变化的影响而下降，然后再影响到陆面蒸散发；而这些复杂作用，在水量平衡计算的实际蒸散发中却不能体现出来，所以两种方法分析结果有所差异。

表 2-3　黄土高原 51 个小流域年均 NDVI 与水热耦合平衡公式推求的蒸散发量的关系

相关性	强正相关	弱正相关	弱负相关	强负相关
相关系数	>0.3	0~0.3	−0.3~0	<−0.3
流域个数	22	21	6	2
流域个数比例/%	43	41	12	4

　　总的来说，在黄土高原研究区的大多数流域内，实际蒸散发量与年均 NDVI 之间都具有良好的相关关系，说明当这一区域的植被覆盖增多时其蒸散发量也将增加，这与大多数森林水文学实验的观测结果相同（McVicar et al.，2007）。利用 20 世纪 90 年代初的我国北方地区的土地利用资料，分析 NDVI 与实际蒸散发量成负相关的各个小流域的土地利用状况，发现在这些小流域中，雨养耕地所占的比例较高，平均占总土地利用面积的 46%，高于其他小流域平均的耕地比例

37%。在这些流域中，NDVI 与实际蒸散发的年际变化呈负相关关系的原因，可能与耕地面积所占比例较高有关，而耕地的蒸散发又受作物种类、生长周期和人为活动的影响较大，导致区域的蒸散发和 NDVI 的关系不明显，详细情况还有待于今后进一步分析。

2.3.2 植被覆盖率与蒸发效率的相关分析

蒸发效率（E/E_0）是实际蒸散发和潜在蒸散发的比值，反映了植被和土壤获得水分并用于蒸腾和蒸发的能力。从能量转化的角度，蒸发效率在一定程度上反映了地表生态系统将辐射能量转变为潜热通量的能力。通过比较黄土高原地区 51 个小流域多年平均的 NDVI 与 Budyko 水热耦合平衡方程计算的蒸发效率（E/E_0）的关系（图 2-11），发现两者也存在较好的正相关性，相关系数 $R=0.76$。采用长期水量平衡方法获得的蒸发效率（E/E_0）与 NDVI 的正相关性也很好，相关系数 $R=0.75$。这说明植被覆盖程度越密集的地方，其蒸发效率也越高。考虑降水的控制作用，即在相对湿润的环境中，植被覆盖和蒸发效率都较高，这可能是因为植被较密集的地区，植被能更有效地利用土壤水分，产生更多的蒸腾，并伴随冠层对降水更多的截留，从而导致产生更大的蒸发效率。

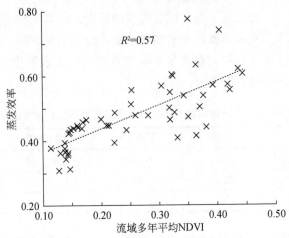

图 2-11　黄土高原地区 51 个小流域多年平均 NDVI 与蒸发效率的相关关系

2.3.3 植被覆盖率与蒸发系数的相关分析

蒸发系数（E/P）则反映了降水在蒸散发和径流之间的分配比例，蒸发系越大，表示有越多的降水通过土壤蒸发、植被蒸腾和冠层对降水截留蒸发等不可见的形式消耗；从生态水文学中蓝水和绿水的观点来看，即降水转化为不可见的绿水部分（蒸散发）的比例越大，转化为可见的蓝水部分（径流）的比例就越小。

为了研究植被覆盖状况对降水在蒸散发和径流之间分配比例的影响，本章分析了黄土高原 51 个小流域 NDVI 的逐年变化与蒸发系数（E/P）之间的关系。采用 Budyko 水热耦合平衡方程式（1-7）计算得到实际蒸散发量，发现 NDVI 与蒸发系数（E/P）之间具有较为显著的负相关性（图 2-12），相关系数 $R = -0.72$。而采用长期水量平衡获得的实际蒸散发量，发现 NDVI 与蒸发系数（E/P）之间无显著相关性（相关系数 $R = 0.13$）。这两种方法结果之间的差异可能是因为 Budyko 水热耦合平衡方法计算的实际蒸散发反映了大气–水循环之间的相互作用机制，因此该方法的计算结果能反映出植被和水量平衡要素比例（E/P）之间的关系，但由水量平衡方法计算的实际蒸散发不能反映该机制，因此关系不显著。

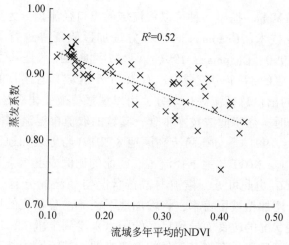

图 2-12　黄土高原地区 51 个小流域的多年平均 NDVI 与蒸发系数的相关关系

在解释植被指数 NDVI 与蒸发系数（E/P）在黄土高原地区表现出来的负相关性时，不能脱离该地区植被生长和蒸散发都主要受降水量控制的前提。该现象实质上反映了在黄土高原地区，降水较多的小流域，植被覆盖率、实际蒸散发量及径流量从数值上说一般都较大；但植被覆盖率较大的小流域，其对应的降水转化为径流的比例（径流系数 R/P）却较大，降水转化为蒸散发的比例（蒸发系数 E/P）却较小。

在黄土高原地区，结合前面所分析的 NDVI 与降水量和实际蒸散发量之间的关系，表 2-4 定量表示了 NDVI 与降水量、蒸散发量、径流量和蒸发系数的关系，反映了植被生长在降水条件控制下与水量平衡要素之间的关系。可见，在黄土高原地区，降水量相对更高的流域，其植被覆盖率较高，但是流域蒸散发占降水量的比例较小。

表 2-4　黄土高原 51 个小流域 NDVI 与降水量、蒸散发量、径流量、蒸发系数的关系

NDVI	降水量/(mm/a)	蒸散发量/(mm/a)	径流量/(mm/a)	蒸发系数
0.10	360	342	18	0.95
0.20	425	382	43	0.90
0.30	489	422	67	0.87
0.40	553	462	91	0.84

2.4　植被覆盖率与流域径流成分的相关分析

Nathan 和 McMahon 提出一种可以将流域的出口径流划分为地表径流和地下径流的数字滤波技术；Chapman 对这种方法加以验证并进行了改进（Nathan and McMahon，1990；Chapman，1991）。该数字滤波技术是基于日尺度的流量资料。在黄土高原的 51 个小流域中，有 40 个小流域具有逐日的流量资料，将这 40 个小流域的出口总径流进行划分，用以观察植被变化对径流成分的影响。在划分径流成分时，数字滤波技术中唯一参数的取值根据流域面积的大小定为 0.95（Chapman，1991）。分析黄土高原地区 NDVI 与地表和地下径流分配关系时发现，在空间上，NDVI 与地下径流占总径流的比例成正相关关系（图 2-13），相关系数 $R=0.66$。由此可见，植被的覆盖状况与径流成分有一定的联系。在黄土高原地区，增加植被覆盖率，将增加地下径流占总径流的比重。这可能是由于植被对土壤状况的改良而导致更多的降水入渗到土壤中，使得壤中流和地下径流增加。地下径流是河流基流量的主要来源，基流增加将有利于水资源的开发利用。

对比前人的研究成果，李昌哲和郭卫东（1986a，1986b）采用大流域对比法，研究了海河的永定河流域内森林植被的水文效应，分析结果显示，森林植被覆盖率的增加不仅能增加河川年径流量，还能改善河川年径流量的结构，即增加潜水径流。本书的研究和前人的研究都反映了植被增加将导致地下径流成分所占比例的增加，体现了植被对降水径流资源的调节作用，这为区域植被恢复和重建工作提供了参考。

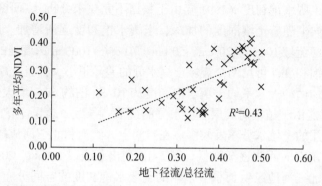

图 2-13　黄土高原地区 40 个小流域的多年平均 NDVI 与地下径流占总径流比例的相关关系

2.5　植被与流域土壤水分的相关分析

采用实测的土壤水分数据，通过分析黄土高原 51 个小流域 NDVI 与土壤水饱和度的关系，发现各流域多年平均 NDVI 与多年平均土壤水饱和度在空间上存在正相关性，相关系数 $R=0.40$。这说明在黄土高原地区，土壤水含量低的区域，其植被覆盖程度也低。分析各个小流域内 NDVI 的年际变化与土壤水饱和度年际变化的关系发现，在大多数流域，两者也是存在正相关性；仅在少数流域（7 个小流域），两者呈负相关性（表 2-5）。在多数流域中，NDVI 和土壤水饱和度之间呈正相关关系，说明在该地区植被生长主要由土壤水分决定。

表 2-5　黄土高原 51 个小流域 NDVI 与实测土壤水饱和度年际变化的关系

相关性	强正相关	弱正相关	弱负相关	强负相关
相关系数	>0.3	0 ~ 0.3	−0.3 ~ 0	<−0.3
流域个数	28	16	7	0
流域个数比例/%	55	31	14	0

然而，在少数流域中，NDVI 与土壤水饱和度之间呈负相关关系，这可能反映了在水分补给不足的情况下，植被蒸腾和冠层截留等产生的蒸散发对土壤水分的消耗导致土壤水分降低，其内在机理还有待于进一步研究。另外，NDVI 与土壤水饱和度在空间上的关系不如 NDVI 和降水量的关系显著，也反映了 NDVI 与土壤水分之间存在着比较复杂的相互作用机理，植被生长对土壤水分的消耗反过来又制约植被的生长，两者之间是一个动态平衡的关系。

关于覆被类型与土壤水分之间的关系，本章在海河流域的滦河和北三河地区对其进行了研究。在海河流域，分析 1992 ~ 2000 年滦河和北三河地区 4 ~ 9 月生长季节平均的土壤水饱和度（1991 年由于数据不完整未分析）。研究发现，对于同一区域，垂向上随着土壤深度的加深，土壤水饱和度逐渐增加。图 2-14 显示了滦河和北三河流域 10 cm、20 cm、50 cm、70 cm、100 cm 深度处的生长季节多年平均土壤水饱和度，可见两个流域土壤水分的差异很小，并且土壤水饱和度都随着深度的增加而增大，平均土壤水饱和度从 10 cm 的约 66% 增大到 100 cm 的约 76%。这可能由于植被对表层土壤水分的攫取，导致了表层土壤水分的消耗，也可能因为表层的土壤水分蒸发较多。在空间上，滦河和北三河流域土壤水分的变化趋势是由东南向西北逐渐降低。图 2-15 列出了表层 10 cm、20 cm 和 50 cm 深度处滦河和北三河地区生长季节平均的土壤水饱和度的空间分布，可以看出，研究区域中土壤水分东南部较大，西北部较小。分析其原因，可能是由研究区的地形因素决定的，研究区东南部地势较低，西北部地势较高，因此东南部平原区的土壤水含量相对较高。

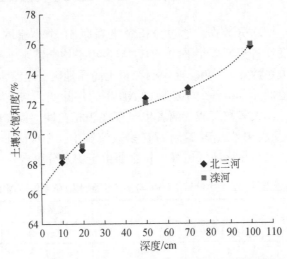

图 2-14　滦河和北三河流域生长季节土壤水饱和度随深度的变化

通过分析还发现，1992～2000 年，海河流域的研究区域 10cm、20cm、50cm 和 70cm 深度处的生长季节平均的土壤水饱和度都有较为明显的下降趋势（图 2-16），但在 100 cm 深度处土壤水饱和度在 1992～2000 年无明显变化趋势。这可能因为浅层土壤水分受降水的波动影响，2.2.2 节指出 1991～2000 年海河流域的降水量有减少的趋势。而分析 1992～2000 年该区域生长季节 NDVI 的变化，发现其变化趋势不明显，也反映了植被对于气候波动的适应能力。

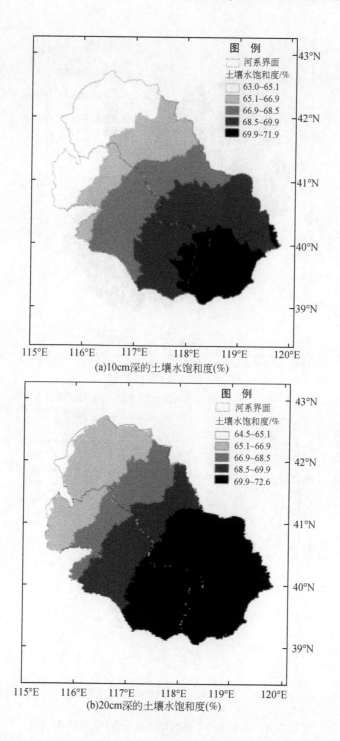

(a)10cm深的土壤水饱和度(%)

(b)20cm深的土壤水饱和度(%)

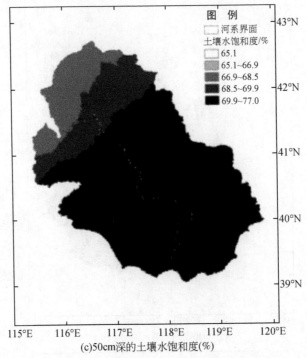

(c)50cm深的土壤水饱和度(%)

图2-15 生长季节不同深度土壤水饱和度的空间分布

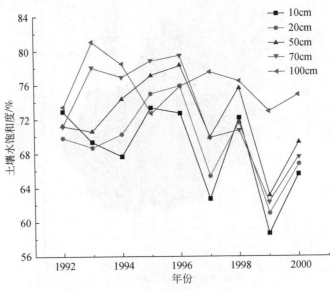

图2-16 生长季节不同深度土壤水饱和度的年际变化

根据海河流域的土地利用资料，研究还分析了滦河和北三河流域林地和草地这两种大致天然覆被状态下所对应的4~9月生长季节平均土壤水分的差异（表2-6），发现林地和草地区域相比，生长季节对应的土壤水饱和度略高，这可能是由于森林有较好的涵养水源的能力。而反过来说，在土壤水分相对充足的条件下，林地才容易生存，而对于草地而言，其对土壤水分的要求也没有林地高。

表2-6　滦河和北三河流域林地和草地对应的4~9月生长季节平均土壤水分

深度/cm	林地土壤水饱和度/%	草地土壤水饱和度/%
10	67.3	66.5
20	68.8	68.0
50	71.5	70.9
70	72.6	71.8
100	75.5	74.8

2.6　本章小结

本章以我国北方非湿润地区的黄土高原和海河流域（滦河和北三河流域）为研究区域，基于气象、水文和植被等观测数据，分析了植被覆盖率变化与水循环各要素之间的相关关系。

黄土高原地区的分析结果显示，区域植被主要受降水量的影响，降水量相对越充沛的地区植被覆盖率越高，而受气候波动的影响较低。植被覆盖密集的地区，蒸发效率（E/E_0）越高但蒸发系数（E/P）越低，表明该地区的植被覆盖率增加时蒸散发量增大；当降水量增加时，蒸散发量增加的比例小于径流量增加的比例。植被覆盖度与实测土壤水饱和度之间的正相关性表明，在不考虑气候变化影响的前提下，增加区域植被覆盖的可能途径是提高土壤含水量。植被覆盖率与径流成分的相关关系表明，植被覆盖率增加导致地下径流成分的比例增大，间接证明了植被对地下径流的调蓄功能。

滦河和北三河流域的分析结果显示，降水量与NDVI的逐年变化具有较好的一致性，区域表层土壤水分含量近年来有下降趋势。另外，林地覆被类型所对应的土壤水分含量比草地覆被类型对应的土壤水分含量相对略高。

本章中对植被与降水、蒸散发等水循环要素之间的相关关系分析，为进一步研究植被与流域水循环之间的相互作用机理提供了有益参考；植被覆盖率与流域降水量、蒸发效率（E/E_0）、蒸发系数（E/P）之间的不同相关关系表明，植被与流域水量平衡和能量平衡之间存在复杂关系，需要进一步研究；从植被与土壤水分之间的相关分析可知，土壤水分和植被都是流域水量平衡中关键的影响因素，在流域水量平衡方程中对这两个因素的定量描述是解释植被与流域水循环相互作用机理的关键。

第3章 基于水热耦合平衡原理分析植被对流域水循环的影响

在缺水的环境中，植被的生长状况在很大程度上是由它可利用的水分的多少决定的（Rodríguez-Iturbe et al.，2001；Rodríguez-Iturbe 和 Porporato，2004；Laio et al.，2001；Zeng et al.，2005），而植被生长同时又会通过冠层对降水的截留及蒸腾作用等过程来影响区域的水量平衡过程。流域的水循环与能量循环通过蒸散发过程相耦合，流域蒸散发以植被蒸腾为主，因此植被不仅影响到流域的水量平衡，同时还影响到流域的能量平衡。水文学的基本原理是水量平衡，在分析流域水量平衡关系时，其中最难确定的要素是流域蒸散发量。流域蒸散发量的估算一直是流域水文学研究的主要内容和热点之一，能量平衡原理在流域蒸散发估算中得到了广泛应用。1974 年，Budyko 提出了流域水分与能量耦合平衡的假设，并将其发展成为流域水热耦合平衡原理，成为流域水循环研究的新方法。

从第 2 章关于植被与流域水循环要素之间的相关分析可知，植被覆盖率与流域降水量、蒸发效率（E/E_0）、蒸发系数（E/P）之间存在不同的相关关系，表明植被与流域水量平衡和能量平衡之间存在复杂的相互作用，需要进一步对其研究。本章以我国北方黄河流域、海河流域和甘肃内陆河流域为研究对象，在流域水热耦合平衡原理的基础上，进一步分析植被对流域水循环的影响。

3.1 流域水热耦合平衡方程中考虑植被特性的意义

Budyko（1974）指出，流域长期平均的蒸散发（E）受到水量和能量平衡的影响，其量值主要由区域可获得的水量和能量来控制，该假说称为 Budyko 假设。通常，以流域的潜在蒸散发量（E_0）来代表蒸散发可获得的能量，用流域的降水量（P）来代表可利用的水量。依照 Budyko 假设，湿润地区的实际蒸散发量主要受潜在蒸散发（蒸发能力）的控制，而在非湿润地区，实际蒸散发量主要受降水的控制。Budyko 用一个经验公式来反映上述的水热耦合平衡关系［参见式（1-7）］，即 Budyko 曲线（图 1-2）。

其后，在 Budyko 假设的基础上又发展了若干流域水热耦合模型（Zhang et al.，1999，2001，2004；Potter et al.，2005；Yang et al.，2006，2007，2008），并在世界范围的诸多流域获得了验证和应用。虽然发展起来的大多数水热耦合模型与 Budyko 曲线有相似的表达形式，但研究越来越意识到在不同流域，特定的下垫面状况（如植被、土壤和地形条件等）会对模型结果产生影响（Yang et al.，2006），而这些在最初的 Budyko 假设中并未考虑。目前，大多数水热耦合模型还没有在模型中显式表示植被特性，众多学者对植被变化对流域尺度长期水量平衡的影响还没有足够的重视。在森林水文中，一些对比流域实验的结果已经表明，森林流域的实际蒸散发一般较高，因为在生长季节林地流域冠层对降水产生更多截留，并且林地的根系能更有效地利用土壤水分，从而产生更多的蒸腾（Cosandey et al.，2005）。Donohue 等（2007）指出，在较小的流域空间尺度（≤1000km^2）和较小的时间尺度（≤5 年），有必要在 Budyko 水热耦合平衡理论框架中显式表示包含植被在内的下垫面因素对实际蒸散发量的影响。Donohue 等（2007）还认为，叶面积指数、光合作用有效辐射和根深等一些重要的植被特性可能对流域的水热耦合平衡有着重要影响。

杨汉波等（2008a，2008b）在数学推导和量纲分析的基础上，提出了水热耦合平衡公式的解析表达式：

$$E = \frac{E_0 P}{(P^n + E_0^n)^{1/n}} \tag{3-1}$$

式中，n 为反映流域下垫面特性的参数。虽然该公式与 Choudhury（1999）提出的长期平均的实际蒸散发的经验估算公式，参见式（1-8）有相似的表达形式，但是其却有更深刻的意义。一方面，该公式中采用的参数 n 被认为代表的是流域的下垫面因素对实际蒸散发的影响，其物理意义不同于原来 Choudhury（1999）所取的经验常数；另一方面，该公式的一般表达式，即式（1-14）被推广到不同时间尺度（年、月、旬和日尺度）实际蒸散发的模拟。基于冬小麦的田间观测，杨汉波等（2008a）发现在 10d 的时间尺度上，参数 n 与田间实测 LAI 之间存在着较明显的线性关系，参见式（1-15）。该研究表明，在水热耦合平衡模型中加入对植被特性的表征具有可行性。

对于同一地区而言，由于植被之外的其他流域下垫面条件，如地形等一般可以认为是相对不变的，植被是流域下垫面变化的主要方面，无论是人类活动对植被的改变还是气候变化对植被的改变，都将影响到流域的水循环。但是，现有的研究中，关于植被对流域水循环影响的定量分析并不多见，特别是理论研究尚十分缺乏。因此，探讨植被特性与流域水热耦合平衡关系之间的内在联系是合理和必要的，其将对理解流域水循环演变规律具有重要意义。

3.2 研究区域及资料

本章选择了中国北方非湿润地区的 99 个小流域作为研究区域（图 3-1），其中 62 个小流域位于黄河流域地区，30 个小流域位于海河流域地区，7 个小流域位于内陆河流域地区。黄河流域 62 个小流域中的 51 个位于黄河流域中游的黄土高原地区（即本书第 2 章所研究的 51 个小流域），9 个位于黄河流域西部的青藏高原地区，还有 2 个位于黄河流域的下游。在所选择的 99 个小流域中，人为对水资源干涉活动的影响（如大坝水库和外流域调水等）较小。表 3-1 归纳了这 99 个小流域的主要流域特性和长期的水量平衡要素。

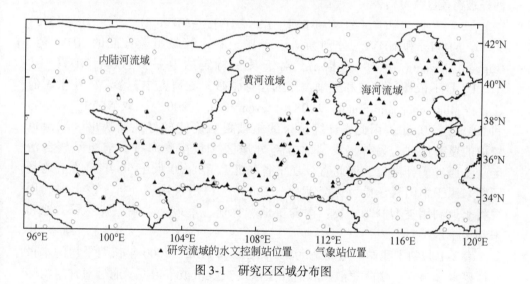

图 3-1 研究区区域分布图

本章研究所用到的气象和水文数据资料与第 2 章相似。覆盖我国北方非湿润地区的 238 个气象站点（图 3-1）的长期气象数据来源于中国气象局，包含 1956 ~ 2005 年的每日降水、气温、日照时间、风速和相对湿度等。238 个气候站点中有 47 个站点有每日太阳辐射数据，用于计算潜在蒸散发。1951 ~ 2000 年的 99 个小流域出口的每月径流数据（Yang et al.，2006）来源于中国水利部水文局。通过假设流域土壤蓄水量多年变化值为零，通过水量平衡计算可获得各小流域多年平均的实际蒸散发（Yang et al.，2007）。99 个小流域的边界由 1 km 的 DEM 中提取，以估算区域平均的水文气象参数。计算流域平均降水和潜在蒸散发的步骤包括：①除气温以外的其他气象数据的插值采用距离方向加权平均法（气温采用高程修正的距离方向加权平均法）；②每个网格的每日潜在蒸散发利用 Shuttleworth（1993）推荐的 Penman 公式和 FAO 推荐的参考作物蒸散发量公式（Allen et al.，1998）来计算；③计算各个变量的流域平均值（Yang et al.，2004）。计算净辐射时，太阳辐射采用包含日照时长的经验公式来计算（Yang and Shao，2006）；净长波辐射由相对日照时间、表面最高最低气温和水汽压力等利用 FAO 推荐的方法计算（Allen et al.，1998）。

关于植被数据，本章采用了由归一化植被指数计算出来的植被覆盖度。1982～2000 年的 1 km 精度的每月 NDVI 数据来源于 NOAA-AVHRR 全球数据库。学者们曾提出由 NDVI 数据计算植被覆盖度的多种不同的方法（Gutman and Ignatov，1998；Carlson and Ripley，1997；Montandon and Small，2008），研究采用其中被广泛使用的 Gutman 和 Ignatov（1998）提出的公式，由每月 NDVI 数据估算每月的植被覆盖度（M）：

$$M = （NDVI-NDVI_{min}）/（NDVI_{max}-NDVI_{min}） \tag{3-2}$$

式中，$NDVI_{min}$ 和 $NDVI_{max}$ 分别为对应于裸土和全植被覆盖像元的 NDVI 值。Gutman 和 Ignatov（1998）指出，对于某一特定的卫星传感器，$NDVI_{min}$ 和 $NDVI_{max}$ 是不依赖于植被和土壤类型的全球常数。在研究中，参考一些学者的建议（Montandon and Small，2008；Steven et al.，2003），取 $NDVI_{min} = 0.05$ 和 $NDVI_{max} = 0.80$；因此，计算出来的植被覆盖度能较好地反映出区域绿色植被的覆盖比例。另外，我国北方部分地区（包括青海省、宁夏回族自治区、陕西省、甘肃省、河北省、辽宁省和北京市）20 世纪 90 年代的土地利用图来源于中国科学院（刘纪远等，2002），以用于比较分析。该土地利用图将土地利用类型分为 6 类：雨养耕地、林地、草地、水域、城乡居工地和未利用土地。

表 3-1 归纳了我国非湿润地区 99 个小流域 1982～2000 年长期平均的水量平衡要素（降水、实际蒸散发和潜在蒸散发）及植被覆盖度。通过对甘肃内陆河流域 7 个小流域、海河流域 30 个小流域和黄河流域 62 个小流域 1982～2000 年的数据平均，得到内陆河流域整个地区多年平均的降水、实际蒸散发、潜在蒸散发和植被覆盖度百分比分别为 228 mm、166 mm、977 mm 和 17%；海河流域地区分别为 541 mm、485 mm、920 mm 和 37%；黄河流域地区分别为 469 mm、424 mm、901 mm 和 27%。可见，内陆河流域是所研究的区域中最为干旱的地区。

表 3-1　研究区域 99 个小流域长期平均水量平衡要素和植被覆盖度（1982～2000 年）

编号	面积/km²	长期平均/(mm/a) $\overline{P}$	$\overline{E}$	$\overline{E_0}$	M	n	编号	面积/km²	长期平均/(mm/a) $\overline{P}$	$\overline{E}$	$\overline{E_0}$	M	n
内陆河流域 4010	10 961	179	100	966	0.11	0.6	海河流域 35251	14 070	502	471	974	0.34	2.6
4071	800	195	162	1 026	0.09	1.0	35262	5 387	516	483	1 009	0.34	2.6
4087	14 325	152	127	1 036	0.04	0.9	35263	6 420	509	460	1 070	0.36	2.0
4147	11 388	247	155	1 011	0.21	0.7	35271	23 900	564	545	1 068	0.41	3.3
4215	2 240	275	199	886	0.24	0.9	36252	3 800	570	532	888	0.43	3.2
4403	877	301	235	947	0.33	1.1	36253	5 060	563	512	866	0.35	2.8
4455	2 053	247	182	965	0.20	0.9	36255	19 050	514	492	893	0.27	3.3
海河流域 31261	1 378	473	413	898	0.43	1.9	黄河流域 41000	20 930	321	279	879	0.19	1.5
31271	1 025	678	555	867	0.49	2.3	41002	45 019	443	367	876	0.24	1.6
31272	1 166	753	635	844	0.51	3.1	41005	98 414	577	397	896	0.40	1.2
31353	1 227	447	409	831	0.39	2.4	42202	715	397	330	1 032	0.36	1.3
31428	1 615	572	496	869	0.45	2.3	42212	3 083	512	419	859	0.42	1.7
31453	2 404	466	426	870	0.43	2.4	42218	9 022	512	411	850	0.33	1.6
31464	2 220	521	433	866	0.34	1.8	42222	12 573	500	403	1 017	0.28	1.4
31507	1 661	639	534	865	0.42	2.3	42582	5 043	631	436	789	0.42	1.5
31531	2 822	705	584	865	0.41	2.5	42728	4 007	323	297	839	0.25	1.9
31551	372	577	506	848	0.36	2.5	42753	990	404	394	886	0.14	3.1
31663	5 060	705	588	888	0.41	2.5	42760	4 853	378	368	867	0.12	3.0
32152	2 950	634	544	931	0.46	2.3	42766	10 647	375	365	837	0.13	3.1
32352	1 927	497	452	892	0.42	2.4	44003	2 831	382	349	929	0.11	1.9
32353	4 700	490	441	921	0.44	2.2	44018	1 562	410	400	892	0.21	3.3
33456	3 674	367	357	956	0.25	2.7	44037	1 263	381	333	931	0.12	1.6
33458	2 890	414	395	969	0.24	2.5	44039	2 939	433	425	886	0.28	3.6
33464	272	419	370	839	0.37	1.9	44063	650	445	395	899	0.42	1.9
33467	2 360	414	392	892	0.31	2.5	44071	3 829	340	299	958	0.15	1.5
33552	25 533	454	446	959	0.24	3.6	44077	8 645	408	352	967	0.12	1.6
33600	15 078	385	370	964	0.24	2.4	44091	1 121	391	350	969	0.11	1.7
34451	2 950	648	586	976	0.34	2.8	44099	283	426	386	982	0.24	1.9
34452	4 990	648	598	1 009	0.34	3.0	44115	4 102	428	388	934	0.39	2.0
34471	4 061	572	518	1 025	0.36	2.3	44143	15 325	331	306	988	0.10	1.8

编号	面积/km²	长期平均/（mm/a）			M	n	编号	面积/km²	长期平均/（mm/a）			M	n
		$\bar{P}$	$\bar{E}$	$\bar{E_0}$					$\bar{P}$	$\bar{E}$	$\bar{E_0}$		
44153	29 662	366	332	963	0.12	1.7	46037	37 006	625	559	899	0.48	2.8
44161	2 415	371	349	886	0.11	2.3	46043	46 827	675	601	810	0.45	3.6
44167	327	386	348	918	0.08	1.8	46069	2 484	448	432	929	0.19	2.9
44201	913	420	378	873	0.12	2.0	46085	9 805	410	394	914	0.25	2.7
44203	3 468	438	395	897	0.14	2.0	46125	1 019	470	426	922	0.33	2.1
44227	3 992	449	426	875	0.35	2.7	46288	282	558	516	812	0.41	3.3
44235	5 891	457	422	870	0.22	2.4	46517	14 124	491	452	841	0.37	2.6
44243	3 208	420	378	867	0.15	2.0	46520	40 281	509	477	859	0.26	3.0
44244	719	446	409	856	0.29	2.3	46571	4 640	372	353	967	0.12	2.2
44253	1 121	487	471	871	0.41	3.6	46591	10 603	446	421	908	0.16	2.6
44254	1 662	474	455	888	0.26	3.1	46593	2 988	416	386	862	0.21	2.3
44259	2 169	511	489	877	0.47	3.5	46597	19 019	494	468	850	0.33	3.1
44261	436	468	447	887	0.41	3.0	46623	928	488	449	949	0.38	2.3
45502	3 440	395	364	858	0.12	2.2	47209	9 713	824	674	871	0.37	3.1
45504	774	421	382	840	0.15	2.1	47275	829	585	500	1 219	0.37	1.6
45511	17 180	555	528	879	0.35	3.4	47320	12 880	594	555	971	0.43	3.1
45546	4 715	495	473	829	0.47	3.6	47373	3 149	552	512	849	0.35	3.1
45562	2 266	549	509	841	0.50	3.1	48029	8 264	709	625	1 009	0.39	2.7
46005	600	465	426	751	0.32	2.8	48066	426	624	565	1 023	0.36	2.5
46024	4 788	487	467	936	0.34	3.1							

（左侧第一列纵排："黄河流域"；右侧中间列纵排："黄河流域"）

注：M 为流域多年平均植被覆盖度；n 为式（3-1）中的下垫面特性参数

3.3 基于 Budyko 曲线分析植被覆盖度对流域水量平衡的影响

3.3.1 植被覆盖度在 Budyko 曲线上的分布

以往的研究证明了 Budyko 水热耦合平衡方程在我国北方非湿润地区的适用性和有效性，根据小流域多年平均降水量、潜在蒸散发量模拟出来的实际蒸散发量与水量平衡估算值拟合良好（Yang et al.，2006，2007；孙福宝，2007），并且证明了我国非湿润地区长期平均实际蒸散发量的变化主要是受降水量变化的控制。为了研究植被对流域水循环的影响，本章利用非湿润地区 99 个小流域 1982 ~ 2000 年多年平均的降水量、潜在蒸散发量、实际蒸散发量和植被覆盖度的数据，分析了植被覆盖度在 Budyko 曲线坐标中的分布（图 3-2）。图 3-2 中星号、三角和圆圈分别代表位于内陆河流域、海河流域和黄河流域地区的若干小流域。各小流域的植被覆盖度用大小不同的标记表示，其标记的直径大小与该流域植被覆盖度的实际数值大小成相同比例，因此标记的大小代表了小流域的植被覆盖状况。由于所研究的 99 个小流域都位于我国的非湿润地区，年均降水量稀少，在 152 ~ 824 mm 波动，按照水热耦合平衡理论，这些小流域的实际蒸散发量应该主要受流域降水量的控制。图 3-2 采用的是 Budyko 曲线两种坐标形式（图 1-2）的其中之一，坐标系为 $E/E_0 \sim P/E_0$。从图 3-2 中可以看出，非湿润区 99 个小流域按照水量平衡计算出来的 E/E_0 和 P/E_0 之间与 Budyko 曲线拟合较好，且接近 $E/E_0 = P/E_0$（即 $E = P$）的渐近线，证明了在这些小流域中，长期平均降水量的多少是实际蒸散发量的主要制约因素。

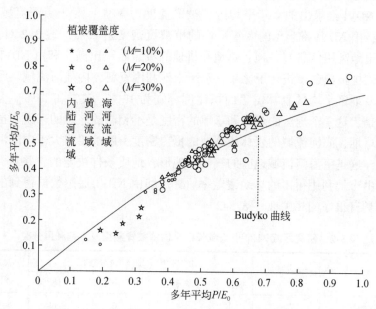

图 3-2　研究区域 99 个小流域多年平均植被覆盖度在 Budyko 曲线上的分布

　　观察植被覆盖度在 Budyko 曲线上的分布可以看出，流域植被覆盖度（M）标记的大小沿着 Budyko 曲线有较为明显的变化，在 Budyko 曲线向 P/E_0 增大的方向上，流域植被覆盖度的标记有逐渐变大的趋势。由于该 Budyko 曲线的横坐标 P/E_0 代表流域的干旱程度，纵坐标 E/E_0 代表流域的蒸发效率，则分析结果反映了流域长期的水量平衡和植被之间的联系：即在相对更加干旱（图 3-2 的横坐标 P/E_0 越小）的流域，其蒸发效率（图3-2的纵坐标 E/E_0）和植被覆盖度较低；而在相对更加湿润（图 3-2 的横坐标 P/E_0 越大）的流域，蒸发效率（图3-2的纵坐标 E/E_0）和植被覆盖度较高。由此可见，通过尝试在 Budyko 曲线中描述植被的分布，可以将植被覆盖度与反映流域干旱程度的因子（P/E_0，即干旱指数 E_0/P 的倒数）和蒸发效率（E/E_0）之间的关系反映出来，这是对第 2 章中植被指数 NDVI 和蒸散发、蒸发效率关系研究的深入。

3.3.2　林地面积比例在 Budyko 曲线上的分布

在研究区的 99 个小流域中，有 74 个位于本书的研究所获得的土地利用地图中，其中 7 个小流域位于内陆河流域，19 个小流域位于海河流域，另外 48 个小流域位于黄河流域。也就是说，黄河流域和海河流域的绝大部分小流域和内陆河的全部小流域都拥有相应的土地利用资料。对于海河流域的这 19 个小流域，由植被指数 NDVI 推求出的多年平均的植被覆盖度为 39%；对于黄河流域的这 48 个小流域，由 NDVI 推求出的多年平均的植被覆盖度是 25%。表 3-2 对这 74 个小流域的土地利用信息（林地、草地和耕地的覆盖面积比例）和由 NDVI 估算的多年平均的植被覆盖度进行了比较。基于土地利用资料，内陆河流域、海河流域和黄河流域地区平均的森林覆盖面积比例分别为 12%、52% 和 13%。但是，应该注意的是，这 3 个地区的森林和草地的密度是不相同的。总的来说，虽然同样是森林或草地，海河流域的森林或草地的覆盖密度一般都要略大于内陆河流域和黄河流域，这是由海河流域地区的气候、地形、地质条件决定的。并且，经过分析发现，由土地利用得出的林地覆盖率（F）和由 NDVI 遥感数据得到的植被覆盖度之间具有很好的相关性（表3-2）。

表 3-2　研究区域 74 个小流域长期平均植被覆盖度及土地利用分类

流域	植被覆盖度/%	土地利用类型及面积比例				M 与 F 的相关系数
		林地/%	草地/%	雨养耕地/%	其他/%	
内陆河流域	17	12	43	6	39	0.96
海河流域	39	52	25	21	3	0.68
黄河流域	25	13	45	32	10	0.80

图 3-3 在 Budyko 曲线的基础上，加入了林地覆盖率信息；将有土地利用资料的 74 个小流域按照森林覆盖率的大小分为流域个数大致相等的 3 组：林地覆

盖面积比例 $F \geq 25\%$、F 介于 $10\% \sim 25\%$、$F \leq 10\%$，在图 3-3 中分别用红色、蓝色和黑色表示。由图 3-3 可见，对于各个地区，3 组林地覆盖面积比例的小流域在 Budyko 曲线坐标中都有较为明显的区间分布。例如，对于内陆河流域地区而言，随着横坐标 P/E_0 的逐渐增大，$F \leq 10\%$、F 介于 10% 和 25% 以及 $F \geq 25\%$ 的小流域逐次出现；对于黄河流域和海河流域地区，3 组不同林地覆盖面积比例的小流域基本也呈现出类似的分布，只是在海河流域不存在林地覆盖面积比例 $F \leq 10\%$ 的小流域，而黄河流域 F 介于 $10\% \sim 25\%$ 的小流域分布范围比较分散，和其他两组的区分不如内陆河流域明显，但是大致还是能观察出各组分布位置的差别。因此，由图 3-3 中 74 个小流域的植被覆盖度和林地覆盖面积比例在 Budyko 曲线上的分布可见，林地覆盖面积比例有与整个植被覆盖度相似的分布，这与两者之间存在较强正相关性的结果相一致。图 3-3 表明了在越湿润的环境，林地覆盖面积比例越高。

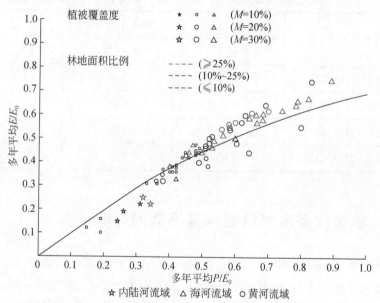

图 3-3　研究区域 74 个小流域的植被覆盖度及林地比例在 Budyko 曲线的分布

虽然由 NDVI 获取的植被覆盖度和由土地利用资料获取的林地覆盖率在 Budyko 曲线上的分布，可以得出相似的结论，但是两者在表现形式上有所差别，首先两者的尺度不同，前者为像元尺度，对应的是每一个像元中植被覆盖的面积占整个像元面积的比例，后者为子流域尺度，对应的是整个子流域中林地面积占全部面积的比例；另外，前者基本适用于分析非湿润区所有的小流域的植被分布，而后者更适用于分析同一区域中（如同位于内陆河流域）各小流域的覆被分布，因为在同一地区内，其覆被类型和植被特征基本类似，所以覆被面积比例才更有比较意义。

表 3-3 归纳了植被覆盖度与 P/E_0（干旱指数 E_0/P 的倒数），蒸发效率（E/E_0）和蒸发系数（E/P）之间的关系。可见，植被覆盖度 M 与 P/E_0 以及 E/E_0 之间确实具有图 3-2 所反映出来的显著的正相关性。由于 P/E_0 反映的是流域的干旱程度，而 E/E_0 反映的是蒸发效率，由此可知，在相对越湿润的环境中（P/E_0 较大），植被覆盖度越大，同时也伴随着蒸发效率越高。这和前人的一些研究结果一致，如一些对比流域实验（paired-catchment experiments）指出，对于两个具有相似气候和下垫面条件的流域，其中林地覆盖大的流域一般趋向于拥有更高的实际蒸散发量，因为林地的增加将导致植被蒸腾量和冠层降水截留蒸发量的增加等（Brown et al.，2005；Zhang et al.，1999）。

表 3-3　研究区植被覆盖度（M）与 P/E_0，E/E_0 和 E/P 的相关关系

干旱指数 E_0/P	相关系数（R）		
	$M \sim P/E_0$	$M \sim E/E_0$	$M \sim E/P$
所有流域（1.1~6.8）	0.71	0.69	−0.01
内陆河流域（3.1~6.8）	0.96	0.86	−0.13
海河流域（1.1~2.6）	0.68	0.63	−0.70
黄河流域（1.1~3.1）	0.69	0.69	−0.16

3.3.3　植被覆盖度对流域水量平衡的影响分析

前面提到，Budyko 曲线具有两种表现形式，一种的坐标系为 E/E_0 和 P/E_0，另一种的坐标系为 E/P 和 E_0/P；于是尝试观察在 Budyko 曲线另一种坐标形式中，植被状态量是否有类似的分布。图 3-4 表示了有土地利用资料的 74 个小流域由 NDVI 估算的植被覆盖度和由土地利用资料推求的林地覆盖面积比例在坐标形式 $E/P \sim E_0/P$ 中的分布，图 3-4 中虚线为 Budyko 曲线。对比图 3-2 和图 3-3，前两图中小流域的分布显示，在非湿润地区，流域的实际蒸散发量及其变化主要受到降水控制；而在图 3-4 中，对于本章所研究的这些小流域，在 Budyko 曲线的第二种坐标形式下，分布较密集。这是因为所研究的小流域蒸发系数的变化范围较小，基本都介于 0.6~1.0，大多数小流域蒸发系数集中在 0.8~1.0。为了便于较清楚地辨认各小流域水量平衡要素的蒸发系数的分布，图 3-4 中横坐标

E_0/P 采用了对数形式。从图 3-4 中可以发现，给定相同的横坐标（即相同的干旱指数 dryness index，$DI = E_0/P$）时，不同流域的植被覆盖度或林地覆盖面积比例也可能差别较大。例如，当 E_0/P 介于 1.0～2.0 时，就黄河流域而言，其植被覆盖度标记大小的变化范围很大，林地覆盖面积比例则属于 3 组不同大小范围的都存在。研究认为，在这种坐标形式下，能反映出流域多年平均的植被覆盖度，除了受气候条件（即干旱指数 E_0/P）的影响，还受到其他下垫面因素，如土壤、地形等条件的影响。对于流域水量平衡的基本关系（可用蒸发系数 E/P 表示）而言，由图 3-4 中可见，其变化趋势不仅在横向上受到气候条件（即干旱指数 E_0/P）的影响，在纵向上还受到包含植被、土壤、地形等在内的下垫面特性的影响。

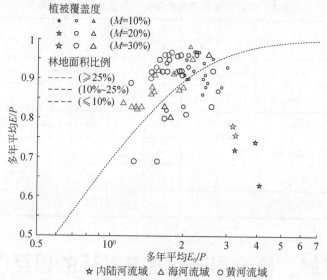

图 3-4　研究区域 74 个小流域植被覆盖度及林地比例在 Budyko 曲线另一形式中的分布

表 3-4 归纳了内陆河流域、黄河流域和海河流域研究区 99 个小流域的多年平均干旱指数和多年平均植被覆盖度的分布。通过分析可见，海河流域的干旱指数变化范围和内陆河流域及黄河流域相比而言相对较小。虽然海河流域和黄河流域的平均干旱指数相近，前者 1.70 比后者 1.92 略低，但是海河流域的平均植被覆盖度却达到 37%，比黄河流域的平均植被覆盖度（27%）高许多。分析原因，一方面，这可能是由于海河流域的土壤类型主要为壤土（棕壤土、褐土等），而在黄河流域，土壤中粗砂和砾石的成分却远比海河流域高，所以，土壤的保水性要比海河流域差（FAO，2000），因而植被覆盖程度不如海河流域密集。另一方面，通过自然选择，不同流域的植被可能也会产生对抗干旱的独特的适应能力，

这是由降水特性、土壤性质、可获得的营养物质，以及其他气候条件决定的（Eagleson, 2002）。关于第二方面的原因，在内陆河流域的数据中也证实了这一点，内陆河流域的干旱指数数值很高，介于3.1~6.8，在研究的3个流域中，内陆河流域属于相对最干旱的地区，但是在干旱指数位于3~3.5时，却发现内陆河流域拥有比其他两个流域相对更高的植被覆盖度。此时，内陆河流域的平均覆盖度为0.28，而黄河流域则为0.10，在海河流域没有干旱指数介于3~3.5的小流域，但是按照其变化趋势，若海河流域存在这样的小流域，其植被覆盖度一般也要小于干旱指数介于2.5~3的植被覆盖度0.24。这可能是由于内陆河地区的植被经过自然选择，大多是耐旱能力很强的物种（如柽柳和白刺等），它们已经能很好地适应于当地的自然条件。

表 3-4 研究区域内三大流域的干旱指数和植被覆盖度

	干旱指数	6.5~7	5~5.5	4~4.5	3.5~4	3~3.5	2.5~3	2~2.5	1.5~2	1~1.5
内陆河流域	平均 M	0.04	0.10	0.21	0.20	0.28	—	—	—	—
	流域个数比例/%	14	29	14	14	29				
海河流域	平均 M	—	—	—	—	—	0.24	0.30	0.38	0.43
	流域个数比例/%	—	—	—	—	—	7	17	53	23
黄河流域	平均 M	—	—	—	—	0.10	0.18	0.20	0.36	0.42
	流域个数比例/%	—	—	—	—	2	11	42	37	8

3.4 气候、植被和流域水文循环的相互作用讨论

3.4.1 植被类型和干旱指数的关系

图3-5分析了在有土地利用数据的74个小流域中干旱指数和土地利用类型之间的关系。由图3-5可见，在这些地区，各种覆被类型（林地、草地和雨养耕地）所占面积比例的总和是随着干旱指数（DI）的增大而减小的。当干旱指数高于1.5时，林地覆盖率减少得很快。当干旱指数大于3.0之后，林地覆盖率几乎维持在10%左右，变化很小。而草地覆盖率在当干旱指数由1.5~2.0增加以后，却有所增加，当干旱指数较大时，其维持在40%左右。出现上述现象的原因是，当流域越来越干旱时，森林逐渐消亡，而草地由于其季节性特性，还能存

活；另外，草地比林地的耗水量少，它也是草地能在干旱气候中维持较大比例的原因之一。

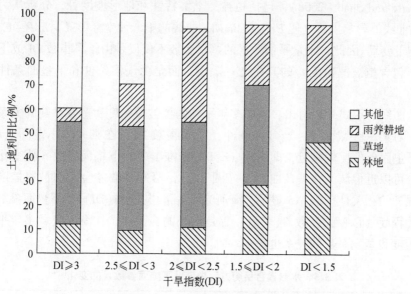

图 3-5　研究区域 74 个小流域的覆被类型和干旱指数的关系

3.4.2　植被覆盖度与蒸发效率及蒸发系数的关系分析

3.3.1 节提及，在非湿润地区，实际蒸散发的变化主要是受到降水的控制。如图 3-2 和图 3-3 所示，流域的蒸发效率与干旱指数的倒数之间存在着显著的正相关性。因为在实际蒸散发中，植被的蒸散发（包括植被蒸腾和冠层对降水的截留蒸发等）是最主要的贡献者之一，因此就不难理解蒸发效率与植被覆盖度之间有着强烈的正相关性。而植被覆盖度和干旱指数的倒数之间显著的正相关性，也正是上述作用的结果。因此，在所研究的非湿润地区，流域的植被覆盖度、蒸发效率与干旱指数的倒数两两都存在显著的正相关性，导致植被覆盖度在 Budyko 曲线的第一种形式中具有明显的分布。

观察流域多年平均植被覆盖度与水量平衡要素比值 E/P（即蒸发系数）之间的关系（表 3-3）发现，在黄河流域和内陆河流域，植被覆盖度与蒸发系数之间似乎没有很好的相关性（负相关性很弱）；只是在海河流域，两者有较强的负相关性（相关系数 $R = -0.70$）。分析原因，这是由于蒸发系数是由气候条件和下垫面条件共同决定的。在 Budyko 曲线坐标中，气候条件若用降水量和潜在蒸散发量所构成的干旱指数（DI）的变化来反映，即图 3-4 中的水平方向；而下垫面条件则主要包括植被信息（如植被覆盖度）、地形和土壤条件等，即图 3-4 中的垂直方向。又因为水热耦合平衡方程式（3-1）中的参数 n 代表着流域下垫面特性（Yang and Shao，2008），包括植被、土壤特性和地形坡度等，分析认为，参数 n 对曲线的影响主要是使 E/P 在 Budyko 曲线的第二种坐标形式（$E/P \sim E_0/P$）中纵向上变动。因此，水量平衡要素的蒸发系数不仅仅是由干旱指数 DI 或下垫面特性（包含植被覆盖度）的其中之一决定，而是由气候条件和下垫面条件共同决定的。

从曲线的形式分析得出，流域多年平均的植被覆盖度和蒸发系数的关系比较复杂。对某一区域而言，当气候条件（干旱指数 DI）在某一较小范围变动时，并且下垫面条件比较相近，即由式（3-1）反推出来的下垫面参数 n 值变化范围很小，可以近似认为在一条曲线上（图 3-6），蒸发系数才会和植被覆盖度显示出较强烈的相关性。表 3-5 显示，海河流域的干旱指数（DI）和下垫面参数 n 值的变化程度（以变差系数 C_v 表示）都是最小的，因此，在海河流域多年平均植被覆盖度和蒸发系数的关系也最强。

表 3-5　水热耦合平衡方程中流域下垫面参数 n 的变化

地区（DI）	参数 n		
	最大值	最小值	变差系数（C_v）
内陆河流域（3.1~6.8）	1.1	0.6	0.32
海河流域（1.1~2.6）	3.6	1.8	0.17
黄河流域（1.1~3.1）	3.6	1.2	0.29

而第 2 章中所分析的，在黄土高原的 51 个小流域，长期平均的 NDVI 与长期水量平衡计算得到的蒸发系数之间的关系不明显，而与 Budyko 水热耦合平衡方程得到的蒸发系数之间有较好的负相关性，那是因为 Budyko 方法得到的实际蒸散发量中考虑了气候–水循环之间复杂的反馈机制，而水量平衡方法得到的实际蒸散发量不能反映这种机制。在水量平衡方法获得的实际蒸散发量的情况下，若分析黄土高原地区流域多年平均植被指数 NDVI 与蒸发系数之间的关系，须按照下垫面相近的情况分类，选择下垫面条件比较接近的小流域进行比较，才能比较明显地看出植被覆盖度与蒸发系数之间内在的负相关性。表 3-6 中，将由黄土高原地区 51 个小流域潜在蒸散发量、降水量和水量平衡获得的实际蒸散发量根据式（3-1）反推出来的参数 n 值分组，发现在 n 相近时，多年平均的 NDVI 与蒸发系数之间有负相关性，这证实了 3.4.2 节的论断。

表 3-6 黄土高原地区 51 个小流域 NDVI 与 E/P 相关关系分析

参数 n 分组	流域个数	NDVI 与 E/P 相关系数
1.5 ~ 2.0	14	−0.30
2.0 ~ 2.5	10	−0.44
2.5 ~ 3.0	9	−0.64
3.0 ~ 3.7	18	−0.47

图 3-6 反映了在较宽的气候变化范围下（从湿润到干旱），Buydko 曲线的第二种坐标形式中水量平衡要素比值 E/P 的变化情况。如图 3-6 所示，仅仅当干旱指数在极低或极高的情况下（曲线接近于两条渐近线 $E=E_0$ 和 $E=P$ 时），下垫面参数（n）对 E/P 的影响才比较小。在极端干旱的情况下，水量平衡要素的比值 E/P 接近于 1，在极端湿润的情况下，比值 E/P 接近于 0，这两种情况下，E/P 比值与下垫面条件基本无关。这意味着在极端干旱和极端湿润的条件下，区域的水量平衡几乎完全是受气候条件控制，下垫面条件影响很小，可以忽略。而在正常气候条件下，下垫面条件（n）对水量平衡要素比值 E/P 影响较明显。如图 3-6 所示，尤其是当干旱指数的变化范围在 $E_0/P=1$ 附近时，水量平衡要素比值 E/P 在纵向上受下垫面条件（n）的影响十分显著。同时，由前面的分析可知，植被覆盖度也与气候条件相关。植被覆盖度不仅随着下垫面参数（n）在图 3-4 或图 3-6 的垂直方向变化（主要受土壤、地形等其他条件的影响，如前面海河流域和黄河流域土壤特性的对比分析），还随着气候条件（干旱指数 DI）在图 3-4 或图 3-6 的水平方向上变化。因此，在正常的气候条件下，植被覆盖度（M）和水量平衡要素的比值（E/P）的相互作用必须用一组 Budyko 曲线分析，用仅仅一条单一的 Budyko 曲线不能反映气候条件和下垫面条件两方面的影响。因此，在本章的研究区域中，99 个小流域的干旱指数 DI $=E_0/P$ 介于 1.1 ~ 6.8，正处于比值 E/P 受下垫面条件影响比较显著的范围内，要描述比值 E/P 的变化，则需要考虑到气候条件和下垫面因素的双重影响。反观 Budyko 曲线的第一种坐标形式（$E/E_0 \sim P/E_0$），由于在本章的研究区域横坐标 P/E_0 的变化范围介于 0.15 ~ 0.90（图 3-2），大部分流域在该坐标系中的位置离两条渐近线 $E=P$ 和 $E=E_0$ 的交点 $P/E_0=1$ 处的位置较远（图 3-2），而离渐近线 $E=P$ 较近，所以研究区域的 99 个小流域比值 E/E_0 主要受气候条件控制，这也是 E/E_0 和 E/P 与植被覆盖度 M 表现出来的关系不同的原因之一。

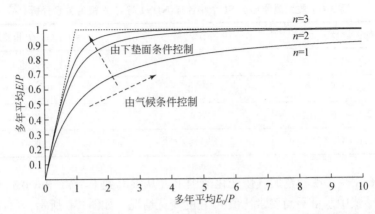

图 3-6　气候–植被–水量平衡复杂的相互作用在 Budyko 曲线中的表示

3.5　流域水热耦合平衡模型的改进

3.5.1　流域多年平均实际蒸散发量的模拟

由以上分析可知，在正常气候条件下，流域的下垫面条件对水量平衡要素比值 E/P 的影响较大。若能尝试通过在水热耦合平衡方程中加入对包含植被条件等因素的下垫面参数的考虑，其结果有望改进区域水量平衡的估算。在 Yang 和 Shao（2008）的水热耦合平衡方程中包含了下垫面参数 n。在田间尺度下，参数 n 已被证明与作物的叶面积指数（LAI）之间存在联系；但在流域尺度下参数 n 目前还尚未有较好的估算方法。本章试图通过提出的水热耦合平衡模型式（3-1）中的下垫面参数 n 的估算方法，来改进流域尺度年水量平衡要素的模拟。借鉴杨大文等（Yang et al.，2006，2007）推求傅抱璞公式（傅抱璞，1981）中反映下垫面特性的参数 w 的半经验式（1-12）的方法，本章也尝试将植被覆盖度耦合到公式中，来估算下垫面参数 n，并评价流域水量平衡要素的年际变化。

根据 99 个小流域由长期平均的降水量、潜在蒸散发量和实际蒸散发量推求得出的下垫面特征参数 n（表 3-1），本章尝试用植被覆盖度（M）来取代 Yang 等（2007）估算傅抱璞公式中参数 w 时采用的相对土壤水储量（S_{max}/E_0），因为两者都是反映植被信息作为下垫面因素对流域水热耦合平衡的影响。并且在对下垫面参数 n 的逐步回归中，发现植被覆盖度 M 比相对土壤水储量 S_{max}/E_0 有更好的表现。因此，本章中将采用相对入渗能力 $K_s/\overline{i_r}$，植被覆盖度 M，和平均坡度 β

这3个无量纲数，来估算式（3-1）中的参数n。

因考虑到在所研究的区域植被覆盖度M和下垫面参数n的关系的复杂性，因为下垫面参数n除了包括M，还包括反映土壤和地形特性的相对入渗能力$K_s/\overline{i_r}$和平均坡度β因子，是植被、土壤和地形的共同作用，而且这3个因素之间又互相影响。因此，根据在海河流域分析得到的植被覆盖度M和下垫面参数n存在弱负相关关系（$R=-0.24$），而与黄河和内陆河流域两者存在正相关性（$R=0.45$），计算时将研究区分为两部分：①黄河和内陆河流域；②海河流域。通过逐步回归，由相对入渗能力$K_s/\overline{i_r}$，植被覆盖度M和平均坡度β来估算下垫面特征参数n（表3-7）。

表3-7　逐步回归方法估算流域水热耦合平衡方程中的下垫面参数n

变量		F值	$F_{\alpha=0.05}$	R^2	模拟的系数			$\ln a_1$
					b_1	c_1	d_1	
$K_s/\overline{i_r}$	黄河和内陆河流域	47.1	4.0	0.413	−0.524	—	—	1.356
	海河流域	6.4	4.2	0.187	−0.309	—	—	1.344
$K_s/\overline{i_r}$, M	黄河和内陆河流域	38.2	3.1	0.536	−0.493	0.271	—	1.718
	海河流域	5.0	3.3	0.270	−0.318	−0.228	—	1.125
$K_s/\overline{i_r}$, M, $\tan\beta$	黄河和内陆河流域	28.5	2.7	0.568	−0.368	0.292	−5.428	1.750
	海河流域	4.1	2.9	0.320	−0.393	−0.301	4.351	1.001

注：其中b_1，c_1和d_1分别为对应于拟合式（3-3）和式（3-4）中相对入渗能力$K_s/\overline{i_r}$，植被覆盖度M和平均坡度$\tan\beta$的系数，a_1代表式中的常数项

通过逐步回归方法计算得到，黄河和内陆河流域参数n的经验公式为

$$n=5.755\,(K_s/\overline{i_r})^{-0.368}M^{0.292}\exp\,(-5.428\tan\beta) \tag{3-3}$$

海河流域参数n的经验公式为

$$n=2.721\,(K_s/\overline{i_r})^{-0.393}M^{-0.301}\exp\,(4.351\tan\beta) \tag{3-4}$$

根据式（3-1）、式（3-3）和式（3-4），则可计算得出我国非湿润区99个小流域长期平均的实际蒸散发。分析发现，计算得出的实际蒸散发的结果与通过水量平衡得到的实际蒸散发数据拟合良好（图3-7），其中模拟值和实测值之间相应的确定性系数$R^2=0.96$，方差均方根$RMSE=21.87$ mm。关于式（3-3）和式（3-4）中流域的多年平均植被覆盖度M与平均地形坡度β所表现出来的关系不一致的原因，可能是由于流域植被和坡度之间还存在着相互影响，还有待于进一步研究。

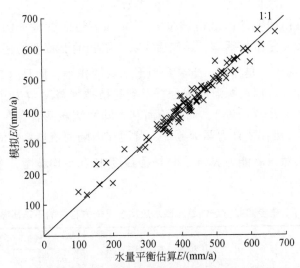

图 3-7　研究区域 99 个小流域的实际蒸散发

横坐标为流域多年水量平衡推求的实际蒸散发，纵坐标为水热耦合平衡模型的模拟值

　　本章提出的基于水热耦合平衡理论模拟实际蒸散发的方法，在下垫面参数中显式地加入了对植被覆盖度的考虑，而植被覆盖度又是由遥感的植被指数计算得到，易于获得；而且除植被覆盖度以外，下垫面参数中也考虑了地形和土壤等因素的影响。本方法对于解释在气候变化条件下植被变化与水循环要素的关系是一种尝试。该方法与 Zhang 等（2001）和 Oudin 等（2008）的模拟方法的不同，在于后者在处理流域长期平均的实际蒸散发时对不同植被类型及其覆盖比例采用的不同参数来表示，主要反映的是覆被比例（如由土地利用资料得到的林地、草地覆盖面积比例等）对流域水循环的影响。而本章基于遥感获得的植被数据，分析了包括植被、土壤、地形等在内的下垫面条件对流域水循环的影响。

3.5.2　流域实际蒸散发量年际变化的模拟

　　式（3-1）、式（3-3）和式（3-4）所构成的水热耦合平衡模型还可以用来评价植被覆盖度变化对流域水量平衡年际变化的影响。由于参数 n 中包含了植被覆盖度因子，本章采用两种方法来进行比较：①使用由长期平均的植被覆盖度估算得到的 n，并保持不变；②根据逐年变化的植被覆盖度计算逐年的 n，采用此变化的 n。两种方法中植被覆盖度仍然是由遥感的 NDVI 数据计算得到。模拟结果显示，在大多数小流域中用两种方法估算的 1982～2000 年的实际蒸散发，采用逐年变化的植被覆盖度的结果比采用多年平均的植被覆盖度的结果略优，与水量平衡得到的实际蒸散发数据拟合得更好。这里在评价模拟结果时，除了采用了方差均方根 RMSE，还采用了另外一个常用指标——纳什效率系数 NSE（Nash-Sutcliffe coefficient of efficiency），其计算方法为

$$NSE = 1 - \frac{\sum_{i=1}^{n} (E_{pre,i} - E_{obs,i})^2}{\sum_{i=1}^{n} (E_{obs,i} - \overline{E_{obs}})^2} \tag{3-5}$$

式中，i 为起始序列数；n 为序列长度；对本书的研究而言，$E_{pre,i}$ 和 $E_{obs,i}$ 分别为某流域实际蒸散发量采用水热耦合平衡方法的估算值和根据实测数据采用水量平衡方法的估算值。

图 3-8 选择了一个典型流域对两种方法的模拟值进行了比较，结果显示采用逐年变化的植被覆盖度模拟的流域实际蒸散发量，在年际变化上，在高值和低值的模拟上比采用多年平均的结果略有改善，能相对较好地反映出实际蒸散发量的年际波动。

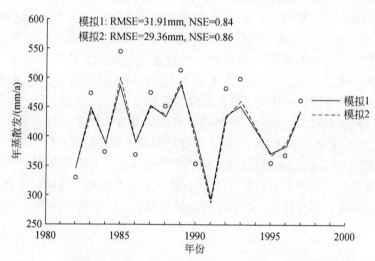

图 3-8　用两种方法模拟的流域（流域编号为 42212）实际蒸散发量
空心圆点为根据实测的年降水量和径流量反推得到的年蒸散发量；
模拟 1：参数 n 为常数；模拟 2：参数 n 随植被覆盖率而变化

3.6　本章小结

本章以中国北方非湿润地区（内陆河流域、海河流域和黄河流域）的 99 个小流域为研究对象，在 Budyko 水热耦合平衡假设的理论框架下，分析了植被覆

盖度对流域水循环的影响，主要得到了以下一些结论。

（1）通过分析植被在 Budyko 曲线上的分布发现，中国非湿润地区的植被覆盖度主要由年降水量决定。在相对湿润的环境中，植被覆盖度更大，蒸发效率更高。然而，研究还发现，在相似的气候条件（干旱指数相近）下，植被覆盖度的大小也受到土壤、地形等其他下垫面因素的影响。

（2）在极端干旱或极端湿润的环境中，区域年水量平衡完全是由气候条件决定的，与下垫面条件无关。而在正常气候条件下，区域年水量平衡（E/P）随着气候条件（以干旱指数表示）和下垫面条件而变化，后者包括植被条件，土壤状况和地形条件等（以水热耦合平衡模型中的下垫面参数 n 表示）。由于气候–植被–水循环的相互作用，流域水热耦合平衡的变化不能仅仅由一条 Budyko 曲线来表示，而是应该由一组 Budyko 曲线来表示。在一条 Budyko 曲线上仅能描述流域水量平衡随气候的变化；而同一气候条件下由于下垫面变化对流域水量平衡的影响，则反映在不同的 Budyko 曲线上。这样，采用一组 Budyko 曲线就可以完整地描述流域水量平衡随气候和下垫面条件变化而变化的过程。

（3）在我国的非湿润地区，当下垫面条件相近时，不同小流域之间，植被覆盖度 M 与 E/P 之间呈负相关性，该现象在海河流域尤为明显，表明了下垫面状况相似时，气候相对湿润的小流域，植被覆盖度越大，蒸发系数 E/P 越低，径流系数 R/P 越大。仅对于同一个流域而言，在降水多的年份，流域的植被覆盖度增大，总的蒸散发量增大，但其占降水量的比例的增加却较小，而径流量占降水量的比例增加较大。这个结论与第 2 章的数据分析结果一致，反映了气候–植被–水循环的复杂相互作用，说明了植被对流域水循环的重要性。

（4）将植被覆盖度耦合到流域水热耦合平衡模型的下垫面参数 n 中，反映了包含植被覆盖度、土壤和地形特性等下垫面因素对流域的水热耦合平衡的影响；引入植被覆盖度逐年变化后，改善了对流域蒸散发年际变化的模拟。

|第 4 章|　基于生态水文模型分析植被与流域水循环的关系

从第 2 章和第 3 章的研究可知，土壤水分和植被既是流域水循环关键的状态变量，也是流域水量平衡关系重要的影响因素。在第 3 章中，基于水热耦合平衡原理阐述了植被对区域水量平衡的影响，特别是植被与流域实际蒸散发的关系。植被和蒸散发之间联系的纽带是土壤水分，事实上，植被主要是通过与土壤水分的相互作用来影响区域水量平衡的。尤其是在干旱半干旱地区，植被动态在很大程度上由可利用土壤水分决定，并受到生态水文过程的控制（Porporato et al.，2002；Chen et al.，2007）。对于一个自然流域而言，土壤水分的动态受到流域地形、土壤特性、土地利用状况、产汇流过程、地下水位埋深和气候条件等的影响（Gomez-Plaza et al.，2001；Beate and Haberlandt，2002）。通过研究植被与土壤水分的复杂相互作用，把握流域水资源的时空分布，可为合理开发和利用流域水资源提供科学依据（Fernāndez et al.，2002）。在全球气候变暖的背景下，流域水循环演变的趋势之一是极端干旱的频率和强度都将增大，这将造成土壤干化并影响到植被，并对流域水循环产生重要影响。在我国大规模的水土流失治理行动中，人类活动直接改变流域水循环过程，使流域水循环与土壤和植被之间形成一个新的平衡。因此，评价气候变化及人类活动对我国主要流域，尤其是对非湿润地区的水土资源的影响，具有十分重要的意义。

针对区域植被和土壤水分的关系，已有学者开展了一系列的研究（Chen et al.，2007；王根绪等，2003；Li，2005；Li et al.，2008），研究对象主要集中在干旱半干旱区域。Domingo 等（2001）通过蒸散发的模拟和山坡径流的观测，评价了植被在干旱地带长期水量平衡过程中的作用。Beate 和 Haberlandt（2002）研究了大尺度和中尺度流域土地利用/覆被变化对区域土壤水分的影响。Zhang 和 Schilling（2006）的研究指出，草地覆被通过蒸散发过程将减少土壤水分，进而减少地下水的补给，并使得区域地下水位降低。王国梁等（2002）研究了土壤水分对中国山区流域植被重建的影响。Chen 等（2007）利用统计学模型，评价了中国黄土高原地区土地利用类型与土壤水动态的关系。Li（2005）研究了土壤的空间变异性变化对植被重建的影响。Baldocchi 等（2004）指出，为了理解和解释干旱半干旱区域植被形态和功能相关的水文和生态假说，有必要研究气候变化条件下生态系统和水量平衡变化在年际和年内尺度上的关系。本章将基于

Eagelson（2002）的生态水文模型的基本原理，从植被生长季节平均的流域水量平衡关系入手，探讨植被通过土壤水分对流域水循环的影响机理。

4.1 Eagleson 生态水文模型介绍

当降水到达地表时，将产生下渗进入土壤，在降水的间隙，大气发挥其干燥作用，使得土壤水分在毛细管力作用下移动到地表，并发生蒸发。当土壤水分含量达到田间持水量时，在重力作用下，水分将继续下渗补给地下水；反之，在蒸发作用下，土壤水分含量减少，在毛细管作用下，地下水也可能上升到上层土壤或地表，并通过植被的蒸腾或土壤的蒸发进入大气。这种地表的水分交换和其相应的热量交换在很大程度上依赖于土壤和植被的物理性质，以及降水和蒸发更替期内的气象条件。关于降水分配的长期平均值之间的定量关系即表现为区域的水量平衡。

Eagleson（2002）尝试用一种简化的形式来表示这种陆面−大气的耦合关系，以解释有关水在植被群落生长中所起作用的物理基础。这就要求模型具有物理机制，而由于气候强迫（climate forcing）中的不确定性对临界时间尺度的水量平衡有重大影响，所以模型必须处理其概率分布。Eagleson（2002）为了研究土壤−植被相互作用的物理过程，采用了解析解。其水量平衡模型的最初形式为

$$P_A = E_{TA} + R_{sA} + R_{gA} \tag{4-1}$$

式中，P_A 为年平均降水量；E_{TA} 为年平均蒸散发量；R_{sA} 为年平均地表径流量；R_{gA} 为年平均地下径流。

Eagleson（2002）生态水文模型假设均衡的湿润生长季节的水量平衡，即水量平衡在气候时间尺度上的平均（此时可以忽略土壤水的蓄藏量变化），以及垂直方向上在植物根系深（为 1 m 量级）范围内的平均，最终得到"均衡的"时空平均的土壤含水量。这是一个状态变量，其决定着水分进出土壤表面的平均通量速率。模型中对土壤含水量进行了相应简化，即假设土壤含水率的空间平均值在每场降水及降水间隙的初始时刻都处于一个共同的均衡值。Eagleson（2002）还假设植被的生长期与湿润季节相同。基于统计动力学方法，他提出了描述植被生长季节的长期平均的水量平衡模型，该模型描述了气候、土壤和植被之间的动态平衡：

$$\underbrace{M k_v^* \beta_v}_{1} \approx \frac{m_h}{m_{tb'} E_{ps}} \left\{ 1 - \underbrace{\frac{\overline{h_0}}{m_h}}_{2} + \underbrace{\frac{\Delta S}{m_v m_h}}_{3} - \underbrace{\frac{m_{tb''} E_{ps}}{m_h} (1-M) \beta_s}_{4} - \underbrace{e^{-G-2\sigma^{3/2}}}_{5} \right.$$

$$\left. \underbrace{- \frac{m_\tau K(1)}{P_\tau} s_o^c}_{6} + \underbrace{\frac{m_\tau K(1)}{P_\tau} \left[1 + \frac{3/2}{mc-1} \right] \left[\frac{\psi(1)}{z_w} \right]^{mc}}_{7} \right\} \tag{4-2}$$

式中，所标记的各无量纲项的含义如下。第 1 项：冠层水分通量，即植被冠层的蒸腾；第 2 项：时空平均的地表（冠层、洼地等）降水截留量；第 3 项：因季节性气候导致的土壤水储量的变化；第 4 项：裸土蒸发项；第 5 项：地表径流项；第 6 项：深层渗漏项；第 7 项：毛细上升项。

下面解释一下式中各项参数的物理意义。

第 1 项中，M 为生长季节的平均植被覆盖度，无量纲数，和第 3 章所指的多年平均植被覆盖度不同，本章特指生长季节 4 ~ 9 月的平均植被覆盖。k_v^* 为潜在冠层导度，为无量纲数，其主要由长期自然选择下的植被的物种决定（Eagleson，2002）（图 7.9），$k_v^* = E_{pv}/E_{ps}$。E_{ps} 为简单湿润表面的潜在蒸散发速率。E_{pv} 为冠层的潜在蒸腾速率；Eagleson（2002）认为，紧随着降水之后的土壤是潮湿的，叶片气孔完全张开，蒸腾达到最大速率 E_{pv}。数据显示，树木的蒸腾速率只在土壤水势为 5 ~ 15 bar 的负压之间是可变的，即土壤水势小于 5 bar 负压时，蒸腾速率最大，大于 15 bar 负压时，蒸腾速率为零；对于不同的土壤类型，当土壤水势为 5 bar 时，对应的临界土壤含水量也有所不同，如黏土为 0.16，粉壤土为 0.003，砂壤土为 0.001，砂土为 0.0001（Eagleson，2002）。β_v 为冠层蒸腾效率，为无量纲数，若土壤含水率很大，而根系深也很大时，有 $\beta_v = 1$，表示植被处于未受胁迫状态，蒸腾速率为无胁迫的潜在（最大）速率。

第 2 项中 $\overline{h_0}$ 为生长季节地表对降水截留量的平均值。m_h 为平均的降水深度。

第 3 项中 m_v 为生长季节独立的降水次数。ΔS 为高于季节平均的土壤水分储量。

第 4 项中 m_{tb} 为降水间隔中平均间隔时间；$m_{tb'}$ 为降水间隔中用于蒸腾的平均时间；$m_{tb''}$ 为降水间隔中用于裸土蒸发的平均时间。β_s 为裸土蒸发效率，为无量纲数（Eagleson，2002）（图 6.8）。

第 5 项中 G 为重力入渗参数，为无量纲数。σ 为毛细入渗参数，为无量纲数。

第 6 项中 m_τ 为生长季节平均长度。P_τ 为生长季节的降水量。$K(1)$ 为土壤的有效饱和水力传导率。s_o^c 为渗漏发生时平均根层土壤水分浓度的临界值，为无量纲数。

第 7 项中 m 为土壤孔隙尺寸分布指数，是无量纲数。c 为土壤的渗透系数，是无量纲数。z_w 为地下水面埋深。$\psi(1)$ 为土壤的饱和土水势。

式（4-2）中，水量平衡模型的输入项是降水（平均降水深），输出项则包括地表对降水的截留、在降水间隔期之间冠层的水分通量（植被蒸腾）和裸土蒸发，以及径流深、深层渗漏和毛细上升。下面分别阐述该水量平衡模型中各项计算式的来由。

（1）降水项：Eagleson（2002）假设一场降水的水量分布是呈泊松分布的，降水历时、降水间隙期历时和降水强度都是呈指数分布的。模型中的降水项用生长季节平均降水深来代表。

（2）冠层蒸腾项：Eagleson（2002）假定在地表持水完全蒸发后，蒸散发开始汲取土壤水储量，直到"胁迫状态时刻"时土壤水储存量也消耗完。在这部分的蒸散发中，地表植被部分的蒸腾用冠层覆盖度 M 表示，其蒸腾速率为 E_v。模型中用 $Mk_v^* \beta_v m_{tb'} E_{ps}$ 表示植被冠层水分通量（蒸腾），其中 M 为区域平均的植被覆盖度，k_v^* 为植被潜在冠层导度，主要由植被类型决定。

（3）裸土蒸发项：Eagleson（2002）将 Philip（1957，1960）的下渗方程推广应用到描述土壤水补给地表的速率，成为土壤的渗出能力。他关于裸土蒸发机理的解释如下：在土壤控制区，即土壤水上升到土壤表面的速度不足以满足大气蒸发的需要时，使得蒸发受限，这时系统是受"水分胁迫"的；在气候控制区，即蒸发量仅受大气蒸发需要的限制，这时受气候控制的蒸发是"光胁迫"的。模型中在降水间隔期的裸土蒸发项用 $(1-M) \beta_s m_{tb'} E_{ps}$ 表示，其中 $(1-M)$ 代表区域的裸土覆盖度，裸土的蒸发效率 β_s 主要是受到土壤水分的控制，在 $0 \sim 1$ 变化（Eagleson，2002，图6.8）。$m_{tb'} E_{pv}$ 和 $m_{tb'} E_{ps}$ 分别为降水间隔期间的植被的潜在蒸腾和裸土的潜在蒸散发。

（4）地表降水截留项：在降水间隔期间的地表（包括植被冠层和洼地等）对降水的截留量（地表持水量）用 $\overline{h_0}$ 表示。地表持水量被假设在降水间隙期中被完全蒸发。其中涉及的地表持水能力被认为是地表性质、温度（及表面张力）、叶倾角、风速等的复合函数。

（5）季节性气候土壤水储量变化反映的是土壤水分在上一生长季节的末期和下一生长季节的开始之间的差异。

（6）地表径流项：关于地表径流的计算，Eagleson 基于 Philip 的入渗曲线（Philip，1957，1960），认为当降水历时足够长时，下渗有三个阶段：第一阶段为以恒定速率（降水强度 i）填充地表截留能力，在该时段内无入渗；第二阶段以恒定速率（降水强度 i）下渗，因为下渗能力 f_i^* 超过降水强度 i；第三阶段入渗以速率 f_i^* 逐渐减小，因为下渗能力小于降水强度 i，这阶段以速率 $i-f_i^*$ 持续产流，直到降水停止。从降水强度和降水历时的联合概率分布，可得到地表径流的期望值，即降水地表径流的平均值。而真正的降水下渗量等于降水量减去地表径流，再减去地表持水量。

（7）深层渗漏项用 $[m_\tau K (1) /P_\tau] S_0^c$ 表示。降水渗透到地下水及当地下水位存在时，在土柱的底端边界上存在毛细管上升，毛细上升项用 $m_\tau K (1) \{1+3/[2 (mc-1)]\}[\psi (1) /z_w]^{mc}/P_\tau$ 表示。这两项都是由实测数据获得。

Eagleson（2002）假设在无胁迫的状态下植被的蒸腾始终保持潜在蒸腾速率，此时冠层的蒸腾效率 $\beta_v = 1$，并且其认为在干旱半干旱地区，式（4-2）中第（4）、第（6）、第（7）项的总和小于平均降水深 m_h 的 3%，因此这 3 项可以忽略（Eagleson，2002）见式（6.66）。Eagleson（2002）进一步给出，在十分干旱非季节性气候条件下，方程的近似表达式为

$$Mk_v^* \approx \frac{m_h}{m_{tb}E_{ps}} \tag{4-3}$$

式中，m_{tb} 为降水的平均间隔时间。式（4-3）是 Eagleson 在极端干旱环境下做的简化，在此环境下所有的降水都被认为转化成植被的冠层水分通量，并且在此时，他假设 $m_{tb} = m_{tb'} = m_{tb''}$，即忽略了平均降水间隔期间用于裸土蒸发和植被蒸腾的时间差异，并令他们近似等于平均的降水间隔。

在 Eagleosn 的生态水文模型中，关于植被在水量平衡中所起的作用，被描述为两个植被的状态变量，即植被覆盖度 M 和潜在的冠层导度 k_v^*。他认为，对于固定的潜在冠层导度 k_v^* 值，平衡土壤含水率 s_0 在冠层覆盖度 M 取一中间值时达到最大值，这与蒸散发最小值所对应的冠层覆盖度 M 是一致的。Eagleson（2002）的分析说明了只要植被覆盖度和潜在冠层导度 k_v^* 是独立的，最大的土壤含水量和最小的蒸散发量将在相同点处发生。根据其生态水文模型，还可以认为无论气候和土壤如何，无胁迫的蒸腾与植被覆盖度 M 是线性的关系。他还指出，在气候控制的条件下，裸土蒸发是线性的；但在土壤控制区裸土蒸发是非线性的。这种非线性的原因在于解吸速度取决于土壤含水量，而同时土壤含水率又受到与植被覆盖度有关的根系吸取量的影响。Eagleson（2002）进而提出了在天然系统中，植被覆盖度和潜在冠层导度 k_v^* 服从不同的变化机理，即植被覆盖度适应于气候中的短期变化，而潜在冠层导度 k_v^* 在一个进化尺度上变化。因而他提出了单独的均衡状态：①一定物种（即给定 k_v^*）的冠层覆盖，每棵树木在生存期内适应了土壤水的波动时，达到短期或"生长"均衡；②当一个物种在自然选择下使其最适应给定的气候和土壤时，达到长期或"进化"均衡。短期的控制物理条件为最小胁迫状态，因而在这个时间尺度上均衡的冠层覆盖度 $M = M_0$，即当土壤含水率最大时的 M 值。更长的时间尺度最大的生物生产力（即植被的最大繁殖潜能）将引导着进化，且由于植被的生产力直接与其蒸腾速率成正比，进化均衡受最大蒸腾量的控制。

在 Eagleson 的理论基础上，一些学者也进行了关于生态水文模型的改进和应用的研究。Contreras 等（2008）基于水文均衡假说发展了生态水文的水量平衡方法以估算半干旱的喀斯特地区长期平均年地下水补给速率，并且表明 $NDVI_{max}$（即对应于参考状态下有最大叶面积指数时的 NDVI）和气候驱动的蒸发系数

（k）（代表着植被冠层的年平均的导度）是影响模型的蒸散发和地下水补给估算的最重要的参数。Berger 和 Entekhabi（2001）在对地形的分布式描述和气候的基础上研究了流域的水文响应关系，其研究也是在 Eagleson 的非饱和带动态解析模型的基础上进行的。Calanca（2007）基于植被对水分胁迫的反应分析了阿尔卑斯地区干旱发生的可能性。然而，Eagleson 模型的应用仍然有待进一步研究，尤其在区域的验证和年际年内变化等方面。

本章尝试简化 Eagleson 水量平衡模型的表达式，并将其应用到中国非湿润地区，以分析季节性植被覆盖度和土壤水分在空间上和在年际变化上的关系。研究结果期望能为评价植被变化对流域水文循环长期平均的影响提供帮助，同时也为中国非湿润地区的水资源管理工作提供建议。

4.2 研究区域和资料

本章选择中国北方非湿润地区的 97 个小流域作为研究区域，包括黄河流域的 60 个小流域、海河流域的 30 个小流域和内陆河流域的 7 个小流域。在黄河流域的 60 个小流域中，有 51 个位于黄土高原地区，其余 9 个位于青藏高原地区。本章所研究的 97 个小流域与第 3 章所研究的 99 个小流域相比，舍弃了 2 个位于黄河流域下游的小流域。因为在本章中，主要是按地区进行研究，即内陆河流域地区、海河流域地区、青藏高原地区和黄土高原地区，以保证在相同的地区可认为拥有相似的植被类型。另外，在所选择的 97 个小流域中，认为人为活动（水库和跨流域调水等）对区域水资源的影响都较小。

本章所用的数据资料与第 3 章相似，只是本章研究的时间尺度为生长季节的多年平均。在本章中植被的生长季节被定义为从 4 月的第一场雨开始到 9 月的最后一场雨结束，因为这 6 个月是中国北方植被快速生长的阶段，并且这一阶段的降水占年均降水量的 80% 以上。计算时采用的降水特性主要包括平均降水深度 m_h，平均降水间隔时间 m_{tb} 和生长季节独立降水次数 m_v。在生长季节中，当累计的降水深超过 1 mm 时，定义为一次单独的降水事件。生长季节各个流域平均降水深和降水间隔时间在表 4-1 中列出。另外，每月的植被覆盖度（M）根据 Gutman 和 Ignatov（1998）提出的方法，即式（3-2）由每月来源于 NOAA-AVHRR 数据库的 NDVI 计算得到，再获得生长季节（4~9 月）的平均值。1991~2000 年以旬为尺度的地表土壤水饱和度（百分比）数据来源于中国气象局，在验证时采用了表层 10 cm、20 cm 和 50 cm 深度的平均土壤水饱和度，通过格里金（Kriging）插值，取流域在生长季节的平均值。另外，不同小流域的不同土壤类型的土壤水分参数（饱和土壤水分含量 θ_s 和残余土壤水分含量 θ_r）来源于全球土壤数据工作组 Global Soil Data Task（IGBP-DIS, 2000）数据库。表 4-2 归纳了研究区 97 个小流域生长季节长期水量平衡的要素和植被覆盖度，其中生长季节长期平均的降水量由高到低的排序为海河流域、黄土高原、青藏高原和内陆河流域；植被覆盖度由高到低的排序为海河流域、青藏高原、黄土高原和内陆河流域。

表 4-1　研究区域各小流域流域面积及生长季节多年平均降水特性参数

| 编码 | 面积/km^2 | 生长季节平均 | | 编码 | 面积/km^2 | 生长季节平均 | |
		m_h/mm	m_{tb}/d			m_h/mm	m_{tb}/d
4010	10 961	9.1	9.8	33464	272	14.6	5.0
4071	800	7.0	13.2	33467	2 360	14.1	4.9
4087	14 325	7.0	14.7	33552	25 533	15.1	5.0
4147	11 388	9.5	7.2	33600	15 078	13.8	5.1
4215	2 240	11.3	6.8	34451	2 950	17.1	5.0
4403	877	12.0	4.3	34452	4 990	16.4	5.1
4455	2 053	9.1	6.3	34471	4 061	19.7	4.6
31261	1 378	17.2	4.8	35251	14 070	18.5	4.9
31271	1 025	22.3	5.2	35262	5 387	19.8	5.5
31272	1 166	24.3	5.1	35263	6 420	20.1	5.6
31353	1 227	15.5	4.7	35271	23 900	20.3	5.6
31428	1 615	20.2	5.0	36252	3 800	19.6	5.4
31453	2 404	16.2	4.8	36253	5 060	20.2	5.5
31464	2 220	18.9	4.8	36255	19 050	22.1	5.9
31507	1 661	21.8	5.0	41000	20 930	13.0	5.0
31531	2 822	22.4	5.1	41002	45 019	14.9	3.3
31551	372	20.4	5.1	41005	98 414	17.1	3.2
31663	5 060	23.7	5.1	42202	715	12.4	4.1
32152	2 950	21.7	5.4	42212	3 083	11.1	5.4
32352	1 927	16.4	4.7	42218	9 022	12.7	3.9
32353	4 700	19.6	5.2	42222	12 573	11.8	4.2
33456	3 674	14.2	4.9	42582	5 043	18.0	3.0
33458	2 890	14.2	5.0	42728	4 007	11.1	4.7

内陆河流域（4010–4455）　海河流域（31261–33458，33464–36255）　青藏高原地区（41000–42728）

续表

编码	面积/km²	生长季节平均		编码	面积/km²	生长季节平均	
		m_h/mm	m_{tb}/d			m_h/mm	m_{tb}/d
42753	990	14.1	4.5	44261	436	18.2	5.5
42760	4 853	13.2	4.9	45502	3 440	16.2	5.7
42766	10 647	12.6	5.2	45504	774	16.9	5.5
44003	2 831	15.1	5.7	45511	17 180	19.4	5.0
44018	1 562	15.8	5.2	45546	4 715	18.2	5.2
44037	1 263	15.4	5.6	45562	2 266	19.1	5.1
44039	2 939	15.9	5.0	46005	600	14.7	4.1
44063	650	19.3	5.6	46024	4 788	15.7	4.6
44071	3 829	14.5	6.1	46037	37 006	20.2	5.1
44077	8 645	15.9	5.4	46043	46 827	21.0	5.3
44091	1 121	16.1	5.7	46069	2 484	14.9	4.4
44099	283	16.5	5.4	46085	9 805	15.2	4.7
44115	4 102	16.8	5.3	46125	1 019	15.8	4.6
44143	15 325	14.2	6.5	46288	282	19.0	5.3
44153	29 662	15.0	6.2	46517	14 124	17.0	4.9
44161	2 415	15.8	5.9	46520	40 281	17.6	5.0
44167	327	15.6	6.0	46571	4 640	14.6	6.1
44201	913	17.1	5.6	46591	10 603	16.2	5.4
44203	3 468	17.4	5.5	46593	2 988	16.8	5.4
44227	3 992	18.1	5.4	46597	19 019	18.5	5.1
44235	5 891	18.4	5.2	46623	928	19.2	5.2
44243	3 208	17.6	5.4	47209	9 713	21.6	5.4
44244	719	18.1	5.3	47275	829	21.0	5.6
44253	1 121	18.6	5.2	47320	12 880	22.4	5.8
44254	1 662	18.4	5.3	47373	3 149	20.6	5.4
44259	2 169	19.1	5.2				

（左侧纵排：黄土高原地区　右侧纵排：黄土高原地区）

表 4-2　研究区域生长季节多年平均降水、潜在蒸散发、径流及植被覆盖度的分区统计

区域	P/mm	E_0/mm	R/mm	M
内陆河流域	195	734	45	0.25

续表

区域	P/mm	E_0/mm	R/mm	M
海河流域	450	713	40	0.52
青藏高原地区	367	621	65	0.43
黄土高原地区	392	685	23	0.36

4.3 植被覆盖度和气象因子的相关分析

Eagleson 的水量平衡模型式（4-2）和式（4-3）中，反映出生长季节平均的植被状态变量 Mk_v^* 和气象因子 $m_h/m_{tb}E_{ps}$ 之间存在着关联性，表明干旱半干旱区的植被生长在很大程度上由区域的降水量控制，尤其在式（4-3）这样的极端干旱情况下，区域生长季节几乎所有的降水都转化为植被冠层的蒸腾。为了保证各个研究区域具有相似的植被类型和覆被状况，本章将研究区的三大流域分为 4 个区域进行研究，分别是位于内陆河流域的 7 个小流域、海河流域的 30 个小流域、青藏高原地区的 9 个小流域和黄土高原地区的 51 个小流域。季节性平均的潜在蒸散发 E_0，植被覆盖度 M 和降水特性被用于水量平衡分析。湿润表面的蒸发速率 E_{ps}（Eagleson，2002）采用的是生长季节 4~9 月每日潜在蒸散发速率 E_0 的平均值。因为潜在冠层导度 k_v^* 主要是由植被的类型决定，在各个研究区域内部因其植被物种相似，潜在冠层导度 k_v^* 可以被认为是常数。

通过分析各个区域植被覆盖度（M）和气象因子 $m_h/(m_{tb}E_{ps})$ 之间的关系，发现两者在所研究的 4 个区域都表现出良好的线性关系，如图 4-1 所示，在内陆河流域、海河流域、青藏高原地区和黄土高原地区 M 和 $m_h/(m_{tb}E_{ps})$ 之间的正相关系数分别为 0.95、0.59、0.72 和 0.81。因为气象因子 $m_h/(m_{tb}E_{ps})$ 实质上代表了区域的干旱程度，因此植被覆盖度 M 和气象因子 $m_h/(m_{tb}E_{ps})$ 的相关关系表达的是植被生长状况和区域干旱程度之间的关系，说明在中国非湿润地区，越是湿润的区域其植被覆盖度就相对越高，这与第 3 章在水热耦合平衡理论下的研究结果相似。

根据 Eagleson 在极端干旱环境中最简化的水量平衡模型式（4-3），还可以分析出在极端状况下，若区域生长季节的降水完全消耗于植被的蒸腾时区域所能承载的最大植被覆盖度。以内陆河流域为例，该地区目前植被主要物种为柽柳、白刺和胡杨等，潜在冠层导度（k_v^*）约为 0.5（表 4-3）；若将物种改为生长期潜在冠层导度约 0.7 的松林等，保持气候条件不变，在最极端情形下区域生长季节最大的植被覆盖度将减少 29%；若将物种改为生长期潜在冠层导度约 0.8 的杨树

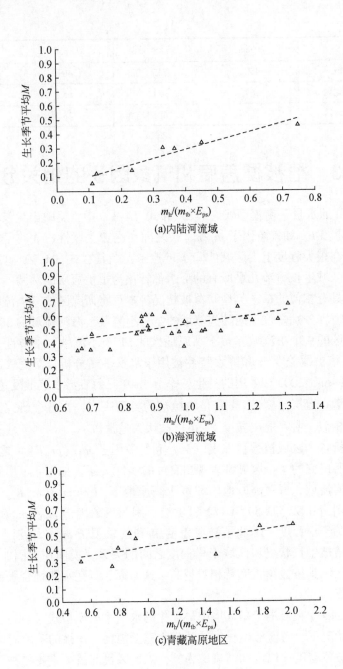

(a)内陆河流域

(b)海河流域

(c)青藏高原地区

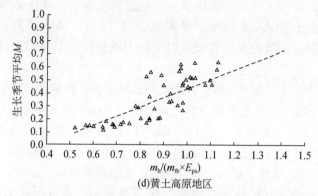

(d)黄土高原地区

图4-1　季节性平均植被覆盖度 M 和气象因子 $m_h/m_{tb}E_{ps}$ 的线性相关关系

等落叶树,则区域生长季节最大的植被覆盖度将减少38%。由此可见,在长期的进化条件下,内陆河流域通过自然选择留下了能适应该区域气候环境的物种,即选择了在该环境下植被覆盖度或生长力趋向于最大的物种。这一结论给水土保持工作带来如下启示:在干旱区植树造林时,若选择不适宜于该环境的物种,如耗水较多的物种,则植被覆盖率将下降,从而达不到植树造林的最初期望。

表4-3　研究区域多年平均的水量平衡要素及植被覆盖度分区统计

区域	主要土壤类型	主要植被种类	k_v^*	η_0	β	L_t
内陆河流域	粉土、亚黏土	柽柳、白刺、胡杨	0.50	2	0.6	2.5
海河流域	棕壤土、褐土	栎林、白桦、杨树、针茅	0.80	2.5	0.6	4
青藏高原地区	寒毡土、钙土、灰褐土	高山草甸、高山草原、亚高山草原	0.80	2.5	0.6	4
黄土高原地区	砂壤土	刺槐、油松、柠条、苜蓿	0.70	2.5	0.6	4

4.4　Eagleson 模型在我国非湿润区的应用

4.4.1　适应我国非湿润区的模型简化

在分析植被覆盖度 M 和气象因子 $m_h/(m_{tb}E_{ps})$ 的关系时,从图4-1中可以看到,两者线性回归的斜率小于1,又由于潜在的冠层导度 $k_v^* \leqslant 1$,由此可知在本章的4个研究区域中, $Mk_v^* < m_h/m_{tb}E_0$。这就表明这些研究区域的冠层水分通量小于降水,不能仅用 Eagleson 简化的水量平衡模型式(4-3)进行计算。

同时，意味着其他的水量平衡输出项，如地表降水截留、裸土蒸发、径流等也需要考虑。但由于 Eagleson 的水量平衡模型式（4-2）参数繁多，而且许多实测数据不易获得，本章为了使模型可以应用于所研究的非湿润地区，对模型进行了简化。

我国内陆河流域、海河流域、青藏高原地区和黄土高原地区，地下水埋深较深，如整个黄土高原地区地下水位多在地表以下 60 ~ 100 m，而每年降水的最大入渗深度为 1 ~ 3 m（李玉山，2001）；海河流域地下水平均埋深约为 20 m，最大埋深已达到 100 多米（盖美等，2005）；内陆河流域地下水埋深一般为 4 ~ 9 m（张书兵等，2008；李维洲和边浩林，2004；王昭和陈德华，2002）。而当地下水埋深超过 2.5 m 时，深层补给量或深层渗漏量很小，可以忽略不计（郭元裕，1998）。因此，式（4-2）中第（6）、第（7）项深层渗漏和毛细上升在这些区域都可以忽略。而式（4-2）中的第（3）项，季节性土壤水储量变化，反映的是区域土壤水储藏量在生长季节始末的差异，在本章的研究区域非季节性气候下也可以忽略。然而，在我国的非湿润地区，裸土蒸发却是应该考虑的，因为在这些区域植被覆盖较为稀疏。Choudhury 和 Monteith（1988）指出，在干旱或半干旱地区，因为总的能量获取受到辐射吸收能量的限制，增加植被覆盖度就会相对减少土壤蒸发对总的蒸散发的贡献。植被蒸腾和裸土蒸发之间的竞争机制是这些地区长期土壤–植被动态的主要驱动机制。这种复杂的相互作用在 Eagleson 模型中也有表现，模型中冠层水分通量采用的参数为植被覆盖度 M，而裸土蒸发采用的参数为 $1-M$，这反映了两者之间的竞争关系。

对于中国北方的非湿润区域，水量平衡模型式（4-2）的简化如下：

$$\underbrace{Mk_v^* \beta_v}_{1} \approx \frac{m_h}{m_{tb}E_{ps}} \left\{ 1 - \underbrace{\frac{\overline{h_0}}{m_h}}_{2} - \underbrace{\frac{(1-M)\ m_{tb}E_{ps}f(\theta)}{m_h}}_{3} \right. $$

$$\left. - \underbrace{\frac{R}{m_h m_v}}_{4} \right\} \tag{4-4}$$

式（4-4）中标记的各项分别如下：第 1 项：冠层水分通量（植被蒸腾）；第 2 项：时空平均的地表（冠层、洼地等）对降水的截留量；第 3 项：裸土蒸发；第 4 项：径流。其中，第 3 项裸土蒸发项中，将原来的 $(1-M)\ m_{tb}E_{ps}\beta_s$ 采用 $(1-M)\ m_{tb}E_{ps}f(\theta)$ 代替，这是出于两个方面的考虑，一是按照 Eagleson 的计算公式，裸土蒸发效率 β_s 由于部分实测数据的难以获得将不易计算；二是使用土壤含水量 θ 的函数 $f(\theta)$ 来取代原来的土壤水参数 β_s，是因为两者从物理意义上说都是反映土壤水分对蒸发的影响的函数，并且变化区间都是 0 ~ 1，并且 $f(\theta)$ 通过和 θ 的联系，可以便于找出植被和土壤水分的关系。在第 4 项径流项中，原

来的径流项 $e^{-G-2\sigma^{3/2}}$ 用 R/m_v 代替，其中 R [L] 为生长季节的平均径流深；m_v 为生长季节的平均降水次数，为无量纲数。并且在计算过程中，继续采用 Eagleson 的假设，即认为 m_{tb}（平均降水间隔时间）、$m_{tb'}$（平均降水间隔时间中用于植被蒸腾的时间）和 $m_{tb''}$（平均降水间隔时间中用于裸土蒸发的时间）三者之间的区别可以忽略，以便于计算。

在计算时，对于模型式（4-4）中的第 1 项冠层水分通量，其中植被覆盖度 M 采用的是各个小流域由 NDVI 计算得到的生长季节植被覆盖度的平均值。冠层蒸腾效率 β_v 采用的计算公式如下（Eagleson，2002，式 6.48）：

$$\beta_v = 1 - \exp\ (-t_s'/m_{tb})\ \approx 1 - \exp\left(\frac{\overline{h_o}}{E_{ps}m_{tb}} - 1\right) \tag{4-5}$$

式中，t_s' 为植被蒸腾的时间，也就是地表持水蒸发耗尽到土壤水分胁迫发生之间的时间间隔。潜在冠层导度 k_v^* 则根据 Eagleson（2002）的工作，通过考虑各个区域的主要植被特性选取经验值（表 4-3）。

模型中第 2 项生长季节地表对降水的截留量 $\overline{h_0}$，表示的是生长季节降水期间植被冠层和地面洼地等对降水的截留。Eagleson 给出了一个用于估算截留量的解析式（Eagleson，2002，式 6.52）：

$$\overline{h_0} = \begin{cases} (1-M)\ h_0 + M\ (1+\eta_0\beta L_t)\ h_0 = \ (1+M\eta_0\beta L_t)\ h_0, & \dfrac{\eta_0\beta L_t h_0}{m_h} < 1 \\ (1-M)\ h_0 + Mm_h, & \dfrac{\eta_0\beta L_t h_0}{m_h} \geq 1 \end{cases} \tag{4-6}$$

式中，$\eta_0 L_t$ 为总树冠面积中能保存被截留降水的比例，其中 η_0 为气孔叶面积和投影叶面积的比值（即叶片的湿周长与叶片的弦长之比）；L_t 为群叶面积指数。Eagleson 设定对于阔叶树叶，其仅有一面被淋湿，而对于针叶树叶表面张力弄湿了整个表面且树叶的曲率抵抗着重力排水的作用。因此，对于阔叶有 $\eta_0 = 1$；对于相对扁平的云杉针叶有 $\eta_0 = 2$；而对于横断面更加扁平的松树针叶有 $\eta_0 = 2.36 \sim 2.50$。式中，βh_0 反映的是地表持水能力，它是地表性质、温度、表面张力、叶倾角、风速等的复合函数；β 为动量衰减系数，即叶片表面与水平方向夹角的余弦值，为无量纲数。假设重力排水作用与叶倾角成正比，且在所有保存被截留降水的表面上都有一个不变的名义值 $h_0 = 0.1$ cm。在计算时，根据 4 个不同研究区域的主要土壤特性和植被类型，参考 Eagleson（2002）、高以信和李明森（1995）、尹林克和王雷涛（2005）等学者的建议，对一些植被参数采用了经验值（表 4-3）。模拟发现，在计算过程中，模拟结果对这些参数不是很敏感。

模型中的第 3 项裸土蒸发项，为了分析区域土壤水分和植被的关系，将土壤

水分函数 $f(\theta)$ 表示成根层平均土壤含水量 (θ) 的线性函数（Noilhan and Planton，1989；Ortega-Farias et al.，2006），公式如下：

$$f(\theta) = \frac{\theta - \theta_w}{\theta_f - \theta_w} \tag{4-7}$$

式中，θ_w 为凋萎点的土壤水分；θ_f 为达到田间持水量时的土壤水分。计算时，采用来源于 Global Soil Data Task 数据库的不同土壤类型的土壤水分参数（饱和土壤水分含量 θ_s 和残余土壤水分含量 θ_r），根据 van Genuchten（1980）模型，计算获得各小流域不同土壤类型的田间持水量 θ_f 和凋萎点的土壤含水量 θ_s（雷志栋等，1988），其中对应于田间持水量 θ_f 和凋萎点含水量 θ_s 时的土壤孔隙的负压分别采用 -33kPa 和 -1500kPa。

模型中的第 4 项径流项，首先根据非湿润区 97 个小流域的实测径流资料获得生长季节多年平均的径流深 R，再利用统计得到的降水特性参数（生长季节平均降水深 m_h 和降水次数 m_v），计算获得。

4.4.2　长期平均的植被覆盖度和土壤水分空间分布

基于水量平衡式（4-4）和所做的简化式（4-5）、式（4-6）和式（4-7），可以推求出土壤水分函数 $f(\theta)$，进而得出根层平均土壤含水量 (θ)，从而可以分析研究区生长季节长期平均的植被覆盖度 (M) 和根层平均土壤含水量 (θ) 的关系。

在对模型的验证中发现，对于 4 个研究区域，根据由上述模型得出的土壤水分含量 (θ) 和由实测的土壤水饱和度数据及区域各土壤类型的饱和含水量 θ_s 计算得到的体积含水量之间均具有很好的相关性（图 4-2），其中在内陆河流域相关系数 $R=0.82$，方差均方根 $\text{RMSE}=0.05$；在海河流域相关系数 $R=0.68$，方差均方根 $\text{RMSE}=0.03$；在青藏高原地区相关系数 $R=0.83$，方差均方根 $\text{RMSE}=0.06$；在黄土高原地区相关系数 $R=0.64$，方差均方根 $\text{RMSE}=0.05$。这意味着非湿润区域的土壤水分主要是由水循环和植被状况共同决定的，而且通过研究改进的水量平衡模型式（4-4），依据气候条件和植被状况，可以估算出区域的土壤水分。因此，该生态水文模型将有助于依据植被的状态变量预测土壤水分状态，而且由于该模型能反映出植被通过裸土面积比例 $(1-M)$ 对于土壤蒸发的制约作用，并且通过蒸腾效率的计算可以反映植被覆盖度 M 对冠层蒸腾量的影响，因此，该模型计算得出的土壤水分将是在自然选择作用下短期（几十年）的均衡值，反映了植被和土壤水分的动态均衡关系。

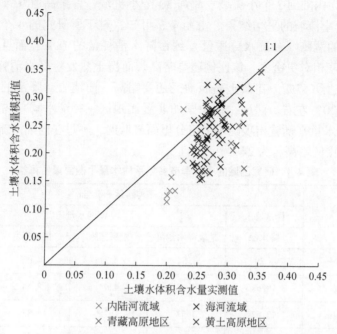

图 4-2　研究区域的分区平均土壤水体积含水量的实测值和模拟值比较

4 个区域的生长季节长期平均的地表降水截留、植被蒸腾、裸土蒸发和径流等都可以由水量平衡模型推求出来，图 4-3 和表 4-4 中列出了水量平衡各构成要

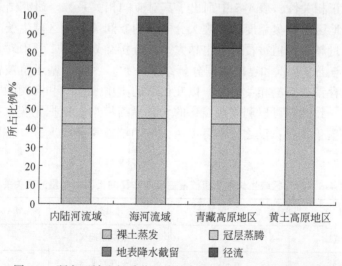

图 4-3　研究区域生长季节平均的水量平衡各组成要素的比例

素的比例，为内陆河 7 个小流域、海河 30 个小流域、青藏高原 9 个小流域和黄土高原 51 个小流域的平均结果。由图 4-3 可知，对于所研究的 4 个区域，在生长季节植被的蒸腾（冠层水分通量）约占降水消耗量的 18%，而且在海河流域由于植被覆盖相对更密集，该比例还要略高。而裸土蒸发对降水消耗的比例在 4 个区域平均达到 47%，在黄土高原地区还要略高。而地表对降水的截留量占到区域降水的 20% 左右。然而，在中国的非湿润地区，径流平均仅占总消耗水量的 15%，是水量平衡输出项的 4 个组分里面最低的，不过在内陆河流域，径流消耗占降水的比例略高，为 24%。

表 4-4　研究区域的生长季节多年平均水量平衡要素估算值

| 区域 | 平均水量平衡/mm | | | | |
| | 降水输入 | 雨间水量输出 | | | |
	降水深	地表降水截留	冠层蒸腾	裸土蒸发	径流
内陆河流域	9.29	1.34	1.71	4.02	2.21
海河流域	18.68	4.07	4.44	8.54	1.63
青藏高原地区	13.57	3.57	1.75	5.85	2.40
黄土高原地区	17.15	3.14	3.07	9.92	1.02

由水量平衡模型还可以推出生长季节的植被覆盖度 M 和估算的土壤水含量 θ 之间的关系。研究发现，在所研究的 4 个区域，这两个变量在空间上均存在较为明显的正相关性，表 4-5 中列出了其对应的相关系数。研究结果所反映的我国非湿润地区植被覆盖度和土壤水分之间的空间关系为区域生长季节平均的土壤水分含量越高，植被覆盖度也越大。该分析结果与第 2 章中对黄土高原地区的 NDVI 与土壤水饱和度的数据分析结果一致。因此，基于植被覆盖度和估算的土壤水含量之间的相关关系，以及估算的土壤水含量和实测的土壤水数据之间良好的一致性，可以利用该简化的水量平衡模型，根据土壤水含量来预测区域的植被覆盖状况；反之，也可以由区域的植被覆盖状况来评估区域的土壤水变化情况。

表 4-5　研究区域生长季节植被覆盖度和估算的土壤水含量的相关关系

区域	$M\sim\theta$ 相关系数	区域	$M\sim\theta$ 相关系数
内陆河流域	0.84	青藏高原地区	0.63
海河流域	0.69	黄土高原地区	0.88

4.4.3 植被覆盖度和土壤水分的年际变化

本章还尝试利用简化的水量平衡模型式（4-4）分析各个小流域的土壤水分的年际变化。利用该水量平衡模型，对各个小流域逐年的生长季节的水量平衡进行模拟，估算出1991~2000年的各个小流域生长季节平均的土壤水分含量。通过模拟，发现在少部分流域和少数年份，计算出来的土壤含水量的函数 $f(\theta)$ 会略微超出 1；当 $f(\theta)$ 略大于 1 时，计算出来的土壤水体积含水量 θ 会略大于区域的田间持水量。分析原因，可能是由于研究在应用水量平衡模型时，未考虑区域土壤水储量逐年之间的差异，而事实上，当水量平衡模型应用到年尺度时，土壤水分变化这一水分输出项的忽略，可能会导致由土壤蒸发项估算出来的土壤含水量发生偏差，尤其是有的年份，降水较多时，小流域的土壤水分函数 $f(\theta)$ 会超出 1，导致估算的土壤体积含水量偏大。然而，通过分析发现，模拟的土壤水含量的年际变率却和实测的土壤水含量 θ 的年际变率有很好的一致性，几乎所有的研究区小流域，实测土壤水含量和模拟的土壤水含量的年际变率的相关系数都超过 0.70。而分析各小流域生长季节平均的土壤水含量和植被覆盖度在年际变化的关系可以发现，在几乎所有的小流域，两者逐年数据的正相关性都达到 0.70以上，反映了在所研究的非湿润区域，区域植被覆盖度和土壤水分年际变化都主要受降水影响，年际波动相似。

图 4-4 中显示了 3 个研究区域（海河流域、青藏高原地区和黄土高原地区）

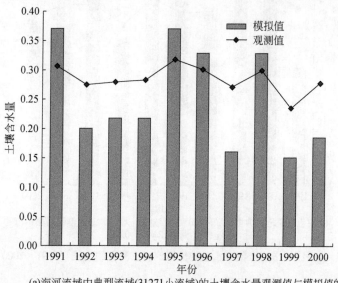

(a)海河流域中典型流域(31271小流域)的土壤含水量观测值与模拟值的
比较(R=0.88, RMSE=0.06)

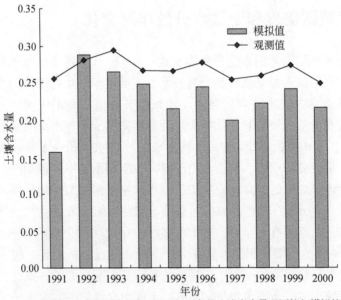

(b)青藏高原地区典型流域(42728小流域)的土壤含水量观测值与模拟值的
比较(*R*=0.78, RMSE=0.05)

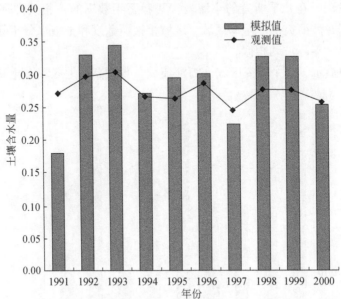

(c)黄土高原地区典型流域(46005小流域)的土壤含水量观测值与模拟值的
比较(*R*=0.68, RMSE=0.04)

图4-4 典型流域平均土壤含水量的模拟值和实测值的比较（1991～2000年）

的一些典型小流域在1991~2000年的土壤含水量模拟值和观测值之间年际变化的比较。其中，模拟值为利用逐年生长季节的植被覆盖度、根据简化的水量平衡模型进行模拟的结果；而实测值则是根据实测土壤水饱和度计算的土壤水含水量。结果表明，各个小流域土壤水分的模拟值和实测值的年际变化趋势基本一致，但是模拟的土壤水分年际变化较为剧烈，而实测的土壤水分年际变化较为平缓。

本章对于土壤水分的年际变化的模拟表明，对于某一流域，基于植被覆盖度的年际变化来预测土壤水分的年际变化是有可能的；反之，也可以根据土壤水分的年际变化来预测植被覆盖度的变化。例如，当人为活动改变区域的土壤水分时，如在水土保持工程中，通过建设淤地坝等措施，拦截水量，主要用于土壤下渗，能提高当地的土壤水含量（刘卓颖，2005），这时，利用上述生态水文模型同样可以根据区域的土壤水分模拟区域植被覆盖度的变化。因此，本章为根据流域的水循环演变来预测植被变化提供了可能的途径，也可以为干旱半干旱区的水土保持工作提供参考。

4.5 水热耦合平衡原理与生态水文模型的耦合

4.5.1 水热耦合平衡原理与生态水文模型的联系

在第3章中利用植被、土壤、地形等信息估算了流域水热耦合平衡方程中的下垫面参数，由此改善了对流域实际蒸散发的模拟效果。本章则从 Eagleson 的生态水文模型出发，探讨了流域的植被覆盖度在流域水量平衡关系中所起的作用，进一步认识了植被在流域水循环过程中的功能，以及探讨了从流域水循环演变来预测植被变化的可能途径。

流域水热耦合平衡模型和生态水文模型之间的联系，首先在于两者都反映了植被对流域水量平衡的影响。基于流域水热耦合平衡原理，通过流域长期平均的植被覆盖度（M）在 Buydko 曲线中的分布，认识到植被对流域水热耦合平衡的影响，根据流域长期平均的植被覆盖度（M）与流域长期平均的蒸散发量（E）及气候条件因子（即 Budyko 曲线的横坐标，E_0/P 或 P/E_0）之间的相关分析，得出在非湿润地区气候条件（主要指降水量和潜在蒸散发量）是植被生长的首要控制因素。我国北方非湿润地区的自然气候特点是水热同期，因此稀缺的水分成为了决定植被生长状况的首要条件，尤其是植被生长季节的水分条件。应用流域生态水文模型（Eagleson 的水量平衡模型）方法研究植被对流域水循环中的影响时，研究区域生长季节平均的植被覆盖度（M）与气象因子 $m_h/(m_{tb}E_{ps})$ 之间的相关关系证实了Eagleson的假设：植被在短期（几十年）进化过程中，通过不断调整其植被覆盖度来适应气候的变化。事实上，气候因子 $m_h/(m_{tb}E_{ps})$ 也是反映流域干旱程度的指标，其分子为生长季节的平均降水深，分母为生长季节中降水间隔期内的潜在蒸散发能力，相当于植被生长季节的干旱指数的倒数，这与基于 Budyko 假设的分析结果是一致的。

4.5.2 水热耦合平衡原理与生态水文模型的耦合

流域水热耦合平衡模型和生态水文模型都可以用来解释气候–植被–水循环复杂系统中复杂的相互作用，但在应用中各有优缺点。基于流域水热耦合平衡原理，可以将流域实际蒸散发量（或水量平衡要素比例 E/P）受气候和植被覆盖度等下垫面因素的影响表示为更一般的形式，即

$$E/P = f(E_0/P, \; n) \tag{4-8}$$

该式与最初的 Budyko 曲线相比，其考虑了气候以外的下垫面因素（即参数 n）对流域水热耦合平衡的影响。下垫面参数中的土壤和地形条件可以认为是相对稳定的，而植被条件则是变化的，这里采用了由遥感数据计算获得的植被覆盖度。在模拟流域长期平均的蒸散发量时采用了平均值；在模拟流域实际蒸散发的年际变化时则采用了逐年变化的植被覆盖度。相比水量平衡方程，流域水热耦合平衡方程能反映大气与陆面之间的复杂耦合与反馈作用，即当陆面植被增加导致蒸散发量增加时，大气蒸发能力受陆面水热通量变化的影响而下降，然后再影响到陆面蒸散发的过程，表现为水分和能量的耦合平衡。在 Eagleson 的生态水文模型中，气候条件用生长季节的降水特性（平均降水量、降水次数、降水间隔时间等）和潜在蒸散发等来表示，蒸散发各项（植被蒸腾、地表对降水的截留蒸发和裸土蒸发）中均直接包含了植被覆盖度（M）；通过对流域的水量平衡各项（植被蒸腾、地表对降水的截留蒸发、裸土蒸发、径流等）的分解计算，可以定量地分析在气候条件控制下，植被覆盖度与水量平衡之间的定量关系。从Eagleson 生态水文模型的最简化的形式，即式（4-3），可以得到启示，可直接采用气象因子来表示植被覆盖度，即

$$M = f'\left(\frac{m_h}{m_{tb}E_{ps}}\right) \text{或 } M = f'(P/E_0) \tag{4-9}$$

式中，f' 代表植被覆盖度（M）与气候因子 $m_h/(m_{tb}E_{ps})$ 或 E_0/P 之间的函数关系。

式（4-9）反映了气候变化对植被覆盖度的影响，将式（4-9）代入式（4-8）中，可以预测气候和植被变化下流域水循环的响应。根据由式（4-8）和式（4-9）所建立的气候–植被–水循环的相互作用关系，在已知气象条件时，可以预测流域植被和水循环的演变趋势。

根据本章中对内陆河流域、海河流域、青藏高原地区和黄土高原地区生长季节长期平均的植被覆盖度（M）和气象因子 $m_h/(m_{tb}E_{ps})$ 之间的关系［式（4-3）和图 4-2］的分析可知，在这 4 个区域，M 和 $m_h/(m_{tb}E_{ps})$ 之间都存在良好的正相关性。这里选择内陆河流域作为分析对象，研究生长季节的气候条件对植被覆盖度（M）的影响，并尝试用气象因子来简单表示该区域生长季节的植被覆盖度。

在内陆河地区现有的植被状况条件下，分析植被对当地气候条件的响应，采用线性回归得到内陆河地区生长季节期间植被覆盖度（M）与气象因子 $m_h/(m_{tb}E_{ps})$ 的近似关系式为

$$M = 0.621 \frac{m_h}{m_{tb}E_{ps}} + 0.039 \tag{4-10}$$

将此植被覆盖度的表达式代入内陆河流域下垫面参数 n 的估算式，即式（3-3）中，再利用式（3-1）即可预测外来气候和植被变化下流域水循环的响应。

基于流域生态水文方法和水热耦合平衡原理，建立的气候–植被–流域水循环耦合预测模型可以表示为

$$\begin{cases} M = 0.621 \dfrac{m_h}{m_{tb}E_{ps}} + 0.039 \\ n = 5.755 \left(\dfrac{K_s}{i_r} \right) - 0.368 M^{0.292} \exp\left(-5.428 \tan\beta\right) \\ E = \dfrac{E_0 P}{(P^n + E_0^n)^{1/n}} \end{cases} \tag{4-11}$$

为了验证模型，这里模拟了内陆河地区 7 个小流域生长季节长期平均的实际蒸散发量，并与由水量平衡方法所得的实际蒸散发量比较，结果见表 4-6 和图 4-5。与单独采用水热耦合平衡方程，即式（1-7）相比较，该方法的模拟结果较好。

表 4-6　采用式（4-11）与水热耦合平衡方程计算得到的实际蒸散发量

流域编号	内陆河地区生长季节长期平均实际蒸散发量/（mm/a）		
	长期水量平衡结果	式（4-11）计算结果	水热耦合平衡方程计算结果
4010	112	144	174
4071	72	93	101
4087	76	89	93
4147	148	188	198
4215	185	159	241
4403	279	290	294
4455	179	199	203

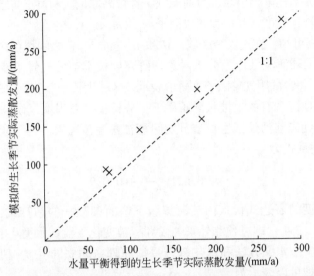

图 4-5　内陆河流域生长季节的蒸散发量模拟值与长期水量平衡结果的比较

在海河流域、青藏高原地区和黄土高原地区，利用该方法模拟生长季节的实际蒸散发量（图 4-6），模拟结果显示，与单独采用水热耦合平衡方程相比，采用耦合模型的模拟结果基本都能得到不同程度的改善。

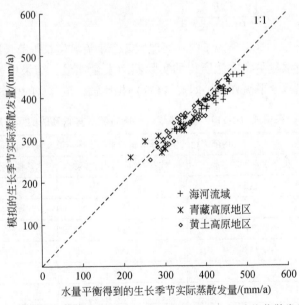

图 4-6　海河流域、青藏高原地区、黄土高原地区生长季节蒸散发量模拟值
与长期水量平衡结果比较

4.6 本 章 小 结

本章基于 Eagleson 的生态水文模型, 以我国非湿润地区的内陆河流域、海河流域、青藏高原地区和黄土高原地区为研究对象, 分析了在一定气候条件控制下, 植被覆盖度和流域水量平衡之间的相互关系。通过对 Eagleson 的生态水文模型进行合理简化, 将其应用于模拟区域平均土壤水分含量, 并分析了植被覆盖度和水量平衡要素 (土壤水分等) 之间的关系。在流域水热耦合平衡原理和生态水文模型的基础上, 本章还提出了将二者耦合用于预测气候和植被变化下流域水循环响应的方法。本章的主要研究结论如下。

(1) 生长季节平均的植被覆盖度和反映区域干旱状况的气象因子之间具有良好的正相关性, 不仅说明了在研究区域, 降水是植被生长的控制因素, 并由此建立了区域气象因子与植被覆盖度之间的定量关系。

(2) 通过对 Eagleson 的生态水文模型的合理简化, 分析并揭示了在中国非湿润地区各流域长期平均的植被覆盖度和土壤水含量在区域上的分布特性, 以及各流域植被覆盖度和土壤水含量的年际变化特性, 并为评价人类活动 (水土保持工程等) 对区域植被和水循环的影响提供了可行的途径。

(3) 将流域水热耦合平衡原理和生态水文模型耦合, 提出了可用于预测气候和植被变化下流域水循环响应的方法。基于对 Eagleson 的生态水文模型的简化, 构建了气候因子与区域植被覆盖度的关系式, 可预测气候对植被的影响; 将气候因子与区域植被覆盖度的关系式代入流域水热耦合平衡方程, 从而建立了气候和植被与流域水量平衡的关系。上述研究在流域生态水文模型和水热耦合模型基础上所建立的耦合模型反映了气候–植被–水循环的相互作用和反馈机制, 并且为预测气候变化下流域植被和水循环演变提供了工具。

|第 5 章|　流域水循环模拟中的植被参数化方法

　　流域水循环模拟是流域水文预报和流域水资源分析及评价的主要方法，其采用的主要手段是流域水文模型。由于下垫面变化对流域水文过程及水量平衡有显著影响，大多数流域水文模型不同程度地考虑了植被的变化。自 1970 年以来，一些国际组织先后开展了土地利用/覆被变化的水文水资源效应研究，如国际地圈-生物圈计划（IGBP）的核心项目（GAIM、BAHC、GCTE、LUCC）就是把土地利用/覆被变化的水文水资源效应作为全球变化的重要研究内容之一。研究方法和内容也发生了较大的转变，由传统的统计分析方法转变为水文模型方法，由只关注土地利用/覆被变化造成的结果，转变为揭示土地利用/覆被变化对水文过程机理的研究。Onstad 和 Jamieson（1970）最先尝试运用水文模型预测土地利用变化对径流的影响。仇亚琴等（2004）应用分布式水文模型研究了汾河流域水土保持措施的水文水资源效应。莫兴国等（2006）开发的 VIP 模型包括了土壤-植被-大气交换模块与遥感、地理信息和气象要素尺度扩展模块，其中冠层叶面积指数由遥感植被指数反演，植被状态是作为已知条件输入模型的。目前，利用流域水文模型模拟人类活动引起的土地利用变化对水循环影响的研究还处于起步阶段（谢平等，2007）。流域的植被特征与径流量之间的数量关系还不清楚，也缺乏能够模拟植被和土地利用变化对径流影响的有效模型（Kokkonen and Jakeman，2002）。

　　在常用的三大类流域水文模型（黑箱子模型、集总式概念性模型和物理性分布式水文模型）中，集总式概念性模型和物理性分布式水文模型都包含了对流域植被的参数化方案。流域水文模型的复杂程度和预测的不确定性在相当的大程度上取决于对流域下垫面的参数化方法，特别是土壤和植被的参数化方法，以及与此参数化方法相联系的土壤-植被-大气中水分和能量的传输过程的数学物理描述。在第 3 章中，介绍了在水热耦合平衡模型中对植被特性参数的处理方法，该模型为一典型的集总式概念性水文模型。分布式流域水文模型通过将流域离散化，在较小的空间和时间尺度上建立对水文过程的数学物理描述，通过对小尺度水文过程的模拟来预测流域的宏观水循环规律。集总式模型与分布式模型中的植被参数化方法不同，通过对两种模型的对比分析，一方面可以加深对植被与流域水循环相互作用机理的认识，另一方面可以探讨改进流域水文模型中植被参数化方法的途径。

　　本章将通过对比流域水热耦合模型及基于流域地形地貌特征的分布式水文模型（geomorphology-based hydrological model，GBHM）中的植被参数化方法，分析植被在不同时间尺度上对流域的水循环的影响。

5.1 分布式流域水文模型中的土壤-植被参数化

5.1.1 分布式流域水文模型的发展

流域水文模型的发展一方面依赖于人们对自然界水文现象认知能力的提高，另一方面也受到社会生产实践需要的促进，且随着相关科学技术的进步而不断发展。由于水文循环系统的复杂性，20世纪50年代最初的流域水文模型多数采用简单的降水-径流应答关系来描述流域降水后的出流响应，即经验性的黑箱子模型，主要是满足洪水预报的需要。这类模型是建立在对流域降水和河道径流观测数据的统计分析的基础上的。

20世纪60~80年代是集总式概念性模型（灰箱模型）的重要发展时期。这一时期涌现了许多知名的流域水文模型，代表性的模型有 Stanford IV（Crawford and Linsley，1966）、新安江模型（赵人俊，1984），Tank 模型（Sugawara，1967；Sugawara et al.，1974）等。这些模型引入了流域产、汇流等概念，定量分析了流域出口断面流量过程线的形成过程，包括降水、蒸发、截留和下渗，地表径流、壤中流、地下径流的形成，以及坡面汇流和河网汇流等。这些集总式"灰箱"模型中的参数都具有明确的物理意义和定义，与经验性的黑箱子模型相比前进了一大步，但尚无法给出水文变量在流域内的分布及实际状态。

20世纪80年代以后，流域水文模型开始面临许多新的挑战，包括水文循环的规律和过程如何随时间和空间尺度变化，水文过程的空间变异性等问题。以前研制的大部分黑箱子模型和集总式概念性模型难以适应这些挑战，因此人们开始对分布式水文模型发生兴趣。具有代表性的分布式水文模型是 SHE 模型（Abbott et al.，1986）。这类模型从水循环过程的物理机制入手，将产汇流、蒸散发、土壤水和地下水运动等过程联立求解，并考虑水文变量的空间变异性，也就是所谓的白箱模型。但要做到细致地刻画一个流域空间特性，真正实现模拟水文过程在时间和空间的变化规律，即使是一个小流域，都需要大量的信息及强大的数据处理能力来支持，在当时的情况下难以实现。20世纪90年代以来，随着计算机技术、地理信息系统（GIS）、数字高程模型（DEM）和遥感技术（RS）的迅速发展，为研制和建立物理性分布式模型提供了强大和及时的技术支撑，使得分布式水文模型成为水文科学研究和应用的前沿热点之一，相继出现了（或对原有模型进行改进）许多具有代表性的分布式水文模型（Singh and Woolhiser，2002），如 MIKE-SHE（system hydrologic Europe）（Refsgaard et al.，1995），TOPMODEL （physically based runoff production）（Beven，2002）等。

较之其他水文模型，物理性分布式水文模型能更准确地描述水文过程的机理，并能有效地利用地理信息系统和遥感技术提供的大量空间信息（贾仰文等，2005）。最常用和直接的方法是使用正方形网格将流域离散化，并假设网格内的参数和输入条件均一，在此离散化的网格上建立分布式数值水文模拟模型。除了基于方形网格的分布式模型外，还有使用不规则三角形网格（TIN）（Tachikawa et al.，1996）和山坡单元（hillslope）（Yang et al.，1998a，1998b，2002）作为基本计算单元的分布式模型。

由于流域地形地貌决定了流域的基本水文特征，而水文过程反过来会不断地改变流域的地形地貌；在自然界长期演变过程中，流域地形地貌与水文过程之间不断相互作用和影响，并形成目前的地形地貌和河流水系分布。流域地貌是流域地形、地质、气候和植被的综合反映，因此了解流域地貌特征将有利于抓住流域水文响应的特点。杨大文等（Yang et al.，1998，2000，2001，2002，2004；Yang，1998）基于流域地貌特征提出了一种物理性分布式流域水文模型——GBHM模型。该模型利用面积方程和宽度方程将流域产汇流过程概化为"山坡-沟道"系统，一方面可以反映流域下垫面条件和降水输入的空间变化，同时还采用了描述产流和汇流过程机制的数学物理方程来求解，使模型既得到了简化又保持了分布式水文模型的优点。GBHM模型的主要结构框架如图5-1所示。

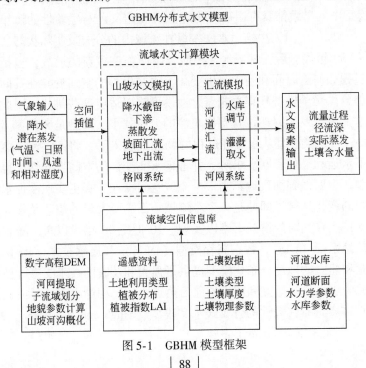

图 5-1　GBHM 模型框架

5.1.2　GBHM 模型的基本原理

在 GBHM 模型中，对于每一个子流域，利用网格（grid）形式的 DEM，从其河口到河源将子流域划分为一系列的汇流区间，如图 5-2 所示，同一汇流区间至河口的汇流距离相等。假设在一个汇流区间中，有一系列沿河沟两岸呈对称分布的山坡（Yang et al.，1998；Yang，1998）。一个汇流区间可以划分成若干下垫面条件均一的山坡单元，即 GBHM 模型中的基本计算单元。GBHM 模型将子流域的河网简化成为单一的主河道，这样同一汇流区间中的山坡产流集中注入主河道，然后通过主河道汇流至子流域出口。

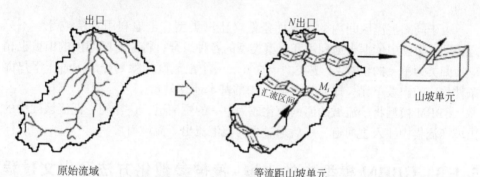

N：汇流区间个数

M_i：汇流区间i上的山坡单元个数

图 5-2　汇流区间–山坡单元概化

从宏观而言，同一汇流区间内的山坡可认为是几何相似的。单位宽度的山坡称为山坡单元，山坡单元的坡面概化为一个长为 l、倾斜角为 β 的矩形斜面。其中，倾斜角 β 为同一汇流区间内所有山坡的平均坡度，长度 l 可以依据该子流域的面积方程 $A(x)$ 和宽度方程 $W(x)$ 来估算，计算方法如下：

$$\left(l=\frac{A(x)}{2W(x)}\right) \tag{5-1}$$

宽度方程 $W(x)$ 和面积方程 $A(x)$ 都是从 DEM 提取的，方法如下：

$$W(x) = \sum_{i=1}^{N} n_i(x, d_{i\min}, d_{i\max}) \tag{5-2}$$

$$n_i(x, d_{i\min}, d_{i\max}) = \begin{cases} 1, & d_{i\min} < x \leqslant d_{i\max}; \\ 0, & 否则 \end{cases} \tag{5-3}$$

$$A(x) = \frac{\sum_{i=1}^{W(x)} a_c(x) - \sum_{i=1}^{W(x+\Delta x)} a_c(x + \Delta x)}{\Delta x} \tag{5-4}$$

式中，x 为河网中任意一点汇流至河口的汇流距离；$W(x)$ 为汇流距离同为 x 的河网连接数目；N 为流域内所有河网连接数；d_{imin} 和 d_{imax} 分别为河网中任意一段连接 i 的下游接点和上游接点的汇流距离；$a_c(x)$ 为同一汇流距离 x 的汇流面积总和；Δx 为汇流区间长度，一般取为 DEM 网格尺寸的 1~2 倍。在常用的格网形式的 DEM 中，河网连接数目取决于所采用的河网生成阈值的大小，所以宽度方程 $W(x)$ 也随该阈值的大小变化。Yang 等（1997，1998）认为，利用 DEM 生成河网时阈值一般取为 0.1~1.0 km。而一个流域的面积方程 $A(x)$ 是一定的。

由于同一汇流区间内的下垫面条件（土壤类型、土地利用及植被等）不一定相同，模型中依据土地利用和土壤类型的各种组合，将汇流区间内的山坡也相应地归类为单一的植被-土壤类型，这样，一个汇流区间就划分成了若干下垫面条件均一的山坡单元，即 GBHM 模型中的基本计算单元。

GBHM 模型将子流域的河网简化成为单一的主河道，这样同一汇流区间中的山坡产流集中注入主河道，然后通过主河道汇流出子流域河口。

5.1.3 GBHM 模型中的土壤-植被参数化方法及水文过程描述

分布式水文模型中的植被参数化方法包括对植被时空分布与变化的描述，以及与之相关的土壤-植被-大气中水分和能量的传输过程的描述。

1. 山坡单元水文过程数学物理描述

流域水文响应过程的最小单元是山坡。山坡单元在垂直方向上划分为 3 层：植被层、非饱和土壤层、潜水层（图 5-3）。在植被层，考虑降水截留和截留蒸发。对非饱和土壤层，沿深度方向进一步划分为若干小层，每层厚度为 0.1~0.5 m，在非饱和土壤层用 Richards 方程来描述土壤水分的运动，降水入渗是该层上边界条件，而蒸发和蒸腾是其中的源汇项。在潜水层，考虑其与河流之间的水量交换。

GBHM 模型中对山坡单元水文过程的数学物理描述具体如下。

1）植被冠层降水截留
将植被冠层对降水的截留过程进行简化，仅考虑植被冠层叶面截留能力对穿过雨量的影响。植被对降水截留能力由于一般随植被种类和季节而变化，视为叶

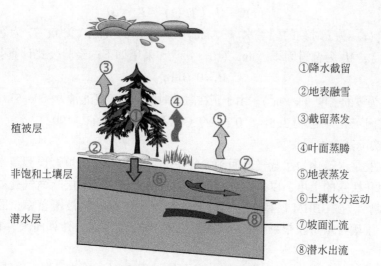

①降水截留

②地表融雪

③截留蒸发

④叶面蒸腾

⑤地表蒸发

⑥土壤水分运动

⑦坡面汇流

⑧潜水出流

图 5-3   山坡单元水文过程描述

面积指数 LAI 的函数（Sellers and Los，1996；Sellers and Randall，1998）：

$$S_{co}\ (t)\ = I_0\cdot K_v\cdot \text{LAI}\ (t)\tag{5-5}$$

式中，$S_{co}\ (t)$ 为 t 时刻的植被冠层的最大截留能力（mm）；I_0 为植被截留系数，与植被类型有关，一般为 0.10～0.20；K_v 为植被覆盖率，利用与 LAI 的经验关系估算；LAI (t) 为 t 时刻的植被叶面积指数，依据遥感获得的 NDVI 值估算。

降水首先须饱和植被的最大截留量，而后盈出的部分才能到达地面。某一时刻的实际降水截留量由该时刻的降水量和冠层潜在截留能力共同决定，t 时刻的冠层潜在截留能力为

$$S_{cd}\ (t)\ = S_{co}\ (t)\ -S_c\ (t)\tag{5-6}$$

式中，$S_{cd}\ (t)$ 为 t 时刻的冠层潜在截留能力（mm）；$S_c\ (t)$ 为 t 时刻冠层的蓄水量（mm）。考虑到降水强度 $R\ (t)$（mm/h），则在该 Δt 时段内冠层的实际截留量为

$$I_{actual}\ (t)\ =\begin{cases} R\ (t)\ \Delta t, & R\ (t)\ \Delta t \leqslant S_{cd}\ (t)\\ S_{cd}\ (t), & R\ (t)\ \Delta t > S_{cd}\ (t)\end{cases}\tag{5-7}$$

2）地表融雪估算

在冬季或高寒地区，降水是以雪的形式出现并覆盖在地表，当地表气温高于雪的融点时，积雪开始融化为水，并参与水文循环。虽然用能量平衡模型估算融雪具有一定的物理基础，但对资料要求很高，而且有些物理量很难得到。因此，融雪估算常用简单的温度指标法来进行（Maidment，1992），公式如下：

$$M\ (t)\ =M_{f}\left[T\ (t)\ -T_{b}\right]\Delta t \tag{5-8}$$

式中，$M\ (t)$ 为 t 时刻的融雪水深（mm）；$T\ (t)$ 为气温（℃）；T_{b} 为融雪开始气温（℃）；M_{f} 为融雪因子 $\left[mm/(℃\cdot d)\right]$，采用如下的经验公式计算：

$$M_{f}=0.011\rho_{s} \tag{5-9}$$

式中，ρ_{s} 为雪的密度（kg/m³）。由于正在融化时的积雪密度通常为 $300\sim550\ kg/m^{3}$，因此融雪因子 M_{f} 一般为 $3.5\sim6.0\ mm/(℃\cdot d)$（Maidment，1992）。

3）实际蒸散发量估算

蒸散发是水转化为水蒸气返回到大气中的过程，包括植被冠层截留水量、开敞的水面和裸露的土壤，以及土壤水经植物根系吸收后在冠层叶面气孔处的蒸发（也称蒸腾）。在 GBHM 模型中，实际的蒸散发量在考虑植被覆盖率、冠层叶面积指数、土壤含水量及根系分布的基础上，由潜在蒸发能力计算而来。它包括 3 个部分。

（1）植被冠层截留蓄水的蒸发。当有植被覆盖时，首先从植被冠层截留的蓄水开始蒸发。当 t 时刻的冠层截蓄水量满足潜在蒸发能力时，则实际蒸发量等于潜在蒸散发量；当不满足时，则实际蒸发量等于该时刻的冠层截蓄水量，计算的表达式如下：

$$E_{canopy}\ (t)\ =\begin{cases}K_{v}K_{c}E_{p}, & S_{c}\ (t)\ \geqslant K_{v}K_{c}E_{p}\Delta t;\\ S_{c}\ (t)\ /\Delta t, & S_{c}\ (t)\ <K_{v}K_{c}E_{p}\Delta t\end{cases} \tag{5-10}$$

式中，$E_{canopy}\ (t)$ 为 t 时刻的冠层截留蓄水的蒸发率（mm/h）；K_{v} 为植被覆盖率；K_{c} 为参考作物系数；E_{p} 为潜在蒸散发率（mm/h）。

（2）由根系吸水经植被冠层叶面的蒸腾。当植被冠层的截留蓄水量不能满足潜在蒸散发能力时，叶面蒸腾开始。蒸腾的水量来自植被根系所在的土壤层含水。因此，蒸腾率除与植被的叶面积指数有关以外，还与植物根系的吸水能力有关，也就是与根系分布和土壤含水量相关。植被蒸腾率估算的数学表达式如下：

$$E_{tr}\ (t,\ j)\ =K_{v}K_{c}E_{p}f_{1}\ (Z_{j})\ f_{2}\ (\theta_{j})\ \frac{LAI\ (t)}{LAI_{0}} \tag{5-11}$$

式中，$E_{tr}\ (t,\ j)$ 为 t 时刻植被根系所在 j 层土壤水分经根系至植被叶面的实际蒸腾率（mm/h）；$f_{1}\ (z_{j})$ 为植物根系沿深度方向的分布函数，概化为一个底部在地表的倒三角分布；θ_{j} 是 j 层土壤的含水量；$f_{2}\ (\theta_{j})$ 为土壤含水量的函数，当土壤饱和或土壤含水量大于等于田间持水量时，$f_{2}\ (\theta_{j})\ =1.0$，当土壤含水量小于等于凋萎系数时，$f_{2}\ (\theta_{j})\ =0.0$，其间为线形变化；$LAI_{0}$ 为植物在一年中的最大叶面积指数。

（3）裸露土壤的蒸发。当没有植被覆盖时，蒸发从地表开始。如果地表有积水，计算实际蒸发的表达式如下：

$$E_{\text{surface}}(t) = \begin{cases} (1-K_v) E_p, & S_s(t) \geqslant E_p (1-K_v) \Delta t; \\ S_s(t) / \Delta t, & S_s(t) < E_p (1-K_v) \Delta t \end{cases} \qquad (5\text{-}12)$$

式中，$E_{\text{surface}}(t)$ 为 t 时刻的裸露地表实际蒸发率（mm/h）；$S_s(t)$ 为 t 时刻的地表积水深（mm）。当地表没有积水或地表积水不能满足潜在蒸散发能力时，蒸发将发生在土壤表面，其蒸发率计算如下：

$$E_s(t) = [(1-K_v) E_p - E_{\text{surface}}(t)] f_2(\theta) \qquad (5\text{-}13)$$

式中，$E_s(t)$ 为 t 时刻的土壤表面的实际蒸发率（mm/h）；$f_2(\theta)$ 同样为土壤含水量的函数，当地表积水时，$f_2(\theta) = 1.0$，当土壤含水量小于等于凋萎系数时，$f_2(\theta) = 0.0$，其间为线形变化。

4）非饱和带土壤水分运动

地表以下、潜水面以上的土壤通常称为非饱和带。降水入渗和蒸发蒸腾都通过非饱和带。非饱和带铅直方向的土壤水分运动用一维 Richards 方程（雷志栋等，1988）来描述。

$$\begin{cases} \dfrac{\partial \theta(z, t)}{\partial t} = -\dfrac{\partial q_v}{\partial z} + s(z, t); \\ q_v = -K(\theta, z) \left[\dfrac{\partial \Psi(\theta)}{\partial z} - 1 \right] \end{cases} \qquad (5\text{-}14)$$

式中，z 为土壤深度（m），坐标向下为正方向；$\theta(z, t)$ 为 t 时刻距地表深度为 z 处的土壤体积含水量；s 为源汇项，在此为土壤的蒸发蒸腾量；q_v 为土壤水通量；$K(\theta, z)$ 为非饱和土壤导水率（m/h）；$\Psi(\theta)$ 为土壤吸力，均是土壤含水量的函数。其中，土壤含水量与土壤吸力 $\Psi(\theta)$ 之间的关系，采用 van Genuchten 公式来表示。

$$\begin{cases} S_e = \left[\dfrac{1}{1+(a\psi)^n} \right]^m; \\ S_e = \dfrac{(\theta - \theta_r)}{(\theta_s - \theta_r)} \end{cases} \qquad (5\text{-}15)$$

式中，S_e 为土壤水饱和度；θ_r 为土壤残余含水量；θ_s 为土壤饱和含水量；a、n 和 m 为常数，$m = 1/n$，这些参数与土壤类型相关，需要试验确定。

非饱和土壤导水率 $K(\theta, z)$ 的计算如下：

$$K(\theta, z) = K_s(z) S_e^{1/2} [1 - (1 - S_e^{1/m})^m]^2 \qquad (5\text{-}16)$$

式中，$K_s(z)$ 为距地表深度为 z 处的饱和导水率（m/h）。一般土壤饱和导水率在垂直方向随深度增加而减小，因此用一指数衰减函数来表示。

$$K_s(z) = K_0 . \exp(-fz) \qquad (5\text{-}17)$$

式中，K_0 为地表的饱和导水率（m/h）；f 为衰减系数。

进入土壤的入渗过程受上述的一维 Richards 方程控制。土壤表面的边界条件取决于降水强度，当降雨强度小于或等于地表饱和土壤导水率时，所有降水将渗入土壤，不产生任何地表径流。对于较大的雨强，在初期，所有降水渗入土壤，直到土壤表面变成饱和。此后，入渗小于雨强时，地表开始积水。该过程可以用式（5-18）表示。

$$\begin{cases} -K(h)\dfrac{\partial h}{\partial z}+1=R, & \theta(0,t)\leqslant\theta_s, & t\leqslant t_p; \\ h=h_0, & \theta(0,t)=\theta_s, & t>t_p \end{cases} \tag{5-18}$$

式中，R 为降雨强度（mm/h）；h_0 为土壤表面积水深（mm）；$\theta(0,t)$ 为土壤表面含水量；t_p 为积水开始时刻。采用有限差分方法来求解上述一维的 Richards 方程，模拟非饱和带的土壤水分运动，时间步长取为 1h。

5）坡面汇流计算

用上述 Richards 方程可以算出山坡单元的超渗产流和蓄满产流。当坡面地表积水超过坡面的洼蓄后，开始在山坡坡面产生汇流，采用一维的运动波方程来描述：

$$\begin{cases} \dfrac{\partial h}{\partial t}+\dfrac{\partial q_s}{\partial x}=i; \\ q_s=\dfrac{1}{n_s}S_0^{1/2}h^{5/3} \end{cases} \tag{5-19}$$

式中，q_s 为坡面单宽流量 [m³/(s·m)]；h 为扣除坡面洼蓄后的净水深（mm）；i 为净水量（mm）；S_0 为坡面坡度；n_s 为坡面曼宁糙率系数。在较短的时间间隔内，坡面流可直接用曼宁公式按恒定流来计算。

6）潜水层与河道之间流量交换

在 GBHM 模型中，假设每个山坡单元都与河道相接，其中潜水层内的地下水运动可以简化为平行于坡面的一维流动。山坡单元潜水层与河道之间的流量交换，采用下列的质量守恒方程和达西定律来描述。

$$\begin{cases} \dfrac{\partial S_G(t)}{\partial t}=\text{rech}(t)-L(t)-q_G(t)\dfrac{1000}{A}; \\ q_G(t)=K_G\dfrac{H_1-H_2}{l/2}\dfrac{h_1+h_2}{2} \end{cases} \tag{5-20}$$

式中，$\partial S_G(t)/\partial t$ 为饱和含水层地下水储量随时间的变化（mm/h）；$\text{rech}(t)$ 为饱和含水层与上部非饱和带之间的相互补给速率（mm/h）；$L(t)$ 为向下深部岩层的渗漏量（mm/h）；A 为单位宽度的山坡单元的坡面面积（m²/m）；$q_G(t)$ 为地下水与河道之间地下水交换的单宽流量 [m³/(h·m)]；K_G 为潜水层的饱和导水率（m/h）；l 为山坡长度（m）；H_1、H_2 分别为交换前、后潜水层地下水位；h_1、h_2 分别为交换前、后河道水位（m）。

2. 河道汇流计算

鉴于"汇流区间-山坡单元"系统中难以确定复杂的河网与坡面位置，对河道汇流演进模型进行了简化。将子流域河网简化为一条主河道，并假定汇流区间内所有山坡单元的坡面汇流和地下水出流都直接排入主河道，在此河道中按照汇流区间距河口距离进行汇流演进，采用一维运动波模型来描述。

$$\begin{cases} \dfrac{\partial A}{\partial t} + \dfrac{\partial Q}{\partial x} = q; \\ Q = \dfrac{S_0^{1/2}}{n_r p^{2/3}} A^{5/3} \end{cases} \quad (5\text{-}21)$$

式中，q 为侧向入流 $[\text{m}^3/(\text{s}\cdot\text{m})]$，包括坡面入流 q_s 和地下水入流 q_G；x 为沿河道方向的距离（m）；A 为河道断面面积（m^2）；S_0 为河道坡度；n_r 为河道曼宁糙率系数；p 为湿周长度（m）。

采用非线性的显式有限差分方法求解运动波方程。首先演算得到每个子流域出口处的流量，然后依据子流域与支流及干流之间的河网拓扑关系，同样采用一维运动波方程，演算得到整个流域出口处的流量过程。

3. 模型采用的参数

模型参数主要包括：植被和地表参数、土壤水分参数及河道参数，见表5-1。其中，植被和地表参数主要包括叶面积指数、参考作物蒸发系数、地表注蓄截留能力、地表的曼宁系数和表层土壤的各向异性指数。

表 5-1　GBHM 模型的参数

分类	参数	获取方法
植被和地表参数	叶面积指数 LAI	根据卫星遥感的植被指数 NDVI 估算
	参考作物蒸发系数 K_c	参考联合国粮食及农业组织"作物需水计算指南"（FAO，1998）
	地表注蓄截留能力 S_n	取决于土地利用类型
	地表的曼宁系数 n_s	
	表层土壤的各向异性指数 r_a	

分类	参数	获取方法
土壤水分参数	饱和含水率 θ_s	一般源于实测，参考 IGBP-DIS 全球土壤数据库
	残余含水率 θ_r	
	饱和导水率 K_0	
	土壤水分特征曲线和非饱和土壤导水率的经验关系式中的系数，如 van Genuchten 关系式中的常数 a 和 n	
河道参数	河道断面形状	可通过实测获得，将河道简化为矩形断面
	河道的曼宁系数 n_r	依据有关手册估算
其他参数	融雪指数 M_f	可根据实测获得，需进一步率定
	地下潜水层传导系数 K_g	
	地下潜水层给水度 S_g	

从上述用来描述水文过程的数学物理方程来看，这些参数都具有明确的物理意义，因此一般都可以通过实测和试验确定。但在实际应用过程中，受条件限制，不可能全部轻易得到。因此，在没有试验数据时，可以先依据常规对这些参数进行假定，然后利用已有的气象水文观测数据，通过反复模拟分析和参数反演来确定，这也就是所谓的参数率定。

通常分布式水文模型中每一个计算单元都需要一组计算参数，为了避免物理性水文模型的"过参数化"问题，GBHM 模型中的大多数参数都直接来源于已有的数据库，所需率定的参数只有几个，如融雪指数 M_f 和地下潜水层传导系数 K_g 和给水度 S_g。参数率定采用试错法。为了减少参数率定工作量，对于需要率定的参数，一般是按照计算单元所在的子流域归类调试，或者是按照参数的属性类别，并不是对每个计算单元的参数都率定。

5.2　植被变化对流域水循环的影响分析

5.2.1　研究区域和资料

在本章中，为利用分布式水文模型定量评价植被变化对流域水循环的影响，选择黄河流域作为研究区域（图 2-1）。黄河是中国的第二大河，发源于青藏高原，流经北方的半干旱地区，跨越黄土高原及东部平原，最终汇入渤海湾。黄河干流全长约为 5500 km，流域面积约为 753 000 km²。我国约有 1 亿人口生活在黄河流域；黄河流域的耕地面积约 12 亿 hm²，其中将近一半为灌溉耕地。

从发源地到河口，黄河流域可以分为 3 个典型的地貌区域：青藏高原（海拔 2000 ~ 5000 m），黄土高原和中游支流区域（海拔 500 ~ 2000 m），以及东部的冲积平原。黄河流域的气候条件从寒带过渡到温带，并且覆盖了干旱、半干旱和半湿润区域。黄河流域主要的灌溉面积位于中游的一些支流的北部及黄河的下游地区。

研究所用到的黄河流域的地形地貌信息来源于部分全球数据库，与前文相似。表 5-2 列出了本章所用到的数据。

表 5-2　黄河流域的数据资料

数据	尺度	来源	内容
DEM	1000m	USGS	全球
覆被资料	1000m	USGS	全球，24 类，1990
	1 : 250 000	中国科学院	中国，6 种 25 类，1990
土壤资料	5km	FAO	全球
	10km	Global Soil Task	全球
气象数据	点	中国气象局	每日降水、最大最小及平均气温、风速、相对湿度、日照时数、蒸发皿辐射
流量资料	点	中国水利部	日或月流量

5.2.2　研究方法

本章研究采用分布式水文模型 GBHM 来估算黄河流域的天然径流，模拟时只考虑了自然水文过程，未考虑灌溉或水库调控等因素。模型采用 10 km 分辨率的网格，时间步长为 1h。通过对划分子流域、次网格参数化、山坡单元基于物理过程模拟、汇流过程采用运动波描述等方法建立模型。

在黄河流域，首先采用巴西工程师 Pfafstetter 提出的河网分级编码方法（Yang and Musiake，2003）来划分子流域，并对河网进行编码。自花园口站以上，黄河流域共被划分为 137 个子流域。因为采用 10 km 的网格，网格内参数的各向异性会影响水文过程，模型采用次网格参数化方法来处理大尺度网格内下垫面的非均一性，主要包括次网格地形和植被变化的描述。地形参数使用流域地貌特性。网格用若干山坡单元表示。山坡单元按照土地利用类型分组。水文模拟则针对每一种土地利用类型而进行。

通过上述处理，山坡单元成了水文模拟计算中的最基本单元，对山坡单元的水文过程采用具有物理机制的模型模拟。GBHM 模型所模拟的水文过程主要包括前文所述的地表融雪估算、植被冠层降水截留、实际蒸散发量估算、非饱和带土壤水分运动、坡面汇流计算和潜水层与河道之间流量交换等（Yang et al.，2002）。

地形和土壤在模拟过程中被认为是常数。模型将由遥感的 NDVI 数据获得的 1990 年的覆被状况作为基准，考虑植被的年际和季节变化。对气象数据在 10 km 的网格内进行插值；其中，降水数据采用距离方向加权平均法（New et al.，2000）和最近距离法（Tabios and Salas，1985）两种方式进行插值。在自然条件下，给定一个合适的初始地下水位；本章研究通过 1981～2000 年的试验，获得了一个稳定的地下水位。然后，利用试验获得的地下水位和土壤水分作为模拟自然水文循环的初始条件。除了天然地下水条件，研究另外还假设地下水位在城镇地区和没有地表水灌溉的农村地区 20 世纪 80 年代下降 4 m，90 年代下降 8 m，以此作为每一年开始时的初始条件。总之，本章对上述几种不同情景进行了模拟，包括基准情形、覆被状况测试、降水测试和地下水的测试（Yang and Shao，2006，2008），具体情形见表 5-3。

表 5-3　GBHM 模型的 4 种参数化情景设计

情景	模拟条件
情景 1： 基准情景	（1）10km 网格的降水数据采用距离方向加权平均法插值生成； （2）来源于 USGS 的覆被数据分为 9 类：水体（0.7%）、城镇用地（0.1%）、裸地（1.17%）、林地（4.55%）、灌溉耕地（6.48%）、非灌溉耕地（16.73%）、草地（46.96%）、灌木（23.3%）和湿地（0.01%）； （3）使用天然地下水条件，地下水位采用 20 年的测试之后的稳定水位作为初始条件，在模拟中未考虑人为作用造成的地下水位的降低
情景 2： 覆被测试	（1）覆被数据来源于中国科学院（CAS）也将其分为 9 类：水体（0.55%）、城镇用地（0.63%）、裸地（8.86%）、林地（6.59%）、灌溉耕地（6.13%）、非灌溉耕地（20.11%）、草地（51.29%）、灌木（5.5%）和湿地（0.34%）； （2）其他条件和情景 1 相同
情景 3： 降水测试	（1）10km 网格的降水数据采用最近距离法插值生成； （2）其他条件和情景 1 相同
情景 4： 地下水测试	（1）使用下降的地下水位（城镇和没有地表水灌溉的农村地区 20 世纪 80 年代下降 4 m，90 年代下降 8 m）作为每一年开始时的初始条件； （2）其他条件和情景 1 相同

5.2.3　GBHM 模型的参数率定和验证

基于实测年径流和田间实验估算的年蒸发值，流域的平均降水在以往的研究中用长期的水量平衡已经得到了验证（Yang et al.，2004）。采用 1981～1985 年这 5 年作为率定期，对 GBHM 模型的参数进行率定。模型需要率定的参数主要包括融雪因子和水力传导率等。模型对 1986～1990 年黄河上游唐乃亥站的流量进行了验证，当地人为活动的影响可以忽略不计，而且融雪径流和地下水流是河川径流的主要来源。

图 5-4 反映了唐乃亥站逐日径流的模拟值和实测值在率定期和验证期的对比。对于逐日径流，绝对误差对均值的比例和纳什效率系数在率定期分别为 19% 和 0.88，在验证期分别为 17% 和 0.89。模拟的逐日流量过程和观测值具有很好的一致性，并且在率定期和验证期均拟合良好。在率定期，水量平衡误差为-2%，在验证期为 0.2%。研究中发现，中下游和上游相比，其产流过程的主要控制因素可能存在较大差异。模型仍需要在未来研究中对中游的一些山区流域进行验证。

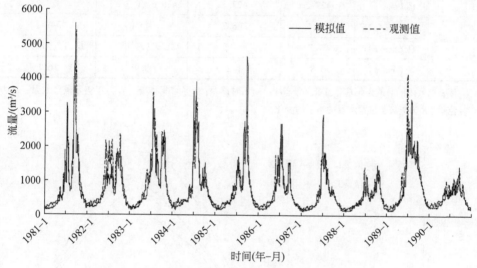

图 5-4　唐乃亥站逐日流量模拟流量值和观测流量值比较

5.2.4　模型敏感性分析

采用率定的模型，对 1981～2000 年表 5-3 中的 4 种情景模式进行水文模拟，将 20 年期间平均的年水量平衡关系列于表 5-4。图 5-5 显示了 4 种情景下 20 年平均的逐月流量过程。由此可见，对于年径流量，一般而言，降水的影响最大，植被的影响也较大，而地下水的影响最小。在所研究的情景中，植被和地下水的变化使得年径流减少，但是降水的变化使得年径流增大。这种影响在兰州以上的区域相对较小，而在兰州以下的区域较大。

表5-4　1981～2000年平均水量平衡关系

情景		情景1：基准情况	情景2：覆被测试	情景3：降水测试	情景4：地下水测试
兰州站以上	$P/(mm/a)$	434.3	434.3	440.5（1.4%）	434.3
	$E/(mm/a)$	310.6	318.4	299.2	310.6
	$Q/(mm/a)$	119.6	111.1（-7.1%）	140.3（17.3%）	119.6（0.0%）
	$S/(mm/a)$	4.1	4.8	1.0	4.1
兰州站以下	$P/(mm/a)$	423.9	423.9	422.9（-0.2%）	423.9
	$E/(mm/a)$	378.8	394.1	369.3	367.7
	$Q/(mm/a)$	41.8	30.3（-27.5%）	52.6（25.8%）	34.9（-16.5%）
	$S/(mm/a)$	3.3	-0.5	1	21.3
全流域	$P/(mm/a)$	427.2	427.2	428.6（0.3%）	427.2
	$E/(mm/a)$	355.7	368.7	345.8	349.3
	$Q/(mm/a)$	67.7	57.3（-15.4%）	81.9（21.0%）	61.7（-8.9%）
	$S/(mm/a)$	3.8	1.2	0.9	16.2

注：括号内的数值为与基准情景（情景1）的相对误差；P为年降水量；E为年实际蒸散发量；Q为年径流量；S为流域土壤蓄水量的年平均变化

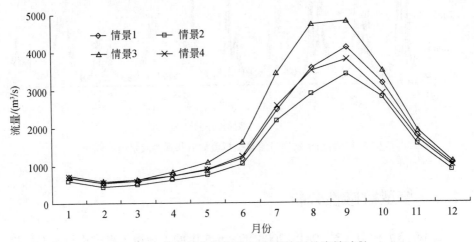

图5-5　4种参数化方案下20年平均逐月流量过程

从情景1到情景2覆被的变化使实际蒸散发增加，这主要由森林和耕地（包括灌溉耕地和非灌溉耕地）及草地的增加导致。来源于USGS的覆被数据中，灌木的面积比例远远大于来源于中国科学院的覆被数据。但是在水文模拟中，将灌木处理成稀疏的灌木。降水的最近距离插值方法处理使兰州站上游区域的年降水有略微增加，然而，该方法却使兰州站以上和兰州站以下的区域的径流都有较大的增加；这是由该方法使降水在空间分布的高度集中导致（图 5-6）。而初始地下水位的降低使得地下水获得的补给量增加，从而使年径流量减少。

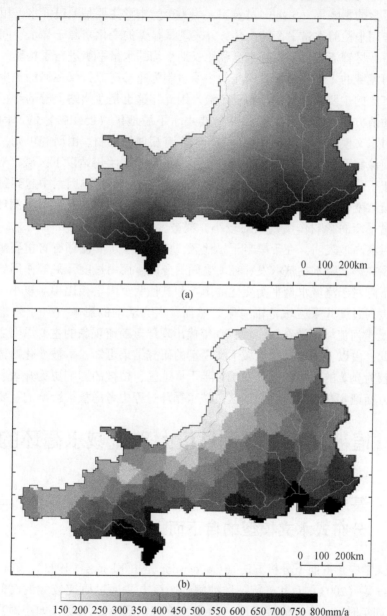

图 5-6　降水在两种插值方法下的空间分布比较

（a）距离方向加权平均法；（b）最近距离法

降低水文预报的不确定性是缺资料地区水文预报计划（prediction in ungauged basins，PUB）研究的主要议题（刘苏峡等，2005；夏军和左其亭，2006；Yang and Shao，2006）。水文模拟过程中的不确定性主要来源于模型、气象输入、参数及人为因素的影响等（Sivapalan et al.，2003）。本章主要是通过降水、植被和地下水的作用来检验水量平衡的变化，并发现最显著的变化来源于降水空间分布的不均一性，尽管流域的平均降水已经用长期平均的水量平衡进行了检验。这是因为在黄河流域的大部分地区，产流的主要机制为超渗产流，仅在河源等少数有限的地区产流的主要控制机制为蓄满产流。因此，这也是兰州站上游的年径流在两种降水插值方法下的差异（17.3%）要小于下游地区（25.8%）的原因。而覆被变化对水文模拟的空间变异特性的影响也有相似的机制。由研究可知，覆被变化对黄河流域下游区域的水文模拟有较大的影响。在兰州站以下区域（表5-4），因为属于干旱地区，因此研究中表明植被的变化在3个影响因素中起到最显著的作用，覆被变化使径流减少了27.5%；而在河源地区，因为是相对湿润环境，植被对水量平衡的影响作用则相对较小，覆被变化仅使径流减少了7.1%。因此，研究结果清晰地表明，在干旱半干旱地区，植被对于水文循环有着重要影响，且主要表现在影响降水在蒸散发和径流之间的分配。而由过度开采等作用导致的地下水位下降对于流域水量平衡变化的影响和其他两个因素相比相对较小。这主要可能是因为过度开采区域范围有限。然而，人为活动的影响（如引水灌溉或供水）却是黄河流域下游在20世纪90年代出现严重断流现象的主要原因之一。

因此，由以上的分布式流域水文模型的研究结果可知，覆被变化对流域水循环有着较为显著的影响，尤其在干旱半干旱地区，植被的影响更为显著；这也从另一个方面证实在我国非湿润地区流域水循环过程中考虑植被影响的重要性。

5.3　植被在不同时间尺度上对流域水循环的影响

5.3.1　基于流域水热耦合平衡方程的自上而下分析与基于分布式水文模型的自下而上分析

水文学中自上而下分析方法（top-down）是由 Klemes（1983）首先提出的，Sivapalan 等（2003）对此进行了详细阐述。该方法通过研究较大的时间和空间尺度（如年时间尺度和流域尺度）的水文响应来理解小尺度（如小时尺度和山坡尺度）的水文过程。自上而下方法的主要优点在于它能减少数据量并降低模型的复杂度（Littlewood et al.，2003）。自上而下分析常基于集总式概念性水文模型，利用前文所研究的水热耦合平衡模型也可进行自上而下分析（Jothityangkoon et al.，2001；Atkinson et al.，2002；Farmer et al.，2003；Eder et al.，2003；Son and Sivapalan，2007；Zhang et al.，2008；Hickel and Zhang，2006），因此前文所研究的水热耦合平衡模型也是自上而下方法的一种案例。

水文学中自下而上的方法通常是利用基于过程和基于物理机制的分布式水文模型，在较小时间和空间尺度上基于过程模拟来预测流域的水量平衡（Sivapalan et al.，2003）。分布式水文模型可以理解局部尺度的水文过程及分析流域尺度水资源的时空变化，并用于解释和预测土地利用改变和气候变化的影响。自下而上方法需要大量的输入数据来描述降水和蒸散发的变化、地形、植被、土壤以及其他地表特性，还需要许多参数来代表水文过程。

为了更好地理解流域水文水循环机理，亟须改进水文分析的研究方法。自下而上和自上而下这两种研究方法在流域水文学中已经获得了广泛使用，但两种方法之间的联系还有待进一步研究。基于论文前几部分的研究，本章将尝试结合这两种方法，通过比较分布式水文模型 GBHM 和水热耦合平衡模型的模拟结果，来理解在不同时间尺度的流域蒸散发。

5.3.2 任意时间尺度的流域水热耦合平衡方程

关于水热耦合平衡方程，在第 3 章中，通过考虑植被的影响得出了年时间尺度水热耦合平衡方程，即式（3-1）中下垫面参数的估算式，如海河流域为式（3-4）。前文中，式（3-1）用于长期平均或年尺度，未考虑植被和土壤水的年内变化。若用于较小时间尺度，杨汉波等（2008a）提出了该方程在考虑土壤水年内变化时的改进表达式，如下：

$$E = E_0 \, (P+S) / \left[(P+S)^n + E_0^n \right]^{1/n} \tag{5-22}$$

式中，E 为实际蒸散发量；P 为降水量；E_0 为潜在蒸散发量；S 为可供给的土壤含水量。为了用以上方程进行连续模拟，重写这一方程为

$$E_i = E_{0,i} \, (P_i+S_{i-1}) / \left((P_i+S_{i-1})^n + E_{0,i}^n \right)^{1/n} \tag{5-23}$$

式中，i 为第 i 个模拟时段；S_{i-1} 为第 i 个时段的初始土壤含水量。那么第 i 个时段末的土壤含水量可由水量平衡方程来计算。

$$S_i = P_i + G_i - R_i - E_i + S_{i-1} \tag{5-24}$$

式中，G_i 为地下水补给，由于在所研究区域其值相对较小，在本章中将其忽略。为了能在不同时间尺度上使用式（5-23）和式（5-24），根据式（3-3）和式（3-4）可以计算出研究区域在不同时间尺度的下垫面参数 n。由于只有月尺度的植被覆盖度数据，因此日时间尺度上的参数 n 采用和月尺度相同的值。

5.4 GBHM 模型和水热耦合平衡模型结果比较

由于非湿润地区蒸散发量占降水量比例的 70% ~ 80%，因此，蒸散发量的估算对于理解流域的水量平衡极为重要。具有物理机制的分布式水文模型 GBHM 可在山坡尺度估算小时尺度的蒸散发，通过自下而上的分析，将每一山坡单元的小时蒸散发积分到流域尺度的日、月、年和多年蒸散发，并与水热耦合平衡模型自上而下方法的分析结果对比。流域长期平均蒸散发则先用水热平衡模型来估算，并通过自上而下的分析在时间尺度上降到年、月和日，进而识别不同时间尺度流域蒸散发的主要控制因素。

5.4.1 研究区域和资料

本章选择将滦河流域作为研究区域（图 5-7）。滦河流域的范围是北纬 40.4° ~ 42.6°，东经 115.5° ~ 118.9°，高程范围是 150 ~ 2000 m。潘家口水库是滦河上最大的水库，因此选取潘家口上游流域作为本章的研究区域。

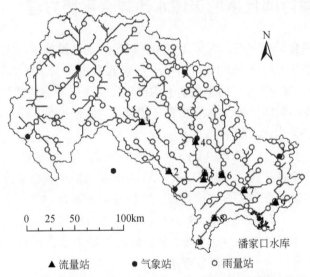

图 5-7 滦河流域研究区域及水文站、气象站和雨量站位置

流域范围和地形用 100 m 精度的 DEM（数字高程模型）来获取。100m 精度的土地利用数据来源于中国科学院资源环境科学数据中心，基于这些数据，将土地利用重新划分成 7 种，包括水体、城镇、森林、灌溉农田、高地、草地和灌

木。植被的季节性变化用叶面积指数（LAI）来表示，LAI 从 NDVI 数据中得到。逐月 NDVI 数据来源于 GSFC/NASA 的 DAAC（digital adaptive area correlation，数字自适应区域相关）网站。土壤类型来源于 FAO 全球 1：500 万的土壤分类。用于水文模拟的土壤物理参数包括孔隙率、饱和水力传导度，以及和每种土壤类型相应的其他土壤水参数，其来源于全球土壤数据资料（IGBP- DIS，2000）。日气象数据来源于国家气象局，其他日降水数据来源于水文局。日气象数据，包括日降水量、日平均气温、日最高气温和最低气温，2 m 风速、相对湿度、日照时数等。研究区域内有 10 个气象站和 121 个雨量站。从这两个数据集中选取 1980～1991 年时段的数据。从站点得到的网格化的气象数据将作为分布式水文模型的输入。降雨采用距离方向加权平均法进行插值。风速、相对湿度和日照时数也用类似方法插值到每个网格中。气温则用高程修正的距离方向加权平均法进行插值。日潜在蒸散发用风速、相对湿度、日照时数和温度来计算（Shuttleworth，1993）。流量数据收集了 1980～1991 年的资料，来源于中国水利部的水文局。在本章中，选取支流上的 7 个站点和干流上的 2 个站点进行分析。

5.4.2 不同尺度上流域实际蒸散发与潜在蒸散发的相互关系比较

GBHM 模型通过在小时时间尺度和山坡单元空间尺度上模拟蒸散发，再基于自下而上方法，获得年尺度和流域尺度的蒸散发。GBHM 模型在小时和山坡单元尺度上模拟蒸散发时，对实际蒸散发和潜在蒸散发之间的关系采用了线性假设，即认为两者呈线性正比关系，这一假设需要在大尺度上进行验证。

由于在流域空间尺度上，年降水量、潜在蒸散发量和实际蒸散发量已被验证遵循水热耦合平衡理论（Yang et al.，2006，2007）。基于 GBHM 模拟的逐年实际蒸散发量，图 5-8 给出研究区的 9 个子流域及潘家口站以上的全流域的年均降水量、年均潜在蒸散发量和年均实际蒸散发量在 Budyko 曲线上的分布，可知 GBHM 模拟的流域年蒸散发和 Budyko 曲线一致。根据杨大文等的研究，在中国非湿润地区流域年尺度的实际蒸散发量主要受降水控制，实际蒸散发和潜在蒸散发呈互补关系（Yang et al.，2006）。图 5-9 给出了由 GBHM 模型模拟的实际蒸散发量及水热耦合平衡模型式（3-1）、式（3-4）和潜在蒸散发量间的互补关系。从图 5-8 和图 5-9 可知，GBHM 模型模拟的流域年蒸散发和 Budyko 曲线一致，并和潜在蒸散发遵循互补关系，以上结果表明，GBHM 模型模拟流域蒸散发是正确的，其在较小的时间和空间尺度上对水热耦合传输过程中的线性简化是合理的，即在流域和年尺度上，水热耦合平衡方程是高度非线性的，但在山坡单元和小时尺度上可简化为线性关系。

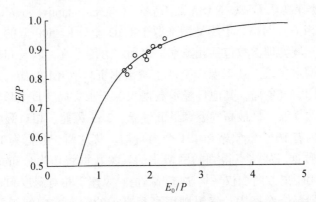

图 5-8　GBHM 模型模拟的实际蒸散发量在 Budyko 曲线上的分布

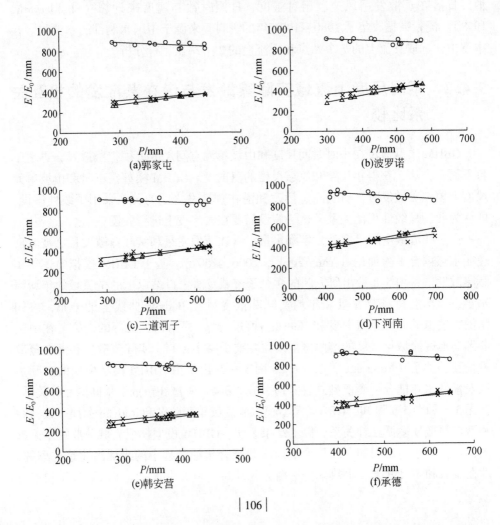

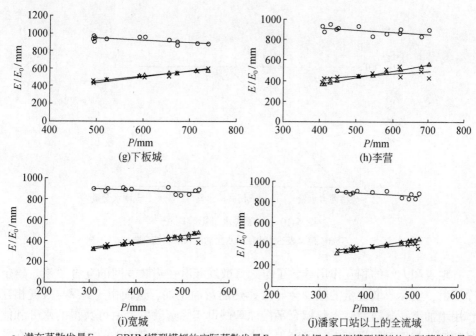

○-潜在蒸散发量E_0 ×-GBHM模型模拟的实际蒸散发量E △-水热耦合平衡模型模拟的实际蒸散发量E

图 5-9　1980~1991 年流域潜在蒸散发量与 GBHM 模型和水热耦合平衡模型模拟的
实际蒸散发量比较

一般而言，实际蒸散发量主要由潜在蒸散发、土壤含水量和植被状态决定，其函数形式可以表示如下：

$$E = f\ (E_0,\ \theta,\ \text{vegetation}) \qquad (5\text{-}25)$$

式中，θ 为土壤含水量。在实际流域中，该函数通常是不可知的非线性方程。在 Budyko 假设下，基于量纲分析和数学推导，式（5-25）可以从理论上求解，如傅抱璞公式即为一种解析解（傅抱璞，1981），可以反映出年降水量、年潜在蒸散发量和实际蒸散发量之间的非线性关系。

另外，年实际蒸散发也能由式（5-25）在年尺度上进行积分，即对在小时时间步长上模拟的实际蒸散发量在同一年内进行积分。在相同地形条件的小时时间尺度上，土壤含水量被认为是恒定的，在计算实际蒸散发的方程中表达为土壤含水量影响因子 $f\ (\theta)$（表示为土壤含水量的阶梯状函数，图 5-10），叶面积指数也视为常数，并表示成植被影响因子。因此，在相对均一地形条件下，水文单元在较小时间尺度上（在 GBHM 模型中用 1h）的线性假设是合理的。

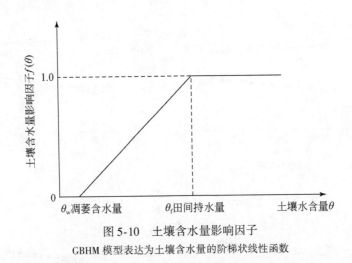

图 5-10　土壤含水量影响因子

GBHM 模型表达为土壤含水量的阶梯状线性函数

地表和大气的相互作用导致了实际蒸散发和潜在蒸散发间的互补关系。给定净辐射，实际蒸散发量的减少会导致显热通量的增加，进而由于地表–大气相互作用增加潜在蒸散发。水热耦合平衡原理假设实际蒸散发量由可获得的水分和能量控制，在年时间尺度上，可获得的水量是年降水量，可获得的能量可由潜在蒸散发计算；式（3-1）给出的水热耦合平衡方程描述了年降水量、潜在蒸散发、实际蒸散发和地表–大气相互作用间的非线性关系。在 GBHM 模型中，基于日气象数据用 Penman 公式来估算潜在蒸散发率 E_0，是净辐射和湍流扩散的综合结果，而湍流扩散包含了地表的反馈作用（如地表蒸散发影响了水汽压和大气温度）。因而，GBHM 模型模拟的实际蒸散发也包含了地表和大气间的相互作用和反馈作用。

5.4.3　不同时间尺度上流域蒸散发模拟结果的比较

集总式的水热耦合平衡模型，可以进行自上而下分析，理解不同时间尺度蒸散发的主要控制因素。由于 GBHM 模型已得到验证，其模拟的实际蒸散发将作为分析的参考。分析从多年平均时间尺度开始，降尺度到年、月和日时间尺度上。在多年平均和在年时间尺度上，参照本书第 3 章的内容，已利用水热耦合平衡模型，即式（3-1）和式（3-4）估算了实际蒸散发量，在估算时忽略了土壤含水量变化的影响；在月和日时间尺度上，采用考虑了土壤含水量变化影响的方程，即式（5-23）和式（3-4）来估算实际蒸散发量。

1. 长期平均实际蒸散发量的模拟

流域多年平均的实际蒸散发量受流域的水量供给（降水）和大气对水分的需求（潜在蒸散发）之间的相互作用控制。图 5-11 和表 5-5 反映了由长期平均的水量平衡获得的实际蒸散发量（未考虑流域蓄水量的变化）和由 GBHM 模型及水热耦合平衡模型模拟的长期平均实际蒸散发量之间的比较。结果表明，采用这两种不同的模型模拟的实际蒸散发量，在长期平均尺度上具有良好的一致性。若假设由流域长期水量平衡获得的实际蒸散发量为蒸散发量的"真实值"（记为"观测值"），则在 9 个小流域及潘家口站以上的全流域采用水热耦合平衡模型与GBHM 模型的模拟值相对误差均介于±5%。

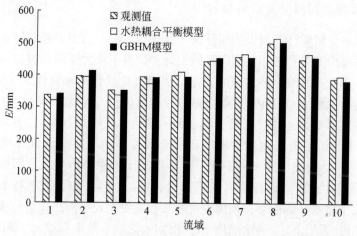

图 5-11　GBHM 模型和水热耦合平衡模型模拟的多年平均实际蒸散发比较

图中 1~9 依次代表滦河流域的 9 个子流域：郭家屯、波罗诺、三道河子、下河南、韩家营、承德、下板城、李营和宽城，而 10 代表潘家口站以上的全流域

表 5-5　长期水量平衡比较

序号	流域	河流	P/mm	R/mm	E 模拟值/mm			相对误差 RE/%	
					E_{wb}	E_1	E_2	RE_1	RE_2
1	郭家屯	滦河	356.8	21.7	335.1	319.3	340.7	−4.72	1.67
2	波罗诺	兴州河	453.1	59.8	393.2	393.3	411.5	0.00	4.63
3	三道河子	滦河	375.5	23.8	351.7	336.6	351.5	−4.29	−0.07
4	下河南	蚂蚁吐河	420.7	29.8	390.9	372.5	389.7	−4.72	−0.32
5	韩家营	伊逊河	426.8	30.0	396.7	409.5	393.7	3.21	−0.77
6	承德	武烈河	503.4	62.1	441.2	444.2	452.3	0.69	2.51

续表

序号	流域	河流	P/mm	R/mm	E 模拟值/mm			相对误差 RE/%	
					E_{wb}	E_1	E_2	RE_1	RE_2
7	下板城	老牛河	524.2	71.1	453.2	463.4	454.9	2.27	0.37
8	李营	柳河	595.3	96.6	498.6	516.0	501.0	3.47	0.47
9	宽城	瀑河	533.5	85.7	447.7	464.4	452.5	3.72	1.07
10	潘家口站以上的全流域	滦河	430.0	45.2	384.8	395.1	381.8	2.68	−0.76

注：E_{wb}，E_1，E_2 分别为水量平衡、水热耦合平衡模型、GBHM 模型计算的长期平均实际蒸散发量；RE_1 和 RE_2 为水热耦合平衡模型和 GBHM 模型模拟的长期平均实际蒸散发量与水量平衡结果的相对误差

2. 年尺度实际蒸散发量的模拟

为了理解流域实际蒸散发的年际变化及在年尺度上的主要控制因素，在采用水热耦合平衡模型模拟逐年的实际蒸散发时，设置了 4 种不同的模拟条件：①假设植被条件不变并忽略土壤水分的变化，利用水热耦合平衡方程式（3-1）及常数值的下垫面参数 n 对每年的实际蒸散发量进行模拟（记为"模拟-A1"）；②假设植被条件逐年变化，并且忽略土壤水分的变化，采用式（3-1）并利用式（3-4）根据逐年的植被覆盖度估算出的各子流域逐年的下垫面参数 n 模拟（记为"模拟-A2"）；③假设植被条件不变，但是考虑土壤水分的变化，采用常数值的参数 n 使用式（5-23）进行模拟（记为"模拟-A3"）；④假设植被条件逐年变化，并考虑土壤水分的变率，采用变化的参数 n 使用式（5-23）进行模拟（记为"模拟-A4"）。采用上述 4 种模型情形，根据水热耦合平衡模型对 1980～1991 年的年蒸散发量进行模拟，并将结果与长期平均的水量平衡的结果进行比较，表 5-6 显示了 4 种情形的相对误差。结果表明，在第 3 种和第 4 种模拟条件下，模拟结果较好，这说明了式（5-23）比式（3-1）在模拟年实际蒸散发时相对更合理，因为土壤水分和植被条件逐年变化对实际蒸散发产生了影响，结果同时还表明土壤水分的影响更为显著。

表 5-6　水热耦合平衡模型年实际蒸散发的模拟值与长期水量平衡结果比较

序号	流域	模拟-A1 RE/%	模拟-A2 RE/%	模拟-A3 RE/%	模拟-A4 RE/%
1	郭家屯	−5.17	−7.71	−1.32	−2.60
2	波罗诺	−8.11	4.39	−4.02	4.20
3	三道河子	−7.30	−7.62	−2.42	−2.64
4	下河南	−5.28	−1.44	−2.11	−0.28

续表

序号	流域	模拟- A1 RE/%	模拟- A2 RE/%	模拟- A3 RE/%	模拟- A4 RE/%
5	韩家营	−7.66	−1.81	−3.88	−0.29
6	承德	−5.59	4.78	−2.04	4.42
7	下板城	−7.93	5.22	−4.57	4.80
8	李营	2.32	2.77	2.76	3.05
9	宽城	2.25	2.90	2.38	2.71
10	潘家口站以上的全流域	−2.73	−1.11	−0.33	0.11

注：模拟-A1，模拟-A2，模拟-A3，模拟-A4 分别为在年尺度水热耦合平衡模型的 4 种参数化情景：忽略植被和土壤水分的变化、忽略土壤水分的变化、忽略植被的变化、考虑植被和土壤水分的变化；RE 为水热耦合平衡模型模拟的平均年实际蒸散发量与水量平衡结果的相对误差

图 5-12 显示了全流域 1980 ~ 1991 年水热耦合平衡模型与 GBHM 模型模拟的实际蒸散发量的年际变化，其中水热耦合平衡模型的模拟采用了第 4 种模拟条件。由图可见在两种模拟结果有相似的年际变化趋势，这表明了集总式的水热耦合平衡模型和具有物理机制的分布式水文模型都可以较好地预测流域的年实际蒸散发及年际变化。

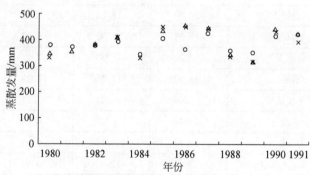

×－年实际蒸散发量观测值
○－GBHM模型模拟的年实际蒸散发量
△－水热耦合平衡模型模拟的年实际蒸散发量

图 5-12　GBHM 模型和水热耦合平衡模型模拟的逐年实际蒸散发比较

3. 月尺度实际蒸散发量的模拟

在月尺度上，也采用多种不同的模拟条件进行模拟，其中水热耦合平衡模型的下垫面参数 n 可以采用逐月变化的植被覆盖度获得。采取的 4 种模拟条件分别为①假设每一年内的植被条件保持不变，并忽略土壤水分的变化，采用式 (3-1)

和年内各月相同的 n 值对各个小流域逐月的蒸散发量进行模拟（记为"模拟-M1"）；②假设植被条件在各月是变化的，采用变化的 n，但忽略土壤水分的变化，即在式（3-1）中采用逐月变化的植被覆盖度推算出来的逐月的 n 进行模拟（记为"模拟-M2"）；③假设植被条件不变，但考虑土壤水分的变化，即采用式（5-23）进行模拟（记为"模拟-M3"），其中的 n 对相同年内的各月采用相同的值；④假设植被条件变化，并考虑土壤水分的变化，即采用式（5-23）进行模拟（记为"模拟-M4"），其中的 n 采用逐月变化的值。利用上述 4 种条件模拟出来的月尺度的实际蒸散发量再合并到年尺度，其结果与水量平衡获得的年实际蒸散量进行比较。表 5-7 显示了水热耦合平衡模型模拟的各个小流域及全流域 12 年间年实际蒸散发量的平均值与水量平衡的测值之间的比较。结果显示第 4 种条件下的模拟结果最佳，这表明了在月尺度下，土壤水分和植被条件对实际蒸散发量的影响，且土壤水分的影响比参数 n 的影响更为显著。

表 5-7　水热耦合平衡模型月尺度模拟的年实际蒸散发量与水量平衡结果比较

序号	流域	模拟-M1 RE/%	模拟-M2 RE/%	模拟-M3 RE/%	模拟-M4 RE/%
1	郭家屯	−19.88	−18.11	−2.39	−1.14
2	波罗诺	−16.32	−13.24	−2.51	−0.26
3	三道河子	−20.07	−17.72	−4.53	−2.47
4	下河南	−16.31	−13.90	−5.03	−2.67
5	韩家营	−17.30	−15.10	−7.71	−5.52
6	承德	−13.33	−11.22	−8.29	−5.89
7	下板城	−15.94	−13.83	−3.07	−2.01
8	李营	−14.10	−8.22	−4.44	−1.82
9	宽城	−12.61	−10.59	−5.29	−3.29
10	潘家口站以上的全流域	−15.38	−12.77	−4.86	−2.68

注：模拟-M1、模拟-M2、模拟-M3、模拟-M4 分别为在月尺度水热耦合平衡模型的 4 种参数化情景：忽略植被和土壤水分的变化、忽略土壤水分的变化、忽略植被的变化、考虑植被和土壤水分的变化；RE 为水热耦合平衡模型模拟的平均年实际蒸散发量与水量平衡结果的相对误差

图 5-13 显示了在全流域上采用第 4 种模拟条件的水热耦合平衡模型月尺度的模拟结果与 GBHM 模型的模拟结果的比较。两种模拟方法所表现出来的实际蒸散发的变化趋势具有良好的一致性，但是采用水热耦合平衡模型模拟的峰值要比 GBHM 模型模拟的峰值大，而谷值则相反；在各小流域中也存在类似的情景。这可能是由于在式（5-23）中将土壤处理成单层，水分和土壤的相互作用及地下水的补给被忽略的结果。研究结果总的显示了土壤水分和植被有调节实际蒸散发的作用。

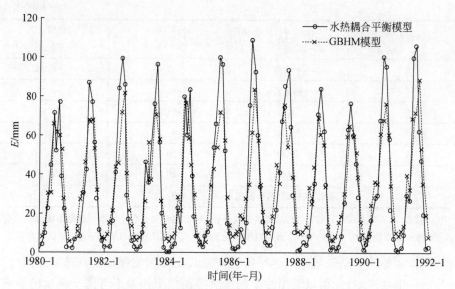

图 5-13　GBHM 模型和水热耦合平衡模型模拟的逐月实际蒸散发比较

4. 日尺度实际蒸散发量的模拟

日尺度的实际蒸散发是一个更复杂的过程，其受控因素要远远多于月尺度和年尺度。由于估算下垫面参数 n 时，所能获得的植被数据（NDVI）是月尺度数据，因此，参数 n 只能在月尺度上得到，在利用水热耦合平衡方程模拟每天的蒸散发量时，参数 n 被认为在每月上是相同的。在日时间尺度上，考虑两种不同的模拟条件：①忽略土壤水分的变化，即使用水热耦合平衡方程式（3-1），其中参数 n 用逐月的值（记为"模拟-D1"）；②考虑土壤水分的变化，即使用式（5-23），其中参数 n 仍用逐月的值（记为"模拟-D1"）。将模拟的日蒸散发量累加到年蒸散发量，计算长期平均值，并与水量平衡结果进行比较。表 5-8 给出了每一子流域的相对误差，明显可以看出，模拟-D2 比模拟-D1 的结果好，这就意味着土壤水含量是控制日蒸散发的一个极为重要的因素。

表 5-8　水热耦合平衡模型日尺度模拟的年实际蒸散发量与水量平衡结果比较

序号	流域	模拟-D1 RE/%	模拟-D2 RE/%
1	郭家屯	−41.73	−2.55
2	波罗诺	−46.73	−5.25
3	三道河子	−41.05	−2.84

续表

序号	流域	模拟-D1 RE/%	模拟-D2 RE/%
4	下河南	−43.15	−6.55
5	韩家营	−42.85	−7.55
6	承德	−44.81	−8.68
7	下板城	−48.31	−11.56
8	李营	−50.15	−14.30
9	宽城	−49.54	−8.16
10	潘家口站以上的全流域	−37.90	−1.32

注：模拟-D1、模拟-D2 分别为在月尺度水热耦合平衡模型的两种参数化情景：忽略土壤水分的变化、考虑土壤水分的变化；RE 为水热耦合平衡模型模拟的平均年实际蒸散发量与水量平衡结果的相对误差

图 5-14 给出了全流域由水热平衡模型和 GBHM 模型模拟的日蒸散发值（3 ~ 10 月每月单独作图），可以看出简单的水热平衡模拟如果不考虑土壤水的影响模拟蒸散发的日变化是不可能的；而考虑了土壤水的影响，简单的模型也很难准确地模拟蒸散发的日变化。由于土壤水运动通常在 1 天内很难渗透整个土壤层（假设为 1 m 深），因此在日或更短时间尺度上描述土壤水动力学过程将比仅考虑土壤水总量的影响更为重要。

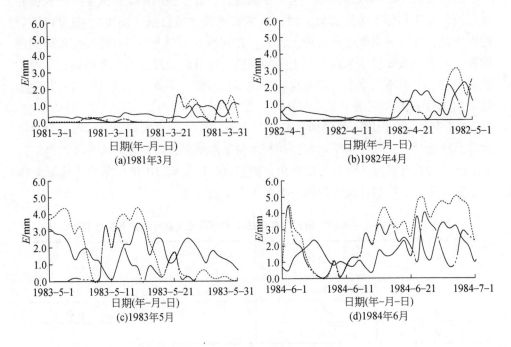

(a)1981年3月

(b)1982年4月

(c)1983年5月

(d)1984年6月

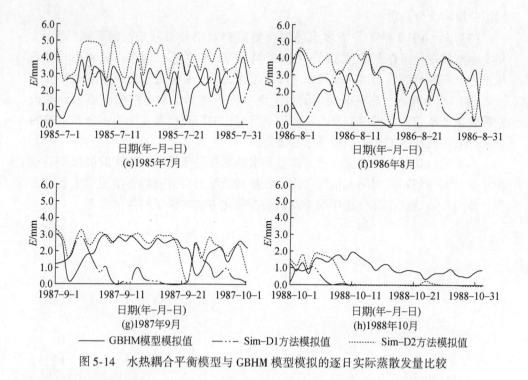

图 5-14　水热耦合平衡模型与 GBHM 模型模拟的逐日实际蒸散发量比较

　　由以上不同时间尺度上分布式流域水文模型 GBHM 和水热耦合平衡模型的模拟结果比较可知，分布式水文模型在较小时间和空间尺度上对水热耦合传输过程的线性简化是合理的，即在流域年尺度上水热耦合平衡方程是高度非线性的，但在山坡单元小时尺度上可简化为线性关系。在应用于较小尺度时，分布式水文模型的模拟结果更好，而且此时植被和土壤水分对模拟结果的影响更为显著。

5.5　本章小结

　　本章首先介绍了分布式流域水文模型 GBHM 中的植被参数化方法，然后基于 GBHM 模型，研究了降水和植被空间分布以及地下水位对流域水文模拟的敏感性；通过对比水热耦合平衡模型和 GBHM 模型在不同时间尺度上对实际蒸散发量的模拟结果，揭示了土壤−植被参数化在不同时间尺度上对流域实际蒸散发的影响。通过本章的研究，得出如下结论。

　　（1）分布式水文模型中的植被参数化方法包括，对植被时空分布与变化的描述，以及与之相关的土壤−植被−大气中水分和能量的传输过程的描述。

　　（2）从 GBHM 模型的敏感性分析可知，植被类型及其空间分布对流域水文模拟的影响十分显著。

（3）从 GBHM 模型与流域水热耦合模型的对比分析可知，在流域尺度上，年实际蒸散发与潜在蒸散发之间呈互补的高度非线性关系；但在山坡和小时时间尺度上，实际蒸散发与潜在蒸散发之间呈正比关系，并可近似为线性正比关系。

（4）基于流域水热平衡模型的自上而下分析可知，考虑植被土壤水分和植被覆盖度能改善对流域蒸散发的年际和季节变化的模拟精度；土壤水分和植被的影响随着时间尺度变小表现得越来越显著。

本章通过比较分布式流域水文模型和水热耦合平衡模型在不同时间尺度的模拟结果，对理解不同时间和空间尺度上植被对流域水文过程的影响提供了新的途径，也为今后改进水文模型中的土壤植被参数化方法提供了有益的参考。

|第 6 章| 碳氮生物地球化学循环相关的研究背景及意义

6.1 研究背景和意义

近 100 年来，以全球变暖为主要特征的全球气候与环境发生了重大变化，其变化幅度已经超出了地球本身自然变动的范围，对人类的生存、社会经济的可持续发展构成了严重威胁（秦大河，2007）。对于气候变化以及所引起的响应与反馈的研究已引起世界各国政府和科学家空前的重视。气候变化问题目前已成为全球环境与实现全球可持续发展的主要问题之一，也成为人类共同面临的严峻挑战（夏军等，2011）。

研究气候系统的变化就必须很好地研究陆面过程。陆面过程对气候起着十分重要的作用，是气候系统的下边界，与大气之间发生着的复杂的相互作用。这些相互作用在陆-气间各种时空尺度上进行，其中包括动量、能量、物质（水汽、CO_2 等）、辐射的交换。通过这些交换过程，陆面过程对大气环流与气候状况产生极大的影响，在某些局部或时段甚至起着关键性的作用（孙淑芬，2002）。所以，不断改进和发展更为接近真实情况的陆面过程模式，已成为全球气候变化以及全球变化研究的迫切问题，也构成了陆气相互作用研究的最关键、紧迫的问题之一。

陆面过程十分复杂，包括辐射传输过程、水文物理过程、植被动力过程、生物地球化学过程、边界层湍流输送过程（Randal et al.，2001；Li et al.，2002）。其中，水文物理过程和生物地球化学过程是陆地表面十分重要的两个过程。

水圈中的各种水体通过不断蒸发、水汽输送、凝结、降落、下渗、地面和地下径流等过程进行往复循环，构成了地球上的水循环（詹道江和叶守泽，2000）。水循环是联系地球系统"地圈-生物圈-大气圈"的纽带，是自然界中最重要的物质循环之一，它为人类和其他生物提供赖以生存的水资源，决定水资源的形成以及演变规律（夏军和谈戈，2002），同时塑造了地球上不同的气候和生存环境，影响地球化学物质的迁移（余钟波等，2006）。水是土壤-植被-大气传输系统（SVAT）中物质、能量循环的主要驱动力和载体，通过水分循环的各种方式完成土壤、植被和大气之间水分、热量、动量通量的复杂的交换过程，直接影响着大气降水、大气温度、大气运动等天气、气候状况（苏凤阁和赫振纯，2001；曹丽娟和刘晶淼，2005；雍斌等，2006），因此对水文过程的模拟是陆面模式中最为重要的模块之一，陆面模式不断改进和发展水文过程的模拟，从最初的水箱模式对水文过程的简化模拟（Budyco，1956；Manable，1969），发展到对蒸发、径流、土壤水分运动、地下径流各个过程越来越细致的模拟（Bonan，1996；Dai et al.，2003；Liang et al.，1994；Liang and Xie，2001）。

而水文过程又与碳氮等生物地球化学循环在陆地表面有着非常紧密的联系。水文过程深刻影响着碳氮循环。同时，碳氮的生物地球化学过程又通过对植被的控制影响着水文过程。单独研究水文过程或者说缺乏碳氮循环对水循环影响的考虑，就会给未来气候变化下对水资源影响的评估造成很大的不确定性。由于人类活动（尤其是化石燃料的使用导致的人为温室气体排放）的影响，自 1750 年以来全球大气中二氧化碳（CO_2）、甲烷（CH_4）和一氧化二氮（N_2O）等温室气体的浓度显著增加。Gedney 与 Betts 等先后在 *Nature* 上发表关于大气中 CO_2 浓度的增加对陆地河川径流的影响。Gedney 等的研究证明了增加的 CO_2 对陆面过程的水量平衡有直接影响，会通过降低植物的气孔导度减少蒸发，从而增加有效的水资源。Bettes 等的研究表明在气候变化下，不考虑碳的生物地球化学循环对水文过程的影响，会过低估计未来径流的增长以及过高估计径流的衰减（Gedny et al.，2006；Betts et al.，2007）。

因此生物地球化学循环、水循环及大气之间的紧密联系受到越来越多的关注。围绕水文物理过程和生物化学过程是新一代陆面模式的研究方向（Seller et al.，1996；Bonan et al.，1996）。在新一代陆面模式中已经发展了碳的生物化学模型，但是光考虑碳循环是不够的，氮的循环同样深刻影响着碳的循环，氮的限制对陆地生物圈的碳吸收，以及碳与气候之间的反馈会造成很大的影响（Luo et al.，2004；Thornton et al.，2007；Sokolov et al.，2008；Wang et al.，2009），进而影响到水循环与能量平衡。

因此，能够考虑完整的碳氮生物地球化学循环过程与水文过程的相互作用变得越来越重要。所以，耦合陆面水文物理过程与完整的生物地球化学循环模型对陆-气之间的相互作用有着十分重要的科学意义。而目前关于水文过程与碳氮生物地球化学循环的耦合的研究还很少，两个学科之间的交叉仍有很多未深入或者不曾研究的地方，因此本章就是通过选择成熟的陆面水文模型与生物地球化学模型进行耦合，结合两种模型各自的优势，更准确地描述水热传输及碳氮循环，来研究水、能量与碳氮之间的相互作用机制，以及对气候变化的响应。

6.2　国内外研究进展

6.2.1　流域水文模型研究进展

由于水文现象的复杂性，目前还不可能用严格的物理定理来描述。因此，通过建立水文模型近似地进行模拟已成为水文科学研究的一种手段和方法。水文模型利用相对简单的数学方程来概化和综合流域内复杂空间分布和高度相关的水、能量和植被过程（Vrugt et al.，2005）。它将流域概化为一个系统，用数学的方法来描述模拟复杂的水文现象。随着人们对水文过程的不断深入和计算机等条件的不断发展，水文模型经历了系统模型、概念性模型、分布式模型。系统模型是利用输入（一般指雨量）和输出（一般指流域出口断面的流量）资料，进行系列资料及系统分析，建立某种数学关系，然后由新的输入推求输出，而不对流域自身及其水文循环的物理过程进行具体描述。其中，最著名的是单位线模型，如 Sherman 单位线与 Nash 单位线。系统模型有线性的和非线性的，有时变的和时不变的，有单输入单输出的和多输入多输出的等多种类型。其中，代表性的模型有简单线性模型（SLM）、线性扰动模型（LPM）、Volterra 泛函模型等（夏军，2002；夏军和谈戈，2002；夏军，2005）等。概念性模型是对真实物理背景进行假设和概化的模型。20 世纪 70～80 年代中期，是概念性模型的蓬勃发展时期，相继出现 Sacramento 模型、Tank 模型、HEC-1 模型、SCS 模型等。这些模型将流域当作一个整体，根据流域的平均降雨和平均状态参数来推求流域出口的流量过程，这类水文模型被称为集总式流域水文模型。在中国自行研制的概念性模型中，新安江模型是杰出代表，由于模型结构合理，参数物理意义较强，使用精度较高，不仅在中国被广泛应用，还受到了世界气象组织的推荐。到 80 年代后期，概念性模型的发展处于缓慢阶段，几乎没有什么突破性的进展。

由于水文过程的强时空变异性，当模拟一个尺度较大的区域时，必须考虑各种水文要素和下垫面因素的空间分布不均匀性，因此，鉴于传统的流域水文模型自身所具有的局限性，同时随着水文循环中各个组成要素的深入研究，以及计算机、地理信息系统（GIS）和遥感技术（RS）的迅速发展，构造具有一定物理基础的流域分布式水文模型成为水文模型发展的必然趋势。1969 年，Freeze 和 Harlan（1969）发表了一篇有关"一个具有物理基础数值模拟的水文响应模型的蓝图"的文章，标志着分布式水文模型的出现。Hewlett 和 Troendle（1975）提出了基于植被覆盖良好流域的变源面积水文模型（VSAS 模型）。Beven 和 Kirkby

(1979) 提出了以变源产流为基础的 TOPMODEL，并通过数字高程模型（DEM）来计算地形指数，该指标可以反映下垫面的变化对流域水文循环过程的影响（Beven，2001）。由丹麦、法国及英国的水文学者研制的 SHE（système hydrologique européen）模型（Abbott et al.，1986）是一个典型的分布式水文物理模型，其主要水文物理过程均用质量、能量或动量守恒的偏微分数学物理方程来描述。在 SHE 模型中，流域在平面上被划分成许多矩形网格，这样便于处理模型参数、降雨输入及水文响应的空间分布性；在垂直面上，则划分成几个水平层，以便处理不同层次的土壤水运动问题。SHE 模型现在也有很多不同的改进版本，如 MIKESHE（Refsgaard and Storm，1995）、SHETRAN 等（Bathurst et al.，1995；Parkin et al.，1996），并在许多流域得到检验和应用。该模型在水文学理论发展方面有重要意义。1994 年，Arnold 为美国农业部（USDA）农业研究中心（ARS）开发 SWAT 模型（Arnold et al.，1997），SWAT 是一个将系统模型或概念性模型与分布式模拟相结合的具有一定物理机制的分布式水文模型，SWAT 以 SCS 作为产流模型，并能够利用 GIS 和 RS 提供的空间信息，模拟复杂大流域中多种不同的水文过程，能够反映降水、蒸发等气候因素和下垫面因素的空间变化，以及人类活动对流域水文循环的影响。

自 20 世纪 70 年代开始，我国学者一方面积极引进国外有关的流域水文模型，将 TOPMODEL、SWAT、HEC-1、VIC 和 HMS 等在国外发展比较成熟的模型应用在国内的有关流域，取得较好的结果（Xie et al.，2003；孔凡哲和芮孝芳，2003；王中根等，2003；朱新军等，2006；余钟波等，2006；郭方等，2000；杨桂莲等，2003）。另一方面，我国学者也致力于研制新的流域水文模型。例如，任立良和刘新仁（1999，2000）在数字高程模型（DEM）的基础上，将分布式水文模拟与单元新安江模型结合，开拓了数字水文模型研究；郭生练和熊立华（2004）建立了一个基于 DEM 分布式流域水文模型，用来模拟小流域的降雨径流时空变化过程；夏军等将时变增益非线性水文系统（TVGM）与 DEM 结合，开发了分布式时变增益水文模型，应用到中国北方典型流域水安全研究（Xia et al.，2005；夏军，2002a；叶爱中等 2005，2006）；刘昌明等（2006）在黄河"973"项目支持下，提出了模块化结构的流域分布式水循环模拟系统（HIMS），并将其应用到黄河流域；在分布式水文物理模型方面，也取得了很多成果，黄平等建立了描述森林坡地饱和与非饱和带水流运动规律的二维分布式水文数学模型，并用伽辽金有限元数值方法求解模型（黄平等，1997；黄平和赵吉国，2000）。李兰等（2003）基于数学物理方程建立的 LL-2 模型。杨大文等提出了基于山坡单元划分和动力学过程的 GBHM 模型；刘卓颖等研究和发展了基于规则网格和不规则三角网格的分布式物理水文模型 THIHMS-SW、TPModel（杨大文等，2004；刘卓颖，2005；王蕾，2006）。杨大文、胡和平等研究和发展了基于动力学过程和数值网格的分布式流域水文模型，应用于黄河和西北内陆区（孙福宝等，2007；杨大文等，2004）；贾仰文等（2005）将分布式水文模型（WEP-L）和集总式水资源调配模型（WARM）相结合，建立了流域二元模型，应用到黄河和黑河等流域；王光谦和刘家宏（2006）着眼于流域水沙过程模拟，建立了流域模型系统。目前，已出版多个分布式水文模型的著作（Xia et al.，2005；夏军，2002a；熊立华和郭生练，2004；刘昌明等，2006；贾仰文等，2005）。

6.2.2 陆面水文过程研究进展

作为全球气候系统的重要组成部分，陆面水文过程对全球乃至区域气候有着十分重要的作用，尤其在东亚区域，陆面–水文过程及其与大气的相互作用对区域气候有着十分重要的作用（林朝晖等，2008）。因为陆面水文过程中的地表径流、土壤水、地下水相互作用，相互转化，地表径流、地下水都直接影响着土壤含水量的变化，而土壤水又通过反射率和蒸发影响着太阳辐射转化为潜热和感热，从而影响能量平衡各项分配，影响陆面水热平衡的计算，进而影响到气候系统的模拟。20 世纪 60 年代中期，地球物理流体力学实验室的研究者在全球环流模型 GCM 中加入陆面水文成分，从而使陆面水文过程成为气候模型中的研究重点之一。在世界气候研究计划（WCRP）、国际地圈生物圈计划（IGBP）等大型研究计划的推动下，陆面水文过程的模拟已经得到越来越多的重视。陆面过程中水文过程的描述主要考虑了水分收支平衡。对于陆面水分收支过程，降水一部分被植被叶面截流，一部分直接降落到地面。叶子截流的降水一部分用于蒸发，另一部分滴落到地面，与直接降落到地面的降水一起渗入土壤中或形成表面径流。土壤中的水和叶面上截流的水通过蒸发返回大气，植被的根系从土壤中抽吸水分再由叶面向大气蒸腾水汽。这样形成了一个大气、陆面水分循环圈（苏凤阁，2001；曹丽娟和刘晶淼，2005）。因此，土壤水传输、径流和排水、裸土蒸发、植被蒸腾、冠层上的水分储存与蒸发等过程都是陆面模式要考虑的水文过程。陆面大尺度模型与流域尺度模型相比，具有以下特点：①空间尺度大，计算网格大，网格内下垫面等因子具有强空间变异性；②模型参数要能地区移用，模型参数应有一定物理基础，能够通过可获取的空间数据信息，估计模型参数；③计算要在规则的网格系统上进行；④同时计算水量和能量（苏凤阁，2001）。在径流计算方面，GCM 中的陆面参数化方案对径流的描述，一是只考虑垂直方向水分交换，没有考虑网格点内和网格点之间沿坡面和河网的汇流过程；二是没有考虑产流的不均匀性，如下渗能力的不均匀性和蓄水容量的不均匀性对产流的影响。

而随着发展，许多研究考虑了地形、土壤特性的空间不均匀性对产流所产生的重要影响，以及通过汇流过程增加了网格之间的水量交换。对于土壤水计算，由最初的水桶性一层方案，如 BUCKET 和 SECHIBA2，发展到扩散型多层方案，如 BGC、LAPS、LPM（land surface model）、SSiB、BATS 和 CLASS 等。从径流成分看，一些模型只考虑重力排水，而还有一些模式则在此基础上，还考虑了每层土壤中的侧向径流，即考虑各土壤层的壤中流，如 LAPS、PLACE、BEST、CSIRO、CENTURY 等。由于地下水和地表水有重要的相互作用，地下水模型与陆面模式的耦合也成为目前国内外的一个研究热点。地下水位的时空分布在很大程度上受地形、植被、气候条件及人类活动的影响，反过来地下水的变化又影响着土壤含水量的分布和变化，进而影响土壤蒸发、植被蒸腾和地表感热和潜热通量，从而对气候产生重要影响，因此地下水的动态变化是陆气相互作用中一个重要的物理过程（Dai et al.，1997，2003；Xu et al.，1994，2001）。目前，国内外学者提出了一些新的地下水数值计算模型，并与陆面过程模式相耦合，动态表达了非稳态下的地下径流机制（谢正辉等，2004）。在能量模拟方面，陆面模式对该方面的发展较水文模型而言已经非常完善，而水文过程相对粗糙，因此多是将大尺度水文模型与陆面模式进行耦合，发挥各自优点。VIC 模型是一个有代表性并且不断发展的陆面水文过程模型，该模型参加了 PILPS 许多项目（Xu，1998；Wood，1998；Shao et al.，1995），研究了从小流域到大陆尺度再到全球尺度，在不同气候条件下的应用。该模型吸取了新安江模型的蓄水容量曲线的思想，考虑了网格系统内由于地形、土壤及植被的变化产生的入渗能力的变化，网格的入渗能力用一个抛物线型函数描述。它的特点如下：①同时考虑陆–气间水分收支和能量收支过程；②同时考虑两种产流机制（蓄满产流和超渗产流）（Xu et al.，2001）；③考虑次网格内土壤、降水、植被非均匀性对产流的影响（Xu et al.，1996）；④考虑积雪、融雪及土壤冻融过程（Cherkauer and Lettenmaier，1999）基于上述特点，VIC 模型在世界上很多地区进行水文过程的模拟取得了良好的效果。大尺度陆面水文过程模型目前还存在着尺度、次网格非均匀、不确定性等问题。例如，次网格的非均匀性问题，地形、土壤、植被等要素在 GCM 和 RCM 次网格内的高度非均匀性，严重影响了陆面水文过程的模拟精度和效果，进行非均匀性研究是为了提出一个二维或者三维的、具有良好验证性和通用性的陆面水文过程参数化方案，从而定量表达土壤–植被–大气界面交互过程。目前虽然有很多处理方案试图解决非均匀性问题，但对土壤水、蒸散发等水文过程的描述仍缺乏有效性（雍斌等，2006）。而这些也都是目前和今后的研究重点。总之，在已有的陆面模式设计和发展经验的基础上，发展大尺度分布式水文模型，并实现与陆面过程以及地球气候系统模式的耦合，进一步揭示地表、土壤以及地下水文过程与气候之间的相互作用，已成为现阶段气候–水文学科交叉的热点问题。

6.2.3　生物地球化学模型研究进展

生物地球化学循环指元素的各种化合物在生物圈、水圈、大气圈和岩石圈（包括土壤圈）各圈层之间的迁移和转化，是全球变化研究的核心内容（朴世龙等，2010）。生物地球化学模型（BGC，biogeochemistry models）是采用数学模型来研究化学物质的生物地球化学循环过程。早期的生物地球化学模型主要是对生态系统物质循环的某一过程进行模拟，如20世纪60年代建立起来的植物光合作用的Farquar模型、植物生长模型和有机质分解模型。随着生物地区化学模型技术的逐步完善以及计算机技术的发展，生物地球化学模型能够考虑生物地球化学循环的越来越多的过程，并充分考虑各过程之间的相互联系，其显著特征是使用气候和土壤数据以及植被类型作为驱动变量，使用参数化方法描述生态系统光合作用、呼吸作用和土壤微生物分解过程，植被–土壤–大气之间的养分循环以及温室气体的通量交换，模拟陆地生态系统碳、氮等元素和水分、能量循环的动态变化。模型的应用范围也越来越广，可以用于评价和预测全球变化背景下区域性和全球性的能量水分和碳氮循环及其时空格局，成为当前分析和预测大尺度生态系统过程的有力工具，也是环境科学研究的重要手段和工具，对全球气候变化对研究和全球生态环境问题的解决具有重大的意义（王效科等，2002）。

生物地球化学模型的代表性模型有CENTURY（Parton et al.，1987；Parton and Rasmussen，1994），TEM（terrestrial ecosystem model）（Raich et al.，1991；Melillo et al.，1993），BIOME_ BGC（Running and Coughlan，1988；Running and Gower，1991），CASA（the carnegie ames stanford approach biosphere model）（Potter et al.，1993），DNDC（dentrification and decomposition model）（Li et al.，1992，1994，2000）。IBIS（integrated bIosphere simulator）（Foley et al.，1996；Kucharik et al.，2000），RothC（rothamsted carbon model）（Shirato and Yokozawa，2005）。

CENTURY模型是美国科罗拉多州立大学的Parton等建立的，起初用于模拟草地生态系统的碳、氮、磷、硫等元素的长期演变过程，后加以改进，其应用扩展到森林、稀树草原、农业等生态系统中。在此模型中，土壤有机质分为3个库：速效库、慢性库、惰性库。基于木质素的含量，凋落物被分为2个库：代谢性库与结构性库。我国学者利用CENTURY模型进行了初级生产力的模拟（肖向明等，1996），碳氮循环模拟（李凌浩等，1998），对土壤有机碳的动态模拟（黄忠良，2000；高鲁鹏等，2004；高崇升等，2008）。高崇升等（2006）还研究了农田生态系统应用CENTURY模型时所需的重要参数及其确定的方式方法。

FOREST-BGC 是最早的能较完整模拟适应于森林生态系统的碳、水和营养物质循环的生态系统过程模型。为了能适应更多的生物群区，FOREST-BGC 逐渐发展成 BIOME-BGC。BIOME-BGC 模型是模拟全球生态系统不同尺度下植被、凋落物、土壤中水、碳、氮储量和通量的生物地球化学模型。该模型的最初目的是研究区域或者全球气候与生物地球化学等要素的相互作用。该模型以气候、土壤和植被参数作为输入变量，模拟生态系统的光合、呼吸作用及土壤微生物分解过程，计算植物、土壤、大气之间碳和养分循环以及温室气体交换通量。BIOME-BGC 模型主要驱动包括初始化文件、气象数据和模型参数。其中模型生态生理参数包括 44 个参数，如植被根茎叶的 C∶N 比。我国学者基于该模型模拟了植被总初级生产力与净初级生产力（曾慧卿等，2008），董文娟等（2006）利用 BIOME-BGC 模型模拟了基于流域尺度的洛河上游流域 4 种植被的植被净生产力的空间分布。干旱区的碳与水汽通量（王超，2006）。张廷龙等（2011）利用模拟退火算法研究对该模型参数的自动优化。

CASA 模型由 Potter 于 1993 年建立基于光能利用率原理的陆地净初级生产力与碳循环的全球估算模型，该模型中植被净初级生产力由植被所吸收的光合有效辐射（APAR）与光能转化率（ε）两个变量来确定。植被所吸收的光合有效辐射取决于太阳总辐射（SOL）和植被对光合有效辐射的吸收比例（FPAR）。光能转化率是指植被把所吸收的光合有效辐射（PAR）转化为有机碳的效率。与理想条件下植被具有最大光能转化率、温度和土壤水分有关。该模型的优点是可以利用遥感数据获得 NDVI、FPAR，从而脱离地面站点资料约束，实现区域尺度上的 NPP 空间分布模拟。我国学者利用该模型进行了区域乃至全国的植被净初级生产力的空间分布模拟（朴世龙等，2001；朴世龙和方精云，2002；张峰等，2008；王玉娟等，2008）。

生物地球化学循环中按元素类型主要分为碳循环、氮循环、磷循环、硫循环，不同模型能够模拟的元素种类也不同，如 DNDC、TEM 能够模拟碳氮两种元素的循环过程，而 CENTRY 则可以模拟碳、氮、磷、硫的生物地球化学循环。其中研究碳氮循环过程的模型居多，能够同时模拟磷、硫的模型还比较少（王效科等，2002）。生物地球化学模型应用的空间尺度一般分为地块、区域、全球。虽然大多数模型的早期版本都是从地块尺度发展而来的，但大多数模型都可以在 3 个尺度上应用。目前陆地生物地球化学模型集中关注的是陆地生态系统中碳、氮的动力过程，而自然界中碳氮循环又离不开能量的驱动以及水介质的输送（王效科等，2002），因此，生物地球化学循环模型都包括一些能量和水量模块，但生物地球化学模型并不考虑碳、氮在植被、土壤各库储量的变化是如何改变和影响陆地表面的物理特性，因此它们对陆地表面的能量、水分平衡的参数化过程处理相对简单（毛嘉富等，2006）。而碳氮的生物地球化学对陆地表面的能量、水分平衡的影响却不容忽视，因此将陆面过程模式或者水文模型与生物地球化学模型耦合是十分必要的。本书采用的是 CASACNP 模型（Wang et al.，2007，2009；Houlton et al.，2008）。

6.2.4 水文过程和生物地球化学循环耦合研究进展

1. 水文与生物地球化学循环交互研究进展

水文过程对碳氮等元素生物地球化学循环的控制是各种控制中最为主要的一种，而且它们之间相互作用的范围是十分广泛。水文过程影响着生态系统的呼吸（TER），一氧化二氮（N_2O）、甲烷（CH_4）等温室气体的产生，碳的封存，溶解碳（DOC）的传输、土壤化学的变化、有机质的矿化等。水文最主要关心的是水的分布、运动规律，生物地球化学最主要关心的是有机质、酶对反应潜力的约束。然而，已经有越来越多的理论研究开始关注水、碳、氮循环之间的耦合（Schimel et al.，1997；Rodriguez-ItubeI，2000；Cirmo and McDonnell，1997；Burt and Pinay，2005）。水影响植物对碳的吸收，如总初级生产力 GPP，净初级生产力 NPP，而植物叶片与碳之间的交换反过来会通过气孔行为影响植物的蒸腾，进而影响水循环。光合作用产生的碳在植被各部分的分配又影响到各部分的生物量，从而影响到叶面积指数 LAI，以及根的生长分布，而叶面积指数最能影响大气陆面之间能量、水分的交换。土壤水分运动是水循环的重要环节，土壤水通过对植被的动态约束，在陆气交互中起着重要的作用。而土壤水同样在土壤生物化学过程中起着关键作用。Davidson 和 Janssens（2006）研究了土壤湿度、温度对土壤有机碳分解的敏感性以及对气候的反馈。Raich 和 Schlesinger 研究了全球尺度上土壤湿度与土壤呼吸的关系。Noy-Meir（1973）以及 Reynolds 等（2004）研究了在干旱和半干旱地区，土壤水直接限制碳氮有机质和无机质间的转化和气体损失。在氮循环过程中，土壤含水量直接影响着土壤中氮的每一个重要转化过程，包括矿化、硝化、反硝化等（Robertson，1989；Skopp et al.，1990）。土壤含水量和土壤负压梯度还控制着碳氮有机物和无机物流失到河道或者地下水的量，Flury 等（1994）研究了土壤优先流对土壤中碳氮损失的影响。McHale（2002）研究了森林流域中土壤水对硝态氮淋失的影响。Neff 和 Asner（2001）研究了陆地生态系统中溶解有机碳的淋失。Kalbitz 等（2000）研究了土壤水对土壤中溶解有机碳的动力学控制。地下水同样与生物地球化学过程有着关键的交互，碳、氮、溶质以及微生物通过地下水补给从地表或者土壤传输到地下水系统中。越来越多的研究表明，由于气候变化、城市化、农业灌溉，硝态氮（NO_3^-）、溶解有机碳（DOC）在地下水中的浓度一直在增加（McMahon et al.，2004；Moore et al.，2006；Scanlon et al.，2007）。很多研究者发现随着地下水深度越深，地下水的"年龄越大"，NO_3^- 的浓度呈下降趋势，这是由于"年轻"的地下水混合着人类活动产生的高浓度的 NO_3^- 水，而"老"的地下水混合着自然的低浓度的 NO_3^- 水（Bohlke and Denver，1995；Plummer et al.，2000）。而且地下水的深度以及汇流路径的长度强烈影响着溶解有机碳氮和溶解无机碳氮之间的转化，与土壤和地表水相比，地下水通常是包含着大量的无机碳和无机氮，少量的有机碳和有机氮。

2. 水文模型与生物地球化学模型耦合研究进展

由于陆面过程中水文物理过程、生物地球化学过程和大气相互作用的复杂性和不确定性，且在大尺度范围内与能量传输和物质循环相关的很多变量都很难直接观测到，因此需要使用模型研究其中的转换过程和机理，机理模型成为定量估计和预测陆地表面或者生态系统中水、碳氮等循环通量变化不可缺少的手段和工具。因此，研究水文模型和生物地球化学模型耦合是十分必要的。近年来，将碳循环和水循环模型进行耦合已经变成水循环以及生态系统研究中不可或缺的方法，由于碳水耦合模拟可以将水循环、下垫面生物物理过程（如冠层的辐射传输等过程）连接成一个整体，使得模型可以充分考虑水文物理过程、生物物理、化学过程之间的相互作用，更准确地模拟陆面与大气的相互作用（Sellers et al.，1996；Bonnan et al.，1995）。

在点尺度的水与生物地球化学循环的耦合模拟点方面，Ju 等（2006）对北方森林进行了点尺度的水、碳耦合的模拟。Rodriguez-Iturbe 等（2001）研究了生态系统中水文过程的核心作用，以及对碳氮循环的耦合。Porporato 等（2003）在点尺度上模拟了水文过程对土壤碳、氮循环的控制。Daly 等（2004）进行了点尺度的蒸腾、土壤水平衡与光合作用的耦合动态模拟。在流域尺度方面，Band 等（1993）研究了结合山坡水文学研究了流域尺度的森林生态系统过程。Mackay 和 Band（1997）将分布式水文模型与植被生长动态耦合，并在流域尺度进行了应用。Tague 和 Band（2004）研究基于 BIOME-BGC 与 TOPMODEL 模型的耦合，建立了耦合碳、氮、水的分布式水文生态系统模型 RHESSys（regional hydro-ecologic simulation system），该模型是典型的水文模型与陆地生态系统模型或者说生物地球化学模型结合的模型。Govind 等基于 BEPS（boreal ecosystem productivity simulator）改进其水文过程，研究了在流域尺度上北方生态系统的水文与碳、氮循环的相互作用与反馈，以及水文和碳的空间分布（Govind et al.，

2008，2009）。在区域、全球尺度上，很多研究者应用生物地球化学模型模拟大区域或者全球碳水通量耦合模拟，但对水循环的过程模拟比较简单（Hunt et al.，1996；Nemani et al.，2003；Potter et al.，2001；Potter et al.，2003；Zhao et al.，2005）。

我国在水文过程和生物地球化学模型耦合方面还不是很多，多是水碳在叶片尺度的耦合面，于贵瑞等通过引入 CO_2 的内部导度，从另外一个角度建立了一个简单适用的基于气孔行为的气孔导度-光合-蒸腾耦合模型 SMPTSB（synthetic model of photosynthesis-transpiration based on stomatal behavior），进而推导出了叶片尺度上的 WUE 模型，并在叶片尺度上验证了其适用性（Yu et al.，2001；任传友，2007）。米娜（2007）应用 EALCO 模型研究了中亚热带人工针叶林生态系统水碳通量的耦合模拟研究。夏永秋基于水文模型与地球生物化学模型的耦合 SWCCV（soil water carrying capacity for vegetation）研究了土壤水分对植被的承载力的影响（Xia and Shao，2008）。莫兴国等自主开发的 VIP（vegetation interface processes）模式，该模式是基于陆地生态系统能量收支、水文循环和碳循环的生态水文动力学模式，并借助于遥感、地理信息系统，已从单点尺度扩展到了流域和区域。与上述水碳耦合相比，VIP 对能量平衡、水文过程的模拟最为详细（Mo and Liu，2001；Mo and Beven，2004；Mo et al.，2004，2005）。

总的来说，目前国内对完整的水文模型与生物地球化学模型耦合研究非常少，而且水文模型与生物地球化学模型的耦合研究大多还集中于水碳的耦合，而同时考虑水、碳、氮等元素的耦合模型非常少。因此完整成熟的生物地球化学模型与有代表性的水文模型进一步的耦合需要进一步地关注。

第7章 | 试验站点与使用数据

本章研究采用 Ameriflux 观测网中的两个试验站的观测数据。Ameriflux 观测网络建于 1996 年，该网络主要是用于研究碳在植被、土壤中的时空变化和在主要植被类型，以及典型气候条件下碳、水、能量交换的量化，从而为站点尺度的分析提供高质量的数据。观测网络提供对 CO_2、水、能量、动量通量交换的连续观测。观测时间尺度从日内，到季节，到年际。网络站点分布在美国北部、中部与南部。同时，Ameriflux 也是 FLUXNET 网络中的一部分，负责微气象学站点的观测与分析。本次采用 Duke 和 Mead 这两个站点分别代表了模型在覆被类型为森林和农田情况下的验证与应用。

7.1 Duke 站点

7.1.1 试验点概述

Duke 火炬松森林观测塔位于北卡罗来纳州 Durham 附近，空间坐标为 35.9782N°，79.0942W°，高程为 163m。当地气候特点是夏季温暖湿润，冬季温和。年平均降水分布均匀，年均气温多在 21.7~9.0℃。环绕站点的是相同树龄的火炬松，该森林种植于 1983 年。森林的冠层分布均匀，平均高度大约为 19m。当地的地形起伏不大，比较平缓。图 7-1 是 Duke 火炬松站点的 $90hm^2$ 的松树及 7 个观测塔。塔高 20m，通量和辐射观测仪安置在离地面 20m 处，它们包括三维声波风速计、红外 CO_2 和 H_2O 气体分析器、净辐射仪、光合有效辐射传感器。其他仪器还包括两个气温和相对湿度探针，分别位于 20m 和 7m 处。树干液流量传感器、土壤热通量板、雨量计、时域反射土壤传感器（TDR）。该站点区域的土壤是 Enon 粉砂壤土，土质比较贫瘠，在地面大概 0.3m 以下平铺分布着一层黏土不透水层，该黏土层同样阻止了树木根系的生长。

图 7-1　Duke 站点

7.1.2　气候特征

2004 年和 2005 年的降水量分别为 982.5mm 和 934.9mm，2004 年和 2005 年的半小时降水分布图见图 7-2，两年的月降水量见表 7-1，其中 2004 年 7 月、8 月和 9 月的降水量较集中，这 3 个月的降水量占到当年总降水量的 46.2%。1 月和 12 月的降水量最少。而 2005 年 8 月、9 月的降水量明显低于 2004 年这两个月的降水量，只有 2004 年 8 月和 9 月两个月的月总降水量的 26.6%，发生了明显的干旱。

表 7-1　2004 年和 2005 年的月降水量　　　　　单位：mm

年份	1 月	2 月	3 月	4 月	5 月	6 月	7 月	8 月	9 月	10 月	11 月	12 月
2004	29.9	69.8	67.2	36.2	83.6	68.1	153.9	180.1	120.0	47.9	86.9	39.0
2005	79.4	64.9	114.8	52.0	53.5	66.0	108.1	68.5	11.2	67.2	122.0	127.2

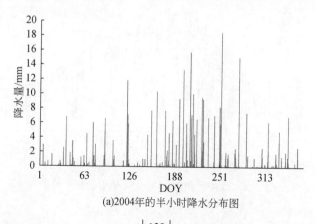

(a)2004年的半小时降水分布图

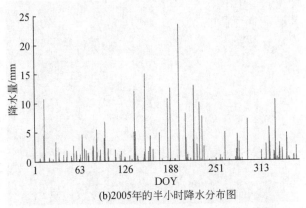

(b)2005年的半小时降水分布图

图7-2　2004年和2005年的半小时降水分布图

Duke 站点年总辐射量（2004～2005 年）分别为 5513MJ/m² 和 5652MJ/m²，光能资源很丰富，由图 7-3 可以看出辐射具有很明显的季节分布特征，表 7-2 是

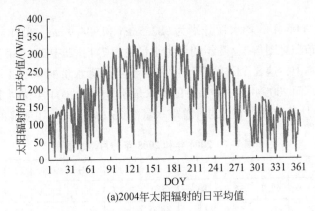

(a)2004年太阳辐射的日平均值

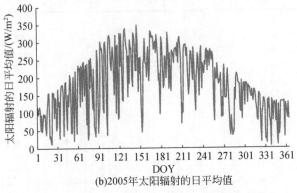

(b)2005年太阳辐射的日平均值

图7-3　2004 年和 2005 年太阳辐射的日平均值

2004 年和 2005 年的月总辐射量，可以看出，冬季的月总辐射量最低，2004 年和 2005 年两年的 1 月和 12 月都是该年月总辐射量最少的一段时间，其中 2004 年 12 月的月总辐射量是 267.5 MJ/m²，为该年最低。1 月的月总辐射量为 2005 年的最低值，只有 252.0 MJ/m²。随着太阳高度角的升高，两年的最高月总辐射量均发生在 5 月，分别为 678.5 MJ/m² 和 691.0 MJ/m²。随着太阳高度角的下降，7 月以后月总辐射量逐渐下降。

表 7-2　2004 年和 2005 年的月太阳辐射总量　　　　单位：MJ/m²

年份	1 月	2 月	3 月	4 月	5 月	6 月	7 月	8 月	9 月	10 月	11 月	12 月
2004	292.2	323.8	473.9	605.7	678.5	564.2	665.2	568.8	444.2	346.7	282.2	267.5
2005	252.0	310.7	453.7	564.5	691.0	630.0	638.8	618.7	535.3	376.9	314.2	266.1

表 7-3 是 2004 年和 2005 年的月平均气温，气温受辐射量的直接影响，两年的最低月均气温跟月总辐射一样均发生在 1 月和 12 月，但两年的最高月均气温没有发生在 5 月，而是发生在 7 月，分别为 24.7℃ 和 25.8℃，如图 7-4 和表 7-3 所示。

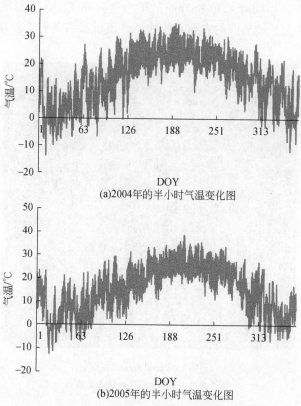

(a)2004年的半小时气温变化图

(b)2005年的半小时气温变化图

图 7-4　2004 年和 2005 年的半小时气温变化图

表 7-3 2004 和 2005 年的月平均气温 单位：℃

年份	1 月	2 月	3 月	4 月	5 月	6 月	7 月	8 月	9 月	10 月	11 月	12 月
2004	2.8	4.3	11.1	15.1	21.4	22.7	24.7	22.4	20.3	15.6	11.0	5.2
2005	5.3	6.1	8.0	14.4	17.0	22.6	25.8	24.8	22.6	15.5	10.5	3.7

7.2 Mead 站点

7.2.1 站点概述

Mead 站点（图 7-5）位于美国内布拉斯加州 Mead 地区附近的那不拉斯加大学农业发展研究中心，空间地理坐标为 41.1797°N，96.4396°W，高程为 363m，为温带气候特征，年均降水量 887mm，年均气温 9.7℃。该地区地处美国中北部，是世界上最大、最高产的农业系统之一。该试验站共有 3 块场地，相互之间

图 7-5 Mead 站点示意图

注：方框为雨养大豆玉米轮作试验田

不超过 1.6km，其中两个站点装备有灌溉系统，另一个站点完全依靠于天然降水。本章选用的是雨养场地，该场地在 2001 年以前进行过耕作管理，如均匀 0.1m 内的土壤，以及磷和钾的施肥，2001 年以后就没有再进行过耕作管理。该站点附近区域土壤是深粉质黏壤土。场地为玉米–大豆轮作试验田。观测塔高为 6m。H_2O/CO_2 红外气体分析器（LI-COR LI-7500，LI-COR LI-626200），气温/相对湿度探头（Vaisala HMP50Y），风速传感器（Met One 010C）分别在 3m 和 6m 处，日射强度计（Eppley PSP）在塔 6m 处，其他还包括量子传感器（LI-COR LI-190SA）测量光合有效辐射，净辐射仪、热电偶（Type-T）安置在土壤 2cm、4cm、6cm 处测量土壤温度，土壤热通量板，雨量计（CSI TE525），气压计（Vaisala PTB101B）。

7.2.2 气候特征

2002 年和 2003 年的降水量分别为 554.3mm 和 570.7mm，两年的月降水量见表 7-4，远小于 Duke 站点的降水量，其中 2004 年的 8 月的降水量非常大，这一个月的降水量就占到当年总降水量的 32.3%。1 月和 12 月依然是两年降水量最少的月份。Mead 站点的小时降水变化如图 7-6 所示。

表 7-4 2002 年和 2003 年的月降水量　　　　单位：mm

年份	1 月	2 月	3 月	4 月	5 月	6 月	7 月	8 月	9 月	10 月	11 月	12 月
2002	2.0	17.2	7.1	78.4	79.6	20.2	43.3	175.8	25.3	90.7	3.3	1.4
2003	1.9	14.1	19.8	73.1	124.2	80.2	37.5	32.9	77.9	37.8	62.2	9.1

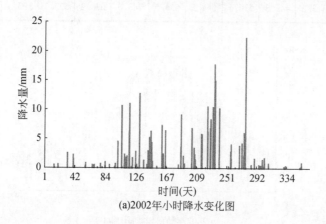

(a)2002年小时降水变化图

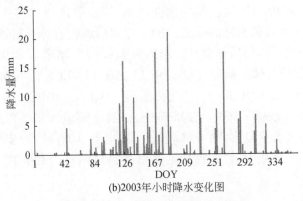

(b)2003年小时降水变化图

图7-6　Mead站点的小时降水变化图

2002年和2003年Mead站点年总辐射量分别为5646MJ/m^{2}和5614MJ/m^2，表7-5是2002年和2003年的月总辐射量，可以看出，12月的月总辐射量为2002年和2003年的最低值，2002年和2003年两年的冬季依然是两年月总辐射量最少的一段时间。两年的月总辐射量的峰值分别发生在6月和7月，分别为741.1 MJ/m^{2}和783.0 MJ/m^2。Mead站点2002年和2003年的日均辐射变化如图7-7所示。

表7-5　2002年和2003年的月辐射总量　　　　单位：MJ/m^2

年份	1月	2月	3月	4月	5月	6月	7月	8月	9月	10月	11月	12月
2002	238.7	328.5	457.5	518.4	697.7	741.1	735.5	615.1	503.2	332.3	253.7	224.3
2003	249.0	313.2	443.3	536.5	644.5	654.5	783.0	670.2	523.3	393.5	225.1	178.4

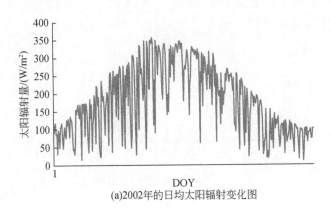

(a)2002年的日均太阳辐射变化图

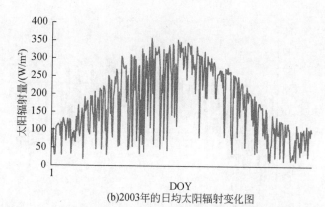

(b)2003年的日均太阳辐射变化图

图 7-7　Mead 站点 2002 年和 2003 年的日均太阳辐射变化图

　　表 7-6 是 2002 年和 2003 年的月平均气温，两年的最低月均气温均发生在 1 月，两年的最高月均气温均发生在 7 月，分别为 26.2℃和 25.2℃。从表中可以看出，Mead 站点的气温随季节变化比较大，该站点冬季的温度低于 Duke 站点的温度，冬季皆低于 0℃。2003 年一月月均气温为−5.0℃。Mead 站点 2002 年和 2003 年的小时气温变化如图 7-8 所示。

表 7-6　2002 年和 2003 年的月平均温度　　　　　　单位：℃

年份	1 月	2 月	3 月	4 月	5 月	6 月	7 月	8 月	9 月	10 月	11 月	12 月
2002	−1.4	−0.9	0.1	11.5	15.6	25.1	26.2	22.8	19.3	7.9	2.5	−0.7
2003	−5.0	−4.6	3.9	11.7	15.3	20.4	25.2	24.7	16.8	12.8	2.5	−1.3

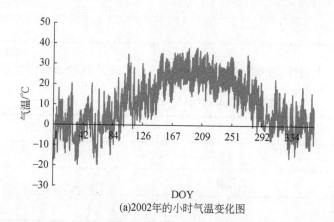

(a)2002年的小时气温变化图

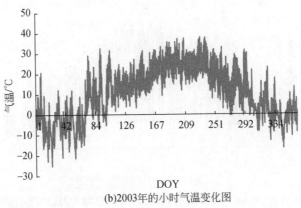

(b)2003年的小时气温变化图

图 7-8　Mead 站点 2002 年和 2003 年的小时气温变化图

7.3　模型的输入与验证数据

Duke 森林站点的模型气象输入数据为 2004～2005 年的两年小时数据。Mead 站点的模拟气象输入数据为 2002～2003 年的两年小时数据。同时还参考了两站的大气年平均 CO_2 浓度（μmol/mol）（表 7-7）。

表 7-7　Duke 站点与 Mead 站点模型的输入数据

站点	降水 /mm	气温 /℃	风速 /(m/s)	气压 /kpa	蒸汽压 /kpa	相对湿度 /%	太阳辐射 /(W/m²)	入射长波辐射 /(W/m²)
Duke 站点	√	√	√	√	√		√	√
Mead 站点	√	√	√	√		√	√	

根据站点土壤性质的概述，Duke 站点与 Mead 站点的土壤设置见表 7-8。

表 7-8　Duke 站点与 Mead 站点的土壤设置

Duke 站		Mead 站	
土壤深度/m	土壤类型	土壤深度/m	土壤类型
0～0.3	粉砂壤土	0～0.3	粉砂黏壤土
0.3～4	黏土	0.3～1.8	黏土

另外 Mead 站点关于作物轮作的日期见表 7-9。

表 7-9　Mead 站点作物轮作日期

年份	作物	种植日期	收割日期	氮的输入/g
2002	大豆	5 月 20 日	10 月 9 日	0
2003	玉米	5 月 13 日	10 月 13 日	70

第 8 章 | VIC 与 CASACNP 模型的耦合

8.1 VIC 模型结构

VIC（variable infiltration capacity）可变下渗能力水文模型是美国华盛顿大学、加利福尼亚大学伯克利分校以及普林斯顿大学共同研制的水文模型。该模型是一个基于网格的大尺度分布式水文模型，可同时进行陆气间能量平衡和水量平衡的模拟，弥补了传统水文模型对热量过程描述的不足。VIC 模型主要考虑了大气–植被–土壤之间的物理交换过程，反映土壤、植被、大气中水热状态变化和水热传输。模型最初由 Wood 提出，仅包括一层土壤。1994 年 Liang 等在原模型基础上，发展为两层土壤的 VIC-2L 模型。后经改进，在模式中增加了一个薄土层（通常取为 100mm），在一个计算网格内分别考虑裸土及不同的植被覆盖类型，并同时考虑陆气间水分收支和能量收支过程，称为 VIC-3L，结构如图 8-1 所示。

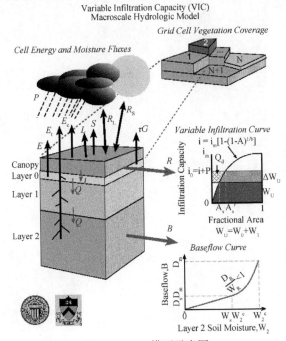

图 8-1　VIC 模型示意图

Cherkauer 等还考虑了积雪融化及土壤融冻过程。最初的 VIC 模型在径流模拟中采用了流域蓄水容量曲线的思想模拟流域的地面径流,后来梁旭和谢正辉等发展了新的地表径流机制,可以同时考虑了蓄满产流(Dunne 产流)和超渗产流机制(Horton 产流),并用于 VIC-3L(Liang and Xie,2001)。在此基础上,谢正辉等还将地下水位的动态表示问题归结为运动边界问题,并利用有限元集中质量法数值计算方案,建立了地下水动态表示方法(Liang and Xie,2003)。

此外,VIC 还比较好地考虑了气象输入在网格内的空间变异。VIC 考虑了网格内暴雨或者局部对流所产生的降水的空间分布非均匀性,能够将一个网格分为有降水部分和无降水部分,且两部分的所占的比例随时间而变化,降水部分的比例是降水强度的函数,随着降水强度的变化而变化。最后将两部分各自的模拟通量根据各自的面积比例进行加权平均,输出该网格的平均通量,如图 8-2 所示。VIC 考虑了网格内由于地形变化所产生的降水的空间分布非均匀性,通过将网格内划分若干等高带来实现,其最主要是用于进行更准确的山区雪盖模拟。在每一个等高带,气象输入根据等高带的平均高程和网格的平均高程的关系进行解集。这里的等高带是一个集总的概念,将网格内所有相同的高程组成一个等高带,并不考虑每格等高带的具体位置以及一些其他属性。VIC 模型已分别用于美国的

VIC Distributed Prepitation

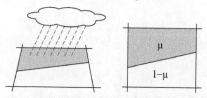

Ⅰ. Wet fraction (μ) varies with storm intensity
Increasing Precipitation Intensity, $\mu_0 < \mu_1$

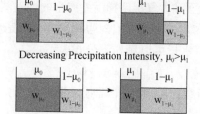

Decreasing Precipitation Intensity, $\mu_0 > \mu_1$

Ⅱ. Soil moisture averaged before new storm
Averaging Before a New Storm, $\mu_0 < \mu_1$ or $\mu_0 > \mu_1$

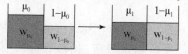

图 8-2 干、湿区划分

Mississippi、Columbia、Arkansas-Red 等流域，以及德国的 Delaware 等大尺度区域径流模拟，并在国内得到了广泛应用，谢正辉和苏凤阁（2003）利用该模型建立了全国 60km×60km 网格植被参数库和土壤参数库，对中国的淮河、渭河进行模拟；刘谦等建立了全国 50km×50km 网格的径流计算评估模型，对淮河、黄河流域进行了模拟；刘志雨等利用 VIC 模型建立了基于 RS 和 GIS 的全国径流模拟系统；袁飞等（2005）将 VIC 模型应用于海河流域；胡彩虹等（2005）将该模型应用于栾川、王瑶河上游 3 个半干旱半湿润流域，刘兆飞和徐宗学（2010）利用 VIC 模型研究人类活动对塔里木河流域水文要素的影响都取得了较好的效果。

8.1.1 VIC 模型的水循环过程

VIC 模型中考虑了 3 类蒸发：冠层截留蒸发、植被蒸腾及裸土蒸发。每个计算网格单元总的蒸发蒸腾量就是冠层、植被和裸地蒸散发量累计后按照不同地表覆盖种类面积权重的总和。

1. 冠层截流蒸发

最大冠层蒸发量 E_c^* 计算公式如下：

$$E_c^* = \delta \frac{r_w}{r_w + r_0} E_p \tag{8-1}$$

湿润叶面的面积率如下：

$$\delta = (W_i / W_{im})^{2/3} \tag{8-2}$$

式中，W_i 为冠层的截留总量；W_{im} 为冠层的最大截留量（指数 2/3 是根据 Deardorff 所给的指数确定的）；E_p 基于 Penman-Monteith 公式，是将叶面气孔阻抗设为零的地表蒸发潜力；r_0 为在叶面和大气湿度梯度差产生的地表蒸发阻抗；r_w 为水分传输的空间动力学阻抗。式（7-1）的形式有时也称作"β"表达形式。

植被冠层的最大截留水量可以用如下公式表示：

$$W_{im} = K_L \times LAI \tag{8-3}$$

式中，LAI 为叶面面积指数；K_L 为一个常数，根据 Dickinson（1984），该值一般取 0.2mm。

对于连续降水，而降水强度又小于叶面蒸发的情况，在这种情况下，植物冠层的蒸发 E_c 可以表示为

$$E_c = f \cdot E_c^* \tag{8-4}$$

式中，f 为冠层蒸发耗尽冠层截留水分所需时间段的比例，可通过式（8-5）计算，即

$$f=\min\left(1, \frac{W_i+P\Delta t}{E_c^* \cdot \Delta t}\right) \tag{8-5}$$

式中，P 为降雨强度；Δt 为计算时段步长。

2. 植被蒸腾计算

植被蒸腾基于 Blondin 和 Ducoudre 等的表达形式，该方法还考虑了时段内没有足够的截留水分满足大气蒸发需要的情况。由于植被蒸腾所需水量来自植被根系的吸收，因此模型计算植被蒸腾对于每一层土壤水压力的不同而不同，最后将各层的蒸腾量相加得到植被总的蒸腾量。具体表达式如下：

$$E_t^i = \left\{(1.0-f)\frac{r_w}{r_w+r_0+r_c}E_p + f\cdot\left[1-\delta^{2/3}\right]\frac{r_w}{r_w+r_0+r_c}E_p\right\} root(i) \tag{8-6}$$

$$E_t = \sum_{i=1}^n E_t^i$$

式中，$root(i)$ 为根系在每一层土壤所占的比例；r_c 为冠层阻力。

3. 裸土蒸发

如果上层土壤不饱和，那么裸土蒸发量 E_s 随土壤水和土壤特性的空间不均匀性而变化；E_s 的计算采用 Francini 和 Pacciani 公式，该公式用了新安江模型的结构，并且假设在计算网格内，入渗能力是变化的，这个方法解决了次网格裸地土壤水分空间不均匀性的问题。公式可以表示为

$$i=i_m\left[1-(1-A)^{1/b}\right] \tag{8-7}$$

式中，i 为入渗能力；i_m 为最大入渗能力；A 为入渗能力小于 i 的面积比例；b 为入渗形状参数；A_s 为裸地土壤水分饱和的面积比例；i_0 为相应点的入渗能力，如图 8-3。则 E_s 可表示为

$$E_s = E_p\left\{\int_0^{A_s}dA + \int_{A_s}^1\frac{i_0}{i_m\left[1-(1-A)^{1/b}\right]}dA\right\} \tag{8-8}$$

在式（8-8）中，第一个积分项代表发生在土壤水分饱和面积的蒸发量，它按照蒸发潜在能力蒸发。因为在式（8-8）中对第二个积分项没有解析解，所以通过级数展开表示如下：

$$E_s = E_p\left\{A_s+\frac{i_0}{i_m}(1+A_s)\left[1+\frac{b_i}{1+b_i}(1-A_s)^{1/b_i}+\frac{b_i}{2+b_i}(1-A_s)^{2/b_i}+\frac{b_i}{3+b_i}(1-A_s)^{3/b_i}+\cdots\right]\right\} \tag{8-9}$$

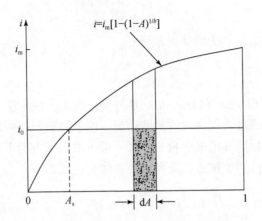

图 8-3　裸土蒸发计算示意图

4. 各种阻力的参数化

1) 空气动力学阻力

水分传输的空气动力学阻抗，用式（8-10）计算。

$$r_w = \frac{1}{C_w u_n(z_2)} \tag{8-10}$$

式中，$u_n(z_2)$ 为在高度 z_2 处的风速；C_w 为水分传输系数，可以通过考虑大气稳定性来估计，

$$C_w = 1.351 \times a^2 F_w \tag{8-11}$$

式中，$a^2 = \dfrac{K^2}{\left[\ln\left(\dfrac{z_2 - d_0}{z_0} \right) \right]^2}$ 是接近中性的稳定状态的黏滞相关系数，von Karman 常

数 K，取 0.4；d_0 为零平面位置高度；z_0 为粗糙高度。根据 Louis 的有关结论，

式（8-11）中的 F_w 定义为 $F_w = \begin{cases} 1 - \dfrac{9.4 Ri_B}{1 + c \cdot | Ri_B^{1/2} |}, & Ri_B < 0; \\[3mm] \dfrac{1}{(1 + 4.7 Ri_B)^2}, & 0 \leqslant Ri_B \leqslant 0.2 \end{cases}$

式中，Ri_B 为 bulk Richardson 数；c 可以表示为 $c = 49.82 \times a^2 \times \left(\dfrac{z_2 - d_0}{z_0} \right)^{1/2}$。

在 Louis 表达式中，对水和热的黏滞相关系数认为是相等的，但是对于动量方程，可以不同。

2）冠层阻力

r_c 为冠层阻力，由植被气孔阻力、土壤湿度压力、叶面积指数组成，如式（8-12）：

$$r_c = \frac{r_{0c} g_{sm}}{\text{LAI}} \tag{8-12}$$

式中，r_{0c} 为叶面气孔阻抗；g_{sm} 为土壤湿度压力系数，可表示为

$$g_{sm}^{-1} = \begin{cases} 1, & W_j \geqslant W_j^{cr}; \\ \dfrac{W_j - W_j^w}{W_j^{cr} - W_j^w}, & W_j^w \leqslant W_j \leqslant W_j^{cr}; \\ 0, & W_j < W_j^w \end{cases} \tag{8-13}$$

式中，W_j 为第 j 层土壤水分含量；W_j^{cr} 为不被土壤水分影响的蒸腾临界值；W_j^w 为凋萎土壤水分含量。

5. 冠层水量平衡

冠层（截留）的水平衡可以表示为

$$\frac{\mathrm{d}W_i}{\mathrm{d}t} = P - E_c - P_t, \quad 0 \leqslant W_i \leqslant W_{im} \tag{8-14}$$

式中，P_t 为该植被最大截流能力 W_{im} 时，降水量穿过冠层落到地面的部分。

6. 地表径流机制

地表径流通过计算入渗的式（8-7）来计算，假设新安江形式只是针对上层土壤，那么上层土壤的最大水分含量 W_1^c 和 i_m、b_i 相关，具体表达式如下：

$$W_1^c = \frac{i_m}{1 + b_i} \tag{8-15}$$

新安江模型作了如下假设：径流发生在降水超过土壤含水能力的面积上。如果这些面积的直接径流量用 Q_d 表示，那么用积分的形式表示为

$$Q_d \cdot \Delta t = \begin{cases} P \cdot \Delta t - W_1^c + W_1^-, & i_0 + P \cdot \Delta t \geqslant i_m; \\ P \cdot \Delta t - W_1^c + W_1^- + W_1^c \left[1 - \dfrac{i_0 + P \cdot \Delta t}{i_m} \right]^{1+b}, & i_0 + P \cdot \Delta t \leqslant i_m \end{cases} \tag{8-16}$$

式中，W_1^- 为在时段开始时上层土壤的水分含量。

地表径流主要有蓄满产流和超渗产流两种产流机制。土壤特性的空间变化、土壤前期湿度、地形和降雨决定产生的径流。通常情况下，这两种径流机理可能会在一个网格的不同地方同时发生，忽略两种产流机制的任何一种或者不考虑土壤的空间不均匀性都会造成地表径流的过高或者过低估计，而这又会直接造成土

壤水分含量计算的很大误差。因此，正确地模拟地表径流对于合理表示陆面对气候的反馈是十分重要的。这是因为地表径流量影响土壤含水量，进而影响陆面和大气之间的水量和能量平衡。谢正辉等发展了 VIC 新的地表径流参数化方法，该方法可以在模型网格单元内同时动态考虑 Horton 和 Dunne 产流机理，也可以同时考虑次网格土壤空间不均匀性的影响在新的参数化方法中（Xie et al., 2004）。蓄满产流（用 R_1 表示）发生在初始饱和的面积 A_s 和时段内变为饱和的部分（$A'_s - A_s$）内，如图 8-4 所示，超渗产流（用 R_2 来表示）发生在剩下的面积 $1 - A_s$ 上，并且在整个超渗产流计算面积（图 8-5 虚线阴影部分）内重新分配，图 8-4 中 R_2 的实际总量由图 8-5 的 R_2 来确定。在图 8-4 中，P 为时段步长（Δt）内的总降雨量，降雨量（也就是 P）被分成蓄满产流（R_1）、超渗产流（R_2）和入渗到土壤的总水量（ΔW），所有这些项都用长度单位来表示，图 8-4 中符号 W_t 为 t 时刻的土壤水分含量，同样用长度单位来表示。

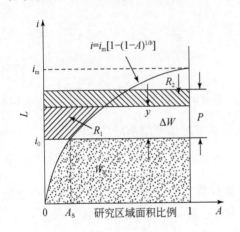

图 8-4　上层土壤在蓄满产流中土壤　　　图 8-5　上层土壤在超渗产流中的
蓄水能力（L）的空间分布示意图　　　　入渗能力（L/T）的空间分布图

7. 地下侧向径流机制

基流的计算公式根据 Arno 概念模型得来，这个公式只用在下层土壤中，计算公式如下：

$$Q_b = \begin{cases} \dfrac{D_s D_m}{W_s W_2^c} W_2^-, & 0 \leqslant W_2^- \leqslant W_s W_2^c; \\[3mm] \dfrac{D_s D_m}{W_s W_2^c} W_2^- + \left(D_m - \dfrac{D_s D_m}{W_s}\right)\left(\dfrac{W_2^- - W_s W_2^c}{W_2^c - W_s W_2^c}\right)^2; \\[3mm] W_2^- \geqslant W_s W_2^c \end{cases} \tag{8-17}$$

式中，Q_b 为基流；D_m 为最大基流；D_s 为 D_m 的一个比例系数；W_2^c 为下层土壤最大水分含量；W_s 为 W_2^c 的一个比例系数，满足 $D_s \leq W_s$；W_2^- 为下层土壤计算时段开始时土壤水分含量。式（8-17）表示基流在某一阈值以下是线形消退过程，而当最下层土壤水分含量高于这个阈值时，基流是非线性的（图8-6）。

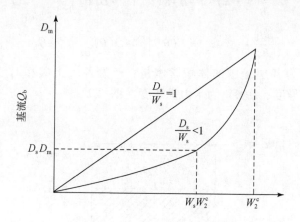

图 8-6   Arno 非线性径流示意图

8. 土壤水分运动

VIC-2L 模型中土壤分两层，土壤上层到下层的渗漏量 Q_{12} 假设只由重力产生，因此渗漏量等于水力传导系数，用 Brooks 和 Corey 估计水力传导系数。

$$Q_{12} = K_s \left(\frac{W_1 - \theta_r}{W_1^c - \theta_r} \right)^{\frac{2}{B_p} + 3} \tag{8-18}$$

式中，K_s 为饱和水力传导系数；θ_r 为残余土壤水分；B_p 为空隙大小分布指数。则两层土壤水量平衡方程如下：

$$W_1^+ = W_1^- + (P - R - Q_{12} - E_1) \cdot \Delta t \tag{8-19}$$

$$W_2^+ = W_2^- + (Q_{12} - Q_b - E_2) \cdot \Delta t \tag{8-20}$$

式中，W_1^+、W_1^- 分别为时段末、时段初上层土壤含水量，W_2^+、W_2^- 分别为时段末、时段初下层土壤含水量，P 为净雨；R 为地表径流，Q_b 是基流 Q_{12} 上层土壤向下层土壤入渗量；E_1、E_2 分别为上、下层土壤蒸发量。

VIC-2L 缺乏对表层土壤水动态变化的描述，且未考虑土层间土壤水的扩散过程，VIC-3L 针对这两点不足做了改进，在 VIC-2L 顶层分出一个顶薄层（通常情况为 0.1m）作为土壤表层，并允许土壤层与层之间的土壤水的扩散，在一个计算网格内分别考虑裸土及不同植被覆盖类型。在 VIC-3L 模型中，各层土壤湿

度变化的控制方程为

$$\frac{\partial \theta_1}{\partial t} \cdot z_1 = P - R - E - K(\theta) \Big|_{-z_1} - D(\theta) \frac{\partial \theta}{\partial z} \Big|_{-z_1}$$

$$\frac{\partial \theta_2}{\partial t} \cdot z_2 = P - R - E - K(\theta) \Big|_{-z_2} - D(\theta) \frac{\partial \theta}{\partial z} \Big|_{-z_1} \qquad (8\text{-}21)$$

$$\frac{\partial \theta_3}{\partial t} \cdot (z_3 - z_2) = K(\theta) \Big|_{-z_2} - D(\theta) \frac{\partial \theta}{\partial z} \Big|_{-z_1} - Q_b$$

以上各式中，θ 为各层土壤的体积含水量；z_i 为各层土壤相对于地面的深度；$K(\theta)$ 为水力传导度；$D(\theta)$ 为水力扩散度（图 8-7）。

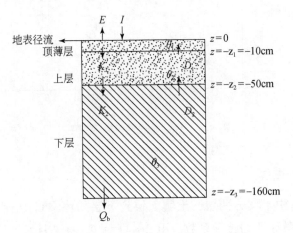

图 8-7　裸土情况的 VIC-3L 示意图

谢正辉等（2004）通过有限元法对 Richards 方程进行数值求解，可以将土壤分为任意层，并且加入了地下水水位动态边界，考虑了土壤水与地下水之间的动态变化。杨宏伟和谢正辉（2003）通过坐标变换将 Richards 方程运动边界问题转换为固定边界问题，采用有限元求解的非饱和带计算模块与 VIC 耦合。

8.1.2　VIC 模型的能量传输过程

1. 能量平衡方程

VIC 模式中地表能量平衡公式表示为（Liang et al.，1994）

$$R_n = H + L + G \qquad (8\text{-}22)$$

式中，R_n 为净辐射；H 为感热通量；L 为潜热通量（通常的单位是 W/m^2）；G 为地表热通量。对于地表比较平坦和比较均匀的情况，取一段封闭的大气柱来研

究，大气柱的底端是陆地表面，顶端是一给定高度的大气，那么能量平衡可写为

$$R_n = H + L + G + \Delta H_s \tag{8-23}$$

式中，ΔH_s 为单位时间、单位面积在该大气层内能量的变化，感热通量、潜热通量，以及净辐射与大气层和地表热通量有关，所以能量在该空气柱的变化率可以表示为

$$\Delta H_s = \frac{\rho_a c_p (T_s^+ - T_s^-) z_a}{2\Delta t} \tag{8-24}$$

式中，ρ_a 为大气密度；c_p 为在常压下的大气比热；T_s^+ 和 T_s^- 分别为时段初和时段末该大气层底地表温度；z_a 为该大气层顶的高度（这个量只有在认为 ΔH_s 非常重要时才用到）。

2. 净辐射、潜热、感热通量的计算

净辐射的计算公式如下：

$$R_n = (1-\alpha) R_s + \xi \cdot (R_L - \sigma T_s^4) \tag{8-25}$$

式中，α 为某植被覆盖类型的地表反射率；R_s 为向下的短波辐射；ξ 为比幅射率；R_L 为向下的长波辐射；σ 为 Stefan-Boltzmann 常数。

潜热通量是水平衡和能量平衡的连接因子，公式如下：

$$L = \rho_w L_e E \tag{8-26}$$

式中，$E = \sum_{n=1}^{N+1} E[n]$；$E[n] = E_c[n] + E_t[n], n = 1, 2, \cdots, N$；$E[n+1] = E_1$；$\rho_w$ 为水密度；L_e 为水的蒸发潜热。

感热的计算公式可以给定如下：

$$H = \frac{\rho_a c_p}{r_h} (T_s - T_a) \tag{8-27}$$

式中，T_s 为地表温度；T_a 为大气温度；r_h 为热通量的空气动力学阻抗。

3. 地表热通量的快速计算方法

地表热通量 G 通过对两层土壤的热量估计来计算，对于上层土壤，如果土壤深度是 D_1（一般假设为 50mm）有

$$G = \frac{\kappa}{D_1} (T_s - T_1) \tag{8-28}$$

式中，κ 为土壤的热传导系数；T_1 为土壤在深度 D_1 处的温度。假设下层土壤的深度为 D_2，且该土壤层底部土壤温度恒定，那么这里的能量守恒公式（假设上层土壤的热容量变化忽略）为

$$\frac{C_s \cdot (T_1^+ - T_1^-)}{2 \cdot \Delta t} = \frac{G}{D_2} - \frac{\kappa \cdot (T_1 - T_2)}{D_2^2} \tag{8-29}$$

式中，C_s 为土壤热传导能力系数；T_1^+ 和 T_1^- 分别为深度 D_1 处时段初和时段末的土壤温度；T_2 为在深度 D_2 时的恒温度。目前，认为 κ 和 C_s 不随土壤水分含量变化，而且在计算时对不同的土壤层取相同的值。从式（8-28）和式（8-29），地表热通量 G 可以表示为（Liang et al., 1994）

$$G(n) = \frac{\dfrac{\kappa}{D_2}(T_s - T_2) + \dfrac{C_s \cdot D_2}{2 \cdot \Delta t}(T_s - T_1^-)}{1 + \dfrac{D_1}{D_2} + \dfrac{C_s \cdot D_1 \cdot D_2}{2 \cdot \Delta t \cdot \kappa}} \tag{8-30}$$

在 ΔH_s 能够被忽略的情况下，理想表面的能量平衡方程式（8-22）可以用来代替式（8-23）。在 ΔH_s 能够被忽略的情况下，地表温度 T_s 可以用式（8-31）迭代求得

$$\xi \sigma T_s^4 + \left(\frac{\rho_a c_p}{r_h} + \frac{\dfrac{\kappa}{D_2} + \dfrac{C_s \cdot D_2}{2 \cdot \Delta t}}{1 + \dfrac{D_1}{D_2} + \dfrac{C_s \cdot D_1 \cdot D_2}{2 \cdot \Delta t \cdot \kappa}} \right) \cdot T_s$$

$$= (1 - \alpha) R_s + \xi \cdot R_L + \frac{\rho_a c_p}{r_h} T_a - \rho_w L_e E + \frac{\dfrac{\kappa \cdot T_2}{D_2} + \dfrac{C_s \cdot D_2 \cdot T_1^-}{2 \cdot \Delta t}}{1 + \dfrac{D_1}{D_2} + \dfrac{C_s \cdot D_1 \cdot D_2}{2 \cdot \Delta t \cdot \kappa}} \tag{8-31}$$

如果 $\Delta H_s[n]$ 不能被忽略，那么

$$\xi \sigma T_s^4 + \left(\frac{\rho_a c_p}{r_h} + \frac{\rho_a c_p z_a}{2 \cdot \Delta t} + \frac{\dfrac{\kappa}{D_2} + \dfrac{C_s \cdot D_2}{2 \cdot \Delta t}}{1 + \dfrac{D_1}{D_2} + \dfrac{C_s \cdot D_1 \cdot D_2}{2 \cdot \Delta t \cdot \kappa}} \right) \cdot T_s$$

$$= (1 - \alpha) R_s + \xi \cdot R_L + \frac{\rho_a c_p}{r_h} T_a - \rho_w L_e E + \frac{\rho_a c_p z_a \cdot T_s^-}{2 \cdot \Delta t} + \frac{\dfrac{\kappa \cdot T_2}{D_2} + \dfrac{C_s \cdot D_2 \cdot T_1^-}{2 \cdot \Delta t}}{1 + \dfrac{D_1}{D_2} + \dfrac{C_s \cdot D_1 \cdot D_2}{2 \cdot \Delta t \cdot \kappa}} \tag{8-32}$$

网格内平均有效地表温度 T_s、感热通量 H 和地表热通量 G 就可以通过各覆盖类型的加权平均得到

$$T_s = \sum_{n=1}^{N+1} C_v[n] \cdot T_s[n] \tag{8-33}$$

$$H = \sum_{n=1}^{N+1} C_v[n] \cdot H[n] \tag{8-34}$$

$$G = \sum_{n=1}^{N+1} C_v[n] \cdot G[n] \tag{8-35}$$

计算地表温度 T_s 的迭代过程如下：

（1）在初始的时候，假设地表温度就等于大气温度，这样就可以计算出用 Penman-Monteith 公式计算 E_p 所需的 Bulk Richardson 数、大气水分压力和净辐射的初始值。

（2）通过式（8-31）或式（8-32），求地表温度。

（3）用上面第二步得到的地表温度再计算 Bulk Richardson 数、大气水分压力和净辐射。

（4）重新用式（8-31）或式（8-32）循环计算求地表温度，这一步所得到的地表温度就认为是模型模拟计算时段初的地表温度。

（5）下一个计算时段，用前一时段的地表温度来计算 Bulk Richardson 数、大气水分压力和净辐射，然后重复执行步骤（2）~ 步骤（4）。

4. 土壤温度计算

上述能量平衡计算中，对于土壤热通量的模拟，只考虑土壤表面温度 T_s，第一层底部的温度 T_1，和整个土柱最底部的温度 T_b（Liang et al.，1999）。有关研究表明三层的温度对于精确模拟土柱中的土壤温度、土壤溶冻状态是不够的。土壤温度直接影响到能量平衡的各分量，而土壤的溶冻状态也直接影响着土壤热通量模拟，同时冻土还通过影响下渗、土壤水运动改变着水文过程。因此在对于土壤热通量的模拟，VIC 模式可以采用有限差分法对热扩散方程进行数值求解，同时能够模拟冻土过程（Cherkauer and Lettemaier，1999）。

土柱中热量传输的方程如下：

$$C \frac{\partial T}{\partial t} = \frac{\partial}{\partial z}\left(k \frac{\partial T}{\partial z}\right) + \rho_{ice} L_f \left(\frac{\partial \dot{\theta}}{\partial t}\right) \tag{8-36}$$

式中，k 为土壤热传导系数；C 为土壤体积热容量；T 为土壤温度；ρ_{ice} 为冰的密度；L_f 为冰的融化潜热。

热传导率是土壤含水量、含冰量的函数，计算的方法有很多种，Farouki（1986）经过多种计算方法对比研究，认为 Johansen（1975）的方法具有很高的模拟精度。该方法计算土壤热传导率的表达式如下：

$$k = (k_{sat} - k_{dry}) k_e \tag{8-37}$$

式中，k_{sat} 为饱和土壤热导率；k_{dry} 为干旱土壤热导率；k_e 为 Kerston 数，是土壤饱和度 S_r 的函数。

$$k_{sat} = \begin{cases} 0.5^n (7.7^{qu} 2.0^{1-qu})^{1-n}, & \text{非冻土；} \\ 2.2^n (7.7^{qu} 2.0^{1-qu})^{1-n} 0.269^{\theta}, & \text{冻土} \end{cases} \tag{8-38}$$

$$k_{\mathrm{dry}} = \frac{0.17\gamma_{\mathrm{d}} + 64.7}{2700 - 0.947\gamma_{\mathrm{d}}} \tag{8-39}$$

$$k_{\mathrm{e}} = \begin{cases} \log S_{\mathrm{r}} + 1.0, & unfrozen; \\ S_{\mathrm{r}}, & frozen \end{cases} \tag{8-40}$$

$$S_{\mathrm{r}} = \frac{\theta + \dot{\theta}}{\theta_{\mathrm{s}}} \leqslant 1 \tag{8-41}$$

式中，n 为孔隙率；qu 为石英含量；θ 为土壤含水量（自由流动部分）；γ_{d} 为土壤容重。

土壤体积热容量是土壤各相热容之和（Flerchinger and Saxton，1989a），

$$C = \rho_{\mathrm{liq}} c_{\mathrm{liq}} \theta + \rho_{\mathrm{ice}} c_{\mathrm{ice}} \dot{\theta} + \rho_{\mathrm{s}} c_{\mathrm{s}} (1 - \theta_{\mathrm{s}}) \tag{8-42}$$

式中，ρ_{liq}、ρ_{ice}、ρ_{s} 为土壤水、土壤冰、土壤固体的密度；c_{liq}、c_{ice}、c_{s} 分别为土壤水、土壤冰、土壤固体的比热容。

初始条件可以是来自站点的实测数据，或者通过气温进行估计。上边界条件为地表温度，地表温度由地表能量平衡计算中得出，采用一种 root-finding 的数值迭代方法，求出地表各能量通量平衡时的地表温度。当 root-finding 法每迭代一个新的地表温度时，整个土柱的热通量重新计算，然后提供新的地表热通量 G。root-finding 法直到地表能量平衡误差满足设定的精度时停止迭代。

下边界条件可以选择固定温度 T_{b}，T_{b} 设置为年平均气温。下边界也可以选择设置为零通量边界，如式（8-43），即 T_{b} 不是固定值，也可以随着时间变化。

$$\left. \frac{\partial T}{\partial z} \right|_{z=z_{\mathrm{L}}} = 0 \tag{8-43}$$

土壤的冰含量由每一个计算单元的温度计算的，没有液体水含量由式（8-44）计算（Flerchinger and Saxon，1989），

$$W_i = W_i^{\mathrm{c}} \left[\left(\frac{1}{g\psi_{\mathrm{e}}} \right) \left(\frac{L_{\mathrm{f}} T}{T + 273.16} \right) \right]^{-B_{\mathrm{p}}} \tag{8-44}$$

式中，W_i 为第 i 层的液体水含量；W_i^{c} 是 i 层的最大水含量；g 为重力加速度；ψ_{e} 为土壤进气值；B_{p} 为气孔大小分布。该式说明了土壤的溶冻是土壤结构、土壤温度、最大含水量的函数。

8.2 冠层光合作用与气孔导度的耦合模型

8.2.1 光合作用与气孔导度

碳进入生态系统的主要途径是光合作用或者说净初级生产力（NPP）。光合

作用是绿色植物叶绿体在光的作用下，将 CO_2 和水同化为碳水化合物并释放出氧气的过程，是由一系列生理生化反应组成的。限制光合作用的因素有内部因素和环境因素。内部因素主要涉及光合器官叶片的发育和结构、CO_2 进入植物体的气孔阻力、光合作用限速酶 RuBP 的羧化与再生等。外部因素主要有光照、温度、水分、CO_2 以及矿质营养等几个方面。NPP 就是 CO_2 同化速率与植物的自养呼吸之差。

CASACNP 模型的 NPP 可以由经验型模型提供，也可以由机理性模型提供，本章采用机理性模型模拟光合作用。本章对于 C3 植被的模拟基于 Furquhar 等（1980）和 Collatz 等（1991）发展的生物化学模型模拟冠层 CO_2 的同化速率，该模型在植物单叶、冠层、区域以及全球得到了广泛的应用。C4 的光合作用模拟基于 Collatz 等（1991）和 Dougherty 等（1994）发展的模型。

该模型中，叶子的净光合速率 $A[\mu mol\ CO_2/(m^2 \cdot s)]$ 采用 RuBP 再生限制的净光合作用率 $A_j[\mu mol\ CO_2/(m^2 \cdot s)]$、羧化速率限制的净光合作用率 $A_c[\mu mol\ CO_2/(m^2 \cdot s)]$ 以及最大净同化速率 $A_s[\mu mol/(m^2 \cdot s)]$ 的最小平滑值进行计算，即将净光合速率看作下面的二次多项式的最小的根（Collatz et al., 1991）：

$$\beta_1 A_p^2 - (A_c + A_j)A_p + A_c A_j = 0 \tag{8-45}$$

和

$$\beta_2 A^2 - (A_p + A_s)A + A_p A_s = 0 \tag{8-46}$$

式中，β_1、β_2 为经验参数。

对于 C3 植物，Rubisco 活性限制的光合作用率为

$$A_c = \frac{(c_i - \Gamma_*)V_{c,max}}{c_i + K_c(1 + o_i/K_o)} \tag{8-47}$$

RuBP（光限制率）再生限制的光合作用速率为

$$A_j = \frac{J(c_i - \Gamma_*)}{4(c_i + 2\Gamma_*)} \tag{8-48}$$

碳和光合有效辐射饱和情况下的最大净同化速率为

$$A_s = 0.5 V_{max} \tag{8-49}$$

对于 C4 植物（Collatz et al., 1992）

$$A_c = V_{c,max} \tag{8-50}$$

$$A_j = \frac{J(c_i - \Gamma_*)}{4(c_i + 2\Gamma_*)} \tag{8-51}$$

$$A_s = 4000 V_{max} c_i \tag{8-52}$$

式中，$V_{c,max}$ 为最大羧化作用率；K_c 和 K_o 为 CO_2 和 O_2 的 Michaelis-Menten 系数；Γ_* 为 CO_2 补偿点；c_i 和 o_i 为叶肉细胞间隙的 CO_2 和 O_2 浓度；J 为当吸收辐射为 Q 时的电子传输速率，是最大电子传输速率 J_{max} 和吸收的光合有效辐射 Q 与光量

子效率 κ_2 乘积的最小平滑值（Leuning，1995），具体如下：

$$\kappa_1 J^2 - (\kappa_2 Q + J_{max}) J + \kappa_2 Q J_{max} = 0 \tag{8-53}$$

$$J_{max} = J_{max} \frac{\exp\left[\dfrac{H_{vJ}}{RT_0}\left(1 - \dfrac{T_0}{T_l}\right)\right]}{1 + \exp\left(\dfrac{S_v T_1 - H_{dJ}}{RT_1}\right)} \tag{8-54}$$

式中，κ_2 为光量子效率；Q 为吸收的光合有效辐射；κ_1 为一个曲率参数，决定了从最大量子产生区到光饱和转变的快慢程度；H_{vJ} 为 J_{max} 活化能；H_{dJ} 为 J_{max} 解活化能；R 为气体常数；T_0 为参考温度；T_l 为冠层温度。

Michaelis-Menten 系数 K、CO_2 补偿点 Γ_* 是温度的函数（Leuning，1995），即

$$K_x = K_{x0} \exp\left[\frac{H_x}{RT_1}\left(1 - \frac{T_0}{T_1}\right)\right], \quad x \text{ 代表 c 或 o} \tag{8-55}$$

$$\Gamma_* = \gamma_0 \left[1 + \gamma_1 (T_1 - T_0) + \gamma_2 (T_1 - T_0)^2\right] \tag{8-56}$$

而最大羧化作用率是受温度和土壤湿度共同控制的。

$$V_{c,max} = \beta \cdot V_{c,max0} \frac{\exp\left[\dfrac{H_{vV}}{RT_0}\left(1 - \dfrac{T_0}{T_1}\right)\right]}{1 + \exp\left(\dfrac{S_v T_1 - H_{dV}}{RT_1}\right)} \tag{8-57}$$

式中，H_c 为 K_c 活化能；H_o 为 K_o 活化能；H_{vV} 为 $V_{c,max}$ 活化能；H_{dV} 为 $V_{c,max}$ 解活化能；β 为土壤水分约束。

在蒸腾和光合作用中，植物通过开关气孔来控制水和 CO_2 的交换。气孔的运动机制很复杂，依赖于植物生理以及外部环境。完全基于机制模拟气孔功能的模型到目前还没有开发出来，大多还是应用经验的方法，本次采用 Wang 以及 Leuning 在 Ball-Berry 模型的基础上改进的冠层导度模型（Ball et al.，1987；Leuning，1995；Wang and Leaning，1998）。模型基于 CO_2 气孔导度和水汽气孔导度呈线性关系的观测事实，则水汽 H_2O 的冠层导度表达式如下

$$g_s = g_0 + \frac{a_1 A}{(c_s - \Gamma_*)(1 + D/D_x)} \tag{8-58}$$

式中，g_s 为水汽的冠层导度；a_1 为经验系数；c_s 为叶片表面的 CO_2 浓度；D 为叶片表面的饱和水汽压差；D_x 为表征气孔对敏感性的经验系数；g_0 为光饱和点的最小冠层导度。

通常假设 CO_2 冠层导度与水汽 H_2O 冠层导度的关系为（Landsberg，1986）

$$g_s = 1.65 g_{s,CO_2} = \frac{1}{r_s} = \frac{1.65}{r_{s,CO_2}} \tag{8-59}$$

式中，r_s 为水汽 H_2O 的冠层阻力；r_{s,CO_2} 为 CO_2 的冠层阻力。

冠层边界层阻力为

$$r_b = \left(b \sqrt{\frac{u_z}{w_c}} \right)^{-1} LAI \qquad (8-60)$$

式中，b 为经验常数；u_z 为冠层源汇高度处的风速；w_c 为叶片平均宽度；LAI 为叶面积指数。

通常假设 CO_2 的边界层导度与水汽边界层导度的关系为（Landsberg，1986；Bonan，2002）（图 8-7）

$$g_b = 1.37 g_{b,CO_2} = \frac{1}{r_b} = \frac{1.37}{r_{b,CO_2}} \qquad (8-61)$$

$$c_s = c_a - r_{ba,CO_2} \cdot A \qquad (8-62)$$

式中，r_{ba,CO_2} 包括空气动力学阻力 r_a，冠层边界阻力 r_b，

$$r_{ba,CO_2} = r_{b,CO_2} + r = 1.37 r_b + r_a \qquad (8-63)$$

光合作用可以看作植物通过气孔与外界环境交换 CO_2 的一个扩散过程。那么净 CO_2 交换通量，即净光合作用速率可以表示如下（图 8-8）：

$$A = g_{sba,CO_2}(c_a - c_i) \qquad (8-64)$$

式中，g_{ba,CO_2} 为大气到胞内 CO_2 之间的导度；r_{sba,CO_2} 为它们之间的阻力，包括空气动力学阻力 r_a，冠层边界层阻力 r_b，气孔阻力 r_s，

$$g_{sba,CO_2} = \frac{1}{r_{sba,CO_2}} = \frac{1}{r_{s,CO_2} + r_{b,CO_2} + r_a} = \frac{1}{1.65 r_s + 1.37 r_b + r_a} \qquad (8-65)$$

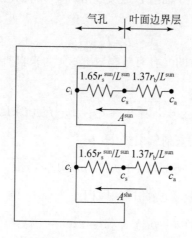

图 8-8　光合作用原理图（CLM4.0 Tec. Note）

先取的胞内 CO_2 浓度的初值为 $c_i = 0.7 c_a$，然后由式（8-47）和式（8-48）求出光和作用速率 A，再由 A 利用式（8-66）反求出 c_i，然后由新的 c_i 求出新的光和作

用速率 A，反复迭代，直至 c_i 收敛。

$$c_i = c_a - r_{\text{sba,CO}_2} \cdot A \tag{8-66}$$

8.2.2 冠层辐射吸收

冠层中背光叶和受光叶所接受的可见光通量是非均匀的，而光合作用对光的响应曲线是高度非线性的，若用平均光强来计算光合作用会产生一定的误差，因此有必要将冠层区分为背光叶和受光叶。本章采用 de Pury（1997）的模型，该模型将整个冠层视为一层，并将其分别分为受光叶和背光叶部分，分别计算受光叶和背光叶对入射直射光和散射光的吸收量。

在冠层任意深度，划分受光叶和背光叶比例的函数如下：

$$f_{\text{sun}}(x) = \text{e}^{-k_b x} \tag{8-67}$$

$$f_{\text{shade}}(x) = 1 - f_{\text{sun}}(x)$$

式中，x 为由冠层顶往下累积的叶面积指数；k_b 为直射光消光系数。

对于单层冠层，则冠层受光叶面积指数如下：

$$L_{\text{sun}} = \int_0^{\text{LAI}} f_{\text{sun}}(x)\,\text{d}x = \frac{1}{k_b}(1 - \text{e}^{-k_b \text{LAI}}) \tag{8-68}$$

背光叶部分的叶面积指数是冠层叶面积指数与受光叶面积指数之差，即

$$L_{\text{shade}} = \text{LAI} - L_{\text{sun}} \tag{8-69}$$

冠层吸收总的光和有效辐射 I_c 是受光部 I_{csun} 和背光部 I_{csh} 吸收的有效辐射之和，即

$$I_c = I_{\text{csun}} + I_{\text{csh}} \tag{8-70}$$

式中，冠层受光部分吸收的光合有效辐射 I_{csun} 分为来自直射 I_{lb}、漫射 I_{ld}、冠层间的散射 I_{lbs} 3 个部分。

$$I_{\text{csun}} = \int_0^{\text{LAI}} [I_{\text{lb}} + I_{\text{ld}} + I_{\text{lbs}}] f_{\text{sun}}(L)\,\text{d}L \tag{8-71}$$

冠层受光部分吸收的直射辐射如下：

$$\int_0^{\text{LAI}} I_{\text{lb}} f_{\text{sun}}(L)\,\text{d}L = I_b(0)(1 - \sigma)[1 - \exp(-k_b \text{LAI})] \tag{8-72}$$

冠层受光部分吸收的天空散射辐射如下：

$$\int_0^{\text{LAI}} I_d f_{\text{sun}}(L)\,\text{d}L = I_d(0)(1 - \rho_{\text{cd}}) \times \{1 - \exp[-(k_d' + k_b)\text{LAI}]\} k_d'/(k_d' + k_b) \tag{8-73}$$

冠层受光部分吸收的冠层间散射辐射如下：

$$\int_0^{\text{LAI}} I_{\text{lbs}} f_{\text{sun}}(L) \, dL = I_b(0) \left[\frac{(1 - \rho_{\text{cb}}) \{ 1 - \exp[-(k'_b + k_b)\text{LAI}] \} k'_b}{k'_b + k_b} \right.$$
$$\left. - \frac{(1 - \sigma)[1 - \exp(-2k_b\text{LAI})]}{2} \right] \tag{8-74}$$

冠层吸收的总的光和有效辐射如下：

$$I_c = \int_0^{\text{LAI}} I_1 dL = (1 - \rho_{\text{cb}}) I_b(0) [1 - \exp(-k'_b \text{LAI})]$$
$$+ (1 - \rho_{\text{cd}}) I_d(0) [1 - \exp(-k'_d \text{LAI})] \tag{8-75}$$

因此冠层背光部分吸收的光和有效辐射为冠层总吸收辐射和受光部吸收辐射之差，即

$$I_{\text{csh}} = I_c - I_{\text{csun}} \tag{8-76}$$

式中，直射光的消光系数 k_b 为太阳高度角 μ 的函数（Sellers, 1985；Dai et al., 2003）

$$k_b = G(\mu) / \mu \tag{8-77}$$

函数 G 是对于太阳不同方向的植物的相对投影面积，即

$$G(\mu) = \phi_1 + \phi_2 \mu$$
$$\phi_1 = 0.5 - 0.633\chi - 0.33\chi^2$$
$$\phi_2 = 0.877(1 - 2\phi_1)$$

式中，χ 为叶子的角度分布，取 -1 代表垂直方向的叶子，1 代表水平方向的叶子，0 代表叶子的球面角分布。

叶子对 PAR 的散射系数 σ 是叶子对 PAR 反射系数 ρ_1 与叶子对 PAR 的穿透系数 τ_1 之和，$\sigma = \rho_1 + \tau_1$。散射 PAR 的消光系数 k_d 取 0.78。直射 PAR 和散射 PAR 的消光系数 k'_b，漫射 PAR 和散射 PAR 的消光系数 k'_d 计算如下：

$$k'_x = k_x (1 - \sigma)^{\frac{1}{2}}$$

式中，x 代表 b 和 d，冠层对漫射 PAR 的反射系数 ρ_{cd}，取 0.036。冠层对直射 PAR 的反射系数 ρ_{cb} 用计算如下：

$$\rho_{\text{cb}} = 1 - \exp[2\rho_h k_b / (1 + k_b)]$$

式中，ρ_h 为由水平叶构成的冠层的反射系数，即

$$\rho_h = \frac{1 - (1 - \sigma)^{\frac{1}{2}}}{1 + (1 - \sigma)^{\frac{1}{2}}}$$

将冠层分为受光和背光两部分后，冠层总的光合作用量为两部分之和，即

$$A = A_{\text{sun}} + A_{\text{shade}} \tag{8-78}$$

8.3　CASACNP 模型结构

CASACNP 模型可以模拟碳、氮、磷在植被、凋落物、土壤中的动态变化。

模型将植被分为叶（leaf）、茎（stem）、根（root），凋落物分为3个库，代谢库（metabolic），结构库（structural），粗糙木质库（coarse woody debris），将土壤有机质（SOM）按被微生物分解的难易程度也分为3个库，微生物库（microbial），慢性库（slow），惰性库（passive）。除此之外，氮在土壤中还分出一个无机氮库（inorganic N），磷在土壤中还分出3个无机磷库，分别为不稳定（labile P）、吸附（sorbed P）、强吸附库（strongly sorbed P）。在下文中，凋落物、土壤有机质各库分别用 MET、STR、CWD、MIC、SLOW、PASS 表示。CASACNP 的碳循环是基于 CASA 模型建立的（Fung et al.，2005），包括了自养呼吸、异样呼吸、NPP的分配以及各库的动态变化。CASACNP 的氮循环以 Parton（1987）和 Wang 等（2007）发展的模型为基础。氮对生态系统的输入包括气沉降和人工施肥，输出包括氨化、反硝化过程以大气形式的输出，通过淋失随着土壤水运动的输出。在 CASACNP 中，氮循环与碳循环紧密耦合。叶氮与土壤无机氮影响 NPP 的大小，净氮矿化量影响土壤有机碳的分解。根系对无机氮的吸收又与植被的 NPP以及 N：C 比相关。磷通过大气沉降、岩石风化进入生态系统，通过淋失和侵蚀输出系统。磷循环主要是基于 Wang 等（2007）和 Houlton 等（2008）的模型，CASACNP 的一大特色就是对磷的矿化模拟，CASACNP 模型不仅考虑了分解形成的矿化，即生物矿化（biological P mineralization），还考虑了另外一种矿化，就是植物根系产生的磷酸酶，它可以把原来结合状态的有机磷成分裂开来形成无机不稳定磷，即生物化学磷矿化（biochemical P mineralization）。通过这种方法，植被可以直接加速磷的矿化。但单本章研究缺乏磷的资料，以及本章的研究站点都处于温带，氮是最主要的约束，因此没有模拟磷的循环。CASACNP 结构如图 8-9所示。

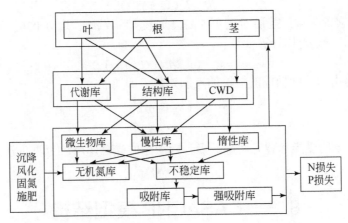

图 8-9　CASACNP 结构图（Wang et al.，2009）

8.3.1 碳的生物地球化学循环

1. 自养呼吸

自养呼吸包括维持呼吸和生长呼吸。植物组织中的底物碳首先用来进行植物的维持呼吸以满足植物的能量所需。植物根茎叶的维持呼吸分别计算如下（Sitch et al. ，2003）：

$$R_{leaf} = r_{leaf} \cdot \frac{C_{leaf}}{cn_{leaf}} \cdot g(T_{air}) \tag{8-79}$$

$$R_{wood} = r_{wood} \cdot \frac{C_{wood}}{cn_{wood}} \cdot g(T_{air}) \tag{8-80}$$

$$R_{root} = r_{root} \cdot \frac{C_{root}}{cn_{root}} \cdot g(T_{soil}) \tag{8-81}$$

式中，

$$g(T) = \exp\left[308.56 \cdot \left(\frac{1}{56.2} - \frac{1}{(T+46.02)}\right)\right] \tag{8-82}$$

式中，cn_i 为植物各库的碳氮比；C_i 为植物各库的含碳量；r_i 为根据不同植物给定的根茎叶呼吸速率。

植物维持呼吸是 3 部分维持呼吸之和，即

$$R_m = R_{leaf} + R_{wood} + R_{root} \tag{8-83}$$

在满足植物的维持呼吸之后，剩余的底物碳用来进行植物组织的生长及生长呼吸，通常认为生长呼吸与扣除维持呼吸的 GPP 成正比。

$$R_g = 0.25(GPP - R_m) \tag{8-84}$$

2. 植物光合作用分配以及物候模拟

$$\frac{dC_{P,i}}{dt} = a_{c,i}F_c - \tau_{P,i}C_{P,i}, \quad i = leaf、wood、root \tag{8-85}$$

式中，$a_{c,i}$ 为 NPP 分配到根、茎、叶的分配系数；$\tau_{P,i}$ 为植物各库到凋落物库的转化速率。茎和根的转化产生茎和根的凋落物，转化速率同叶子的正常转化速率相似，根据不同植被给定的转化时间，茎的转化速率在 35～60 年，根在 4～9 年变动。

模型中叶碳转化成凋落物的速率综合考虑了叶子的正常转化速率 γ_N，水分胁迫因子 γ_W 和温度胁迫因子 γ_T（Arora and Boer，2005）

$$\tau_{p,leaf} = \gamma_N + \gamma_W + \gamma_T \tag{8-86}$$

水分胁迫因子是给定的不同植被因缺水导致的最大凋落速率 $\gamma_{W\max}$ 和根区土壤湿度的函数

$$\gamma_W = \gamma_{W\max}(1-W)^{b_w} \tag{8-87}$$

式中，b_w 为根据不同植被给定的参数，当根区土壤湿度等于或大于田间持水量时（$W=1$）水分胁迫因子为 0；当根区土壤湿度小于凋萎含水量时（$W=0$）水分胁迫因子为最大值。当 b_w 等于 1 时，水分胁迫因子与根区土壤湿度呈线性变化，b_w 大于 1 时，呈非线性变化，因此 b_w 决定了叶子凋落对土壤湿度的敏感性，b_w 取值越大，表明当叶子凋落对土壤湿度越不敏感。

叶子的温度胁迫因子类似于水分胁迫因子

$$\gamma_T = \gamma_{T\max}(1-\beta_T)^{b_T} \tag{8-88}$$

是根据不同植被给定的因温度的最大凋落率，温度因子在 0～1 变动，如下：

$$\beta_T = \begin{cases} 1, & T_{air} \geq T_{cold}; \\ \dfrac{(T_{air}-T_{cold}-5.0)}{5.0}, & T_{cold} > T_{air} > (T_{cold}-5.0); \\ 0, & T_{air} \leq (T_{cold}-5.0) \end{cases} \tag{8-89}$$

式中，T_{air} 为气温；T_{cold} 为对于不同植被给定的温度阈值，当温度低于该阈值时，叶子开始凋落；b_T 决定对于给定植被叶子凋落对温度的敏感程度。

CASACNP 植被的物候分为四个阶段，第一阶段从发芽到稳定生长，第二阶段从稳定生长到叶子开始凋落，第三阶段从叶子凋落开始到凋落结束，第四阶段从叶子凋落结束到发芽（Wang et al.，2009）。

在稳定生长阶段，分配系数不变，只是不同植被之间不同，在第三和第四阶段，停止向叶子分配，原本分配到叶子的值按比例加入到根、茎中，在第一阶段，对于林地，叶的分配系数设为 0.8，根茎的分配系数分别为 0.1，对于非林地，茎的分配系数设为 0，根的分配系数为 0.2。叶子的物候由遥感观测的反演估计获得（Zhang et al.，2006）。

3. 凋落物中的碳循环

当凋落物在土壤里分解，一部分吸收到土壤有机碳库，剩下的通过呼吸变为 CO_2。当氮的固持率高于总矿化率时，凋落物分解速率受到限制变小。各凋落物有机碳库的控制方程如下：

$$\frac{dC_{L,j}}{dt} = \sum_i b_{j,i}\tau_{P,i}C_{P,i} - m_n\tau_{L,j}C_{L,j}, \quad j=\text{met、str、cwd} \tag{8-90}$$

式中，$b_{j,i}$ 为有机碳从植物库 i 到凋落物库 j 的分配比例；m_n 为当分解被矿化形成的有效土壤无机氮限制时的消减率（见氮循环部分）；$\tau_{L,j}$ 为分解没有被土壤无机氮限制的凋落物分解速率。

4. 土壤有机碳的循环

各土壤有机碳库的控制方程见式（8-91），土壤有机碳分解时，一部分被别的有机碳库吸收，剩余的通过异样呼吸变为 CO_2 进入大气（Wang et al.，2009）。

$$\frac{dC_{s,k}}{dt} = \sum_j c_{k,j} m_n \tau_{L,j} C_{L,j} + \sum_{kk} d_{k,kk} \tau_{s,kk} C_{s,kk} - \tau_{s,k} C_{s,k}, k \neq kk \qquad (8\text{-}91)$$

式中，$c_{k,j}$ 为碳从凋落物有机碳库到土壤有机碳库的分配比例；$d_{k,kk}$ 为碳从土壤有机碳库 kk 到土壤有机碳库 k 的比例；$\tau_{s,k}$ 为各有机碳库的分解速率。

8.3.2 氮的生物地球化学循环

氮通过大气沉降、固氮作用、施肥进入生态系统，通过淋失、反硝化、氨挥发等输出生态系统。

1. 植被的氮循环

同碳一样，植被的有机氮库也分根茎叶 3 个库，植被将从根系吸收的氮按比例分配到根茎叶各库。在植被衰老过程中，一部分植被组织的氮被重新吸收到活的组织中，剩下的转化到凋落物库中（Wang et al.，2007，2009）。

$$\frac{dN_{P,i}}{dt} = a_{n,i} F_{n,up} - \tau_{P,i}(1 - r_{n,i}) N_{P,i}, \sum_i a_{n,i} = 1 \qquad (8\text{-}92)$$

式中，$N_{P,i}$ 为植物各库中有机氮的量；$F_{n,up}$ 为植被根系的氮吸收率，$r_{n,i}$ 为凋落前被植物组织重新吸收的系数。

2. 凋落物中的氮循环

如上所述，STR 库的 N：C 是固定的 [N：C = 1/125 (gN/gC)]，MET 库允许在一定范围内变化，茎（树干）库的凋落物直接进入 CWD 库，各库的控制方程如下（Wang et al.，2009）：

$$\frac{dN_{L,str}}{dt} = (\tau_{P,leaf} C_{P,leaf} + \tau_{P,root} C_{P,root}) n_{L,str} - m_n \tau_{L,str} N_{L,str} \qquad (8\text{-}93)$$

$$\frac{dN_{L,met}}{dt} = \tau_{P,leaf}(1 - r_{n,leaf}) N_{P,leaf} + \tau_{P,root}(1 - r_{n,root}) N_{P,root}$$
$$- (\tau_{P,leaf} C_{P,leaf} + \tau_{P,root} C_{P,root}) n_{L,str} - m_n \tau_{L,met} N_{L,met} \qquad (8\text{-}94)$$

$$\frac{dN_{L,cwd}}{dt} = \tau_{P,wood} N_{P,wood} - m_n \tau_{L,cwd} N_{L,cwd} \qquad (8\text{-}95)$$

$$m_n = \begin{cases} 1, & F_{n,\text{net}}^* > 0 \\ \max\left(0, \ 1 + \dfrac{F_{n,\text{net}}^* \Delta t}{N_{s,\text{min}}}\right), & F_{n,\text{net}}^* \leqslant 0 \end{cases} \tag{8-96}$$

式中，$n_{\text{L,str}}$ 为 STR 库的 N : C 比；$\tau_{\text{L},i}$ 为各库的分解速率；m_n 为凋落物库分解的氮限制因子，该因子也体现了碳氮循环的紧密耦合；$F_{n,\text{net}}^*$ 为分解不受氮限制时的净矿化率，见下节。

3. 土壤中有机氮的循环

各土壤有机氮库的控制方程如下：

$$\frac{\mathrm{d}N_{s,k}}{\mathrm{d}t} = \sum_j c_{k,j} m_n \tau_{\text{L},j} N_{\text{L},j} + \sum_{kk} d_{k,kk} \tau_{s,kk} N_{s,kk} - \tau_{s,k} N_{s,k}, k \neq kk \tag{8-97}$$

方程右边第一项代表凋落物氮库到土壤有机氮库的转移率，第二项表示土壤细菌对氮的固持速率，第三项表示土壤有机氮的矿化率。其中，$c_{k,j}$ 为氮从凋落物库 j 到土壤有机氮库 k 的比例；$d_{k,kk}$ 为氮从土壤有机氮库 k 到土壤有机氮库 kk 的比例；$\tau_{s,k}$ 是土壤有机氮各库的分解速率（Wang et al.，2007）。

净矿化率是总矿化率 $F_{n,\text{gr}}$ 与氮的固持率 $F_{n,\text{im}}$ 之差。总矿化率 $F_{n,\text{gr}}$ 由式（8-98）计算，即

$$F_{n,\text{gr}} = \sum_j m_n \tau_{\text{L},j} N_{\text{L},j} + \sum_k \tau_{s,k} N_{s,k} \tag{8-98}$$

氮的固持率 $F_{n,\text{im}}$ 的计算如下：

$$F_{n,\text{im}} = \sum_k \sum_j m_n c_{k,j} \tau_{\text{L},j} N_{\text{L},j} + \sum_k \sum_{kk} d_{k,kk} \tau_{s,kk} N_{s,kk}, k \neq kk \tag{8-99}$$

$F_{n,\text{net}}^*$ 为分解不受氮限制时的净矿化率，如下：

$$F_{n,\text{net}}^* = \sum_k \sum_j (1 - c_{k,j}) \tau_{\text{L},j} N_{\text{L},j} + \sum_k \sum_{kk} (1 - d_{k,kk}) \tau_{s,kk} N_{s,kk} \tag{8-100}$$

4. 土壤中无机氮的循环

在 CASACNP 模型中，无机氮库被认为是植被对氮的吸收的唯一来源。该模型并没有区分铵态氮和硝态氮，也没有明确地描述硝化作用和反硝化作用，这些都是需要进一步改进的（Wang et al.，2009），

$$\frac{\mathrm{d}N_{s,\text{min}}}{\mathrm{d}t} = F_{n,\text{dep}} + F_{n,\text{fert}} + F_{n,\text{fix}} + F_{n,\text{net}} - F_{n,\text{up}} - F_{n,\text{loss}} \tag{8-101}$$

式中，$N_{s,\text{min}}$ 为土壤无机氮库的量；$F_{n,\text{dep}}$、$F_{n,\text{fert}}$、$F_{n,\text{fix}}$、$F_{n,\text{net}}$、$F_{n,\text{up}}$、$F_{n,\text{loss}}$ 分别为大气氮沉降率、施肥添加率、固氮率、净矿化率、氮吸收率、氮损失率。其中，除氮吸收率单位是 $\text{gN}/(\text{m}^2\text{d})$，其他单位都是 $\text{gN}/(\text{m} \cdot \text{a})$。

植被对氮的吸收是土壤无机氮库大小和植物生长需求的函数。当吸收量小于

氮的需求量时，NPP 将会减少，这里也体现了碳氮之间的交互，氮吸收的表达式如下：

$$F_{n,\text{up}} = \sum_i \left(a_{c,i} F_c \left(n_{P\text{max},i} - n_{P\text{min},i} \right) - r_{n,i} \tau_{P,i} N_{P,i} \right) \frac{N_{s,\text{min}}}{N_{s,\text{min}} + K_{N,\text{up}}} + F_{n,\text{upmin}}$$

$$(8\text{-}102)$$

式中，$n_{P\text{max},i}$、$n_{P\text{min},i}$ 为各植物库的最大和最小 N : C 比；$K_{N,\text{up}}$ 为经验系数。对于给定 NPP，无机氮的最小吸收量用式（8-103）计算

$$F_{n,\text{upmin}} \sum_i \left(a_{c,i} F_c n_{P\text{min},i} - r_{n,i} \tau_{P,i} N_{P,i} \right)$$

$$(8\text{-}103)$$

吸收的氮分配到各植物库的分配系数 $a_{n,i}$ 用式（8-104）计算

$$a_{n,i} = \frac{\left(a_{c,i} F_c \left(n_{P\text{max},i} - n_{P\text{min},i} \right) - r_{n,i} \tau_{P,i} N_{P,i} \right) \frac{N_{s,\text{min}}}{N_{s,\text{min}} + K_{N,\text{up}}} + \left(a_{c,i} F_c n_{P\text{min},i} - r_{n,i} \tau_{P,i} N_{P,i} \right)}{F_{n,\text{up}}}$$

$$(8\text{-}104)$$

该模型模拟了两种氮损失的途径，气体损失和淋失。基于"hole-in-the-pipe"的思想，气体氮的损失正比于净矿化率（Firestone and Davidson，1989），淋失量正比于土壤无机氮库量。土壤有机氮的淋失模型还没有考虑。氮损失计算公式为

$$F_{n,\text{loss}} = f_{n,\text{gas}} F_{n,\text{net}} + f_{n,\text{leach}} N_{s,\text{min}}$$

$$(8\text{-}105)$$

式中，系数 $f_{n,\text{gas}}$ 等于 0.05（Parton et al.，1987）；$f_{n,\text{leach}}$ 等于 0.5/a（Hedin et al.，1995）。

8.4 模型的参数化、初始化以及率定

8.4.1 模型的参数化

VIC 模型的参数主要包括土壤和植被两类参数。其中植被类型是基于马里兰大学发展的全球 1km 土地覆盖数据来确定的，分为 11 种植被类型覆盖。模型植被参数包括植被参数库文件和植被参数文件，植被参数根据植被类型确定后就无需再改动。植被参数库文件需要标定的有叶面积指数、结构阻抗、最小气孔阻抗、反照率、零平面位移和粗糙率。这些参数一般通过陆地数据同化系统 LDAS（land data assimilation system）的植被参数表确定。植被参数文件主要包括各植被类型所占比例，以及根系分布。土壤参数大多与土壤特性相关的参数也与植被参数相似，标定后无须再改动，如土壤饱和水力传导率、土壤容重、土壤气泡压力

（表 8-1 ～表 8-3）。而土壤各层深度一般需要用径流资料率定（薛根元，2007；陆桂华等，2010）。

表 8-1　VIC 模型中根据不同土壤类型标定的参数

参数	单位	描述	备注
Expt		土壤饱和水力传导度变率	取自参数表 soil parameters file
Ksat	mm/d	土壤饱和水力传导率	取自参数表 soil parameters file
phi_s	mm/mm	土壤含水扩散系数	采用缺省值默认
dp	m	土壤热阻尼深度	一年中温度为常数的深度，4m 取值为 4
Bubble	cm	土壤气泡压力	>0，取自参数表 soil parameters file
quartz		土壤石英含量	取自参数表 soil parameters file
Bulk_density	kg/m³	土壤容重	取自参数表 soil parameters file
Soil_density	kg/m³	土壤颗粒密度	取 2685kg/m³
Wcr_fract		在临界点的土壤含水量比例	田间持水量的70%，最大含水量的比例
Wpwp_fract		在凋萎点的土壤含水量比例	最大含水量的比例
rough	m	裸土的表面糙率	取值为 0.001
snow_rough	m	雪盖的表面糙率	取值为 0.0005
Resid_moist		土壤残余含水量	取自参数表 soil parameters file

表 8-2　VIC 模型中根据不同植被类型标定的参数

参数	单位	描述	备注
Rarc	s/m	边界层阻力	取自植被参数化方案 Vegetation Library File
Rmin	s/m	最小气孔阻力	取自植被参数化方案 Vegetation Library File
LAI		叶面积指数	取自植被参数化方案 Vegetation Library File
Albedo		短波反照率	取自植被参数化方案 Vegetation Library File
Rough	m	糙率长度	典型的：0.123×植被高度
Displacement	m	零平面位移高度	典型的：0.67×植被高度
Wind_h	m	风速测量高度	实际测量
RGL	W/m²	当透射时，最小入射短波辐射	对树木是 30W/m²，对作物是 100W/m²
Rad_atten		辐射衰减因子	一般设置为 0.5，在高纬度需要调整
Wind_atten		通过上层林冠的风速衰减因子	缺省值为 0.5
Trunk_ratio		树干（无树枝）与树高的比率	缺省值为 0.2

表 8-3 光合作用模型与气孔导度模型参数

参数	单位	描述	备注
β_1		方程经验系数	0.9
β_2		方程经验系数	0.9
H_c	J/mol	K_c 活化能	59 430
H_o	J/mol	K_o 活化能	36 000
H_{vJ}	J/mol	J_{max} 活化能	79 500
H_{dJ}	J/mol	J_{max} 解活化能	201 000
H_{vV}	J/mol	$V_{c,max}$ 活化能	116 300
H_{dV}	J/mol	$V_{c,max}$ 解活化能	202 900
J_{max0}	μmol electrons/(m^2 s)	最大电子传输速率	
K_{c0}	μmol/mol	T_0 温度时的 CO_2 Michaelis 系数	302
K_{o0}	μmol/mol	T_0 温度时的 O_2 Michaelis 系数	256
S_v	J/mol	熵	650
R	J/(mol K)	气体常数	8.31
o_i	mol/mol	氧气浓度	0.209
T_0	K	参考温度	293.2
$V_{c,max0}$	μmol/m^2 s		50~200
γ_0	μmol/mol	T_0 温度时的 CO_2 补偿点	34.6
γ_1	K^{-1}		0.045 1
γ_2	K^{-2}		0.000 347
κ_1		曲率参数	0.95
κ_2	mol electrons/mol	光量子效率	0.01~0.5
g_0		最小气孔导度	
a_1			5~20
D_x	Pa		

其中，需要根据不同植被类型调整的是最大电子传输速率 J_{max0}，25℃时最大羧化作用速率 $V_{c,max0}$，光量子效率 κ_2，以及经 Leauning 修正的 Ball-Berry 光合速率–气孔导度模型中的经验系数 a_1，D_x。活化能 H_a 与解活化能 H_d 在不同物种间也是不同的，但本章的活化能与解活化能没有调整，均参考（Daly et al.，2004）中的值。其他辐射参数见表 8-4 和表 8-5。

表 8-4　辐射吸收模型参数

参数	单位	描述	备注
k_b		直射光消光系数	太阳高度角的函数
k_d		散射 PAR 消光系数	0.78
k'_b		直射 PAR 和散射 PAR 的消光系数	计算
k'_d		漫射 PAR 和散射 PAR 的消光系数	计算
ρ_{cb}		冠层对直射 PAR 的反射系数	计算
ρ_{cd}		冠层对漫射 PAR 的反射系数	0.036
σ		叶子对 PAR 的散射系数（$\rho_1+\tau_1$）	0.15
ρ_1		叶子对 PAR 反射系数	0.10
τ_1		叶子对 PAR 的穿透系数	0.05
ρ_h		由水平叶构成的冠层的反射系数	计算
μ	radians	太阳高度角	计算
χ		叶子的角度分布	1

表 8-5　CASACNP 模型参数

参数	单位	描述	备注
a_i		在稳定生长阶段，植被根茎叶各库 i 分得 NPP 的比例	基于植被类型
f_{ngas}		氮的净矿化量速率转化为气体的比例	0.05
f_{nleach}	a^{-1}	土壤无机氮淋失的比例	0.5
k_n	gN/gC	氮对 NPP 限制函数中的经验系数	0.01
$n_{Pmax,i}$	gN/gC	植被根茎叶各库 i 的最大 N：C 比	基于植被类型
$n_{Pmin,i}$	gN/gC	植被根茎叶各库 i 的最小 N：C 比	基于植被类型
$n_{S,k}$	gN/gC	土壤有机库 k 的 N：C 比	基于植被类型
$r_{n,i}$		植被各库 i 对氮的重吸收吸收	叶 0.5，根茎 0.9
$K_{N,up}$	gN/m^2	与植被从土壤吸收无机氮有关的经验系数	2
$\tau_{P,i}$	a^{-1}	植被各库 i 的转化速率	基于植被类型
$\tau_{L,j}$	a^{-1}	凋落物各库 j 的转化速率	基于植被类型
$\tau_{S,k}$	a^{-1}	土壤有机各库 k 的转化速率	基于植被类型

其中，CASACNP 模型凋落物库与土壤有机质库之间的转化速率参数与（Randonson et al.，1996）一致。每种植物的 C：N 比例在给定范围内变动，变化范围基于 McGroddy 等的研究结果（McGroddy et al.，2004；Cleveland and Liptzin，2007）。所有土壤有机质库和 STR 凋落物库的 C：N 比是固定的，MET

凋落物库的 N : C 比基于基质的量而变化。

8.4.2　模型参数的率定

一般 VIC 模型中的水文参数需要率定，包括饱和容量曲线参数 B，关于基流的参数 D_s（非线性基流发生时占 D_{smax} 的比例），D_m（基流日最大出流），W_s（非线性基流发生时占最大含水量的比例），以及 3 层的土壤厚度 d_1，d_2，d_3。但在本章中饱和容量曲线参数 B 没有调整。土壤水模块改进后没有使用 Arno 的基流公式，因此也没有用到基流的 3 个参数 D_s、D_m 和 W_s。而 3 层的厚度则是根据站点的土壤质地的实际情况划分，也没有进行调整。

本次调整的主要是光合作用模型与气孔导度模型中的参数。有最大电子传输速率 J_{max0}，25℃时最大羧化作用速率 $V_{c,max0}$，光量子效率 κ_2，以及气孔导度模型中的经验系数 a_1，D_x。

8.4.3　模型的初始化

陆面水文模型 VIC 的初始值包括，3 层的土壤含水量和各节点土壤温度的初值。其中，3 层的土壤含水量的初值需在土壤参数文件中给定，本章中将 3 层土壤水模块改进为数值差分求解模块，由于数值差分则需要将土柱划分更多的层数。那么首先通过站点的实测数据给出 3 层的土壤含水量初始值，然后在将 3 层土壤含水量根据空间位置映射到差分所划分的各层。土壤温度的初值是由 VIC 根据初始时刻的气温与多年平均气温自动处理。第一层土壤温度的初值为初始时刻的气温，最后一层土壤温度初始值为多年平均气温，然后其余层土壤温度由第一层与最后一层气温插值得出。

生物地球化学模型 CASACNP 的初始值包括植被、凋落物、土壤中碳氮各库的初始值。其中，包括 9 个碳库，10 个氮库。CASACNP 各库的初值可以由参数表按不同植被类型给定的初值，然后采用选择年份的气象输入数据反复运行模型，运行若干年直到各库达到平衡状态，然后用各库的平衡状态作为初值。也可以通过已有的研究成果以及结合试验数据给定各库的初值。

8.5　VIC 与 CASACNP 的耦合

VIC 主要模拟土壤蒸发、植被蒸腾、冠层截留、地表径流、土壤水分运动、地下径流、土壤温度（包括地表温度），以及潜热、显热、地热等能量通量。

CASACNP 主要模拟碳、氮在植被、凋落物、土壤中的动态变化。VIC 的时间尺度可以从年、月、日到小时的模拟。由于碳氮循环相对较慢，CASACNP 的时间尺度通常为年、月、日。但是，土壤温度是 CASACNP 所必须的输入，而 VIC 要同时进行水量能量模拟，且时间步长必须在日以下，及小时尺度。而 CASACNP 只要有小时的资料输入，通过修改各库的转化速率也可以将时间尺度降低到小时尺度。本研究中 VIC 与 CASACNP 的耦合模型时间步长为 1h。

　　水文模型与生物地球化学模型的耦合主要是通过：①VIC 模型通过完整细致的水量、能量通量模拟，提供准确的土壤含水量、土壤温度的动态变化给生物地球化学模型，使生物地球化学模型能够用更为准确的土壤湿度、土壤温度作为环境因子进行碳氮循环模拟。②生物地球化学模型通过碳氮的循环控制植被的气孔（或者冠层）导度来影响植被蒸腾，以及通过控制叶面积指数影响冠层的截流，从而对土壤水分、蒸发、地表径流、土壤温度、潜热通量、显热通量等水循环及能量要素造成影响。通过以上两点最终达到水文模型与生物地球化学模型的双向耦合（图 8-10）。

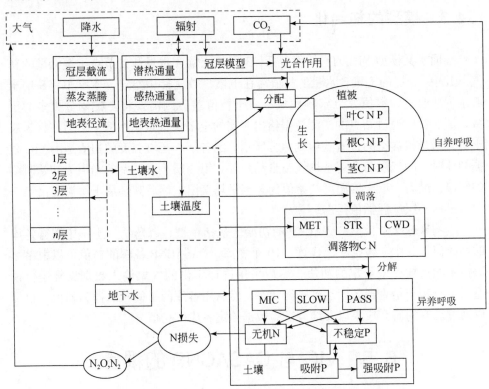

图 8-10　水文模型与生物地球化学模型耦合结构图

|第 9 章| VIC 土壤水模块的改进与稳定性分析

土壤含水量是在陆地非饱和土壤带存储着的水量，土壤水运动是水循环最为关键的过程，它直接影响着蒸散发、地表径流、地下水补给等核心水文过程，同时对陆气相互作用也产生重要的影响。土壤水通过陆面的植被蒸腾与裸土蒸发而成为大气的水分来源，影响着入射能量在潜热通量与感热通量之间的转化，同时也是影响碳、氮等生物地球化学循环的重要因子。

为了模拟更为准确的土壤含水量，本章将 VIC 的 3 层土壤水运动模块改为基于混合形式的 Richard 方程数值差分求解模块。Liang 和 Xie（2003）将土壤水分运动模块改为以土壤含水量为变量的 Richard 方程的有限元求解模块，并将下边界设置为动边界，同时联合计算地下水位。本章采用 Celia 提出的一种质量守恒的混合形式 Richard 方程的有限差分方法，并以自由排水边界为下边界条件。混合形式的 Richard 方程与以土壤含水量为变量的 Richard 方程相比适合饱和-非饱和带的模拟，同时该形式的 Richard 方程模拟得到的土壤基质势，可以在对土壤基质势敏感的植被生理或生态过程中使用，如羟基同化速率以及土壤异样呼吸等。

9.1 土壤水运动控制方程

本章采用混合形式的 Richards 方程，采用有限差分对方程进行数值求解，并考虑植物根系吸水，控制方程如下：

$$\frac{\partial \theta}{\partial t} = \frac{\partial}{\partial z}\left(K\frac{\partial \psi}{\partial z}\right) + \frac{\partial K}{\partial z} - R \tag{9-1}$$

式中，θ 为土壤含水量；ψ 为土壤基质势；K 为土壤水力传导率；R 为源汇项，包括根系吸水、侧向径流；t 为时间；z 为土壤深度。

9.2 非饱和土壤的水力参数

本章采用 van Genuchten（1980）的公式来描述具有高度非线性的水分特征曲线 $\theta(\psi)$ 和水力传导函数 $K(\psi)$（表9-1）。

$$\theta(\psi) = \begin{cases} \theta_r + \dfrac{\theta_s - \theta_r}{\left[1 + |\alpha\psi|^n\right]^m}, & \psi < 0; \\ \theta_s, & \psi \geqslant 0 \end{cases} \tag{9-2}$$

$$K(\psi) = K_s S_e^l \left[1 - \left(1 - S_e^{\frac{1}{m}}\right)^m\right]^2 \tag{9-3}$$

其中，

$$m = 1 - \frac{1}{n}, \quad n > 1 \tag{9-4}$$

$$S_e = \frac{\theta - \theta_r}{\theta_s - \theta_r} \tag{9-5}$$

表 9-1　USDA 基于 V-G 的土壤水力参数

参数	粉砂壤土	黏土	粉砂黏壤土
n	1.663	1.253	1.521
$\alpha/(\text{m}^{-1})$	0.506	1.496	0.839
$K_s/(\text{mm/d})$	182.39	147.57	111.17
θ_s	0.45	0.46	0.482
θ_r	0.065	0.1	0.09

9.3　控制方程的离散求解

混合形式 Richards 方程的差分离散格式如下：

$$\Delta z_i \frac{\theta_i^{j+1,m+1} - \theta_i^j}{\Delta t} = K_{i+1/2}^{j+1} \frac{(\psi_{i+1}^{j+1,m+1} - \psi_i^{j+1,m+1})}{z_{i+1} - z_i} - K_{i-1/2}^{j+1} \frac{(\psi_i^{j+1,m+1} - \psi_{i-1}^{j+1,m+1})}{z_i - z_{i-1}} - K_{i+1/2}^{j+1,m} + K_{i-1/2}^{j+1,m}$$

$$- \Delta z_i \frac{\rho_{ice}}{\rho_w} \frac{\dot{\theta}_i^{j+1} - \dot{\theta}_i^j}{\Delta t} - R_i \Delta z \tag{9-6}$$

式中，j 为时间；m 为迭代次数，z 为单元中心节点的纵坐标。

计算单元之间非饱和传导率取两个计算单元的算术平均，公式如下：

$$K_{i+1/2} = \frac{K_{i+1} + K_i}{2}, \quad K_{i-1/2} = \frac{K_i + K_{i-1}}{2}$$

且此格式为单元中心离散格式，其中对土壤分层的考虑是将土壤分浅层、中层、深层，同一土层中的土壤性质认为一样；中、深土层内部分几个亚层以提高模拟精度。其中，L 为每个单元的长度，如图 9-1 所示，那么

$$z_n - z_{n-1} = \frac{L_{n-1} + L_n}{2}, \quad L_{n-1} = \Delta z_{n-1}$$

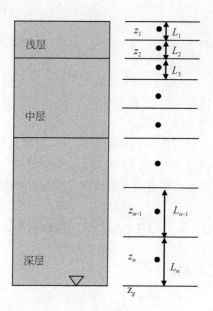

图 9-1 土壤分层

这里应用"质量守恒"的有限差分法对混合形式的方程进行数值模拟，采用 Celia 提出的一种"质量守恒"的方法（Celia et al. ，1990），如式（9-7），以减少计算计算过程中的水量平衡误差。

$$\theta_i^{j+1,m+1} \approx \theta_i^{j+1,m} + C_i^{j+1,m} \quad (\psi_i^{j+1,m+1} - \psi_i^{j+1,m}) \tag{9-7}$$

代入得

$$C_i^{j+1,m} \quad (\psi_i^{j+1,m+1} - \psi_i^{j+1,m}) \quad + \theta_i^{j+1,m} - \theta_i^{j} = \frac{\Delta t}{\Delta z_i} \left(K_{i+1/2}^{j+1} \frac{\psi_{i+1}^{j+1,m+1} - \psi_i^{j+1,m+1}}{z_{i+1} - z_i} \right.$$

$$\left. -K_{i-1/2}^{j+1} \frac{\psi_i^{j+1,m+1} - \psi_{i-1}^{j+1,m+1}}{z_i - z_{i-1}} - K_{i+1/2}^{j+1,m} + K_{i-1/2}^{j+1,m} \right) \tag{9-8}$$

$$-\Delta z_i \frac{\rho_{ice}}{\rho_w} \frac{\dot{\theta}_i^{j+1} - \dot{\theta}_i^{j}}{\Delta t} - R_i \Delta z \Delta t$$

整理成如下形式，然后用追赶法求解

$$a_i \psi_{i-1}^{j+1,m+1} + b_i \psi_i^{j+1,m+1} + c_i \psi_{i+1}^{j+1,m+1} = r_i \tag{9-9}$$

其中，

$$a_i = -\frac{\Delta t K_{i-1/2}^{j+1}}{\Delta z_i (z_i - z_{i-1})}$$

$$b_i = \frac{\Delta t K_{i+1/2}^{j+1}}{\Delta z_i (z_{i+1} - z_i)} + \frac{\Delta t K_{i-1/2}^{j+1}}{\Delta z_i (z_i - z_{i-1})} + C_i^{j+1,m}$$

$$c_i = -\frac{\Delta t K_{i+1/2}^{j+1}}{\Delta z_i (z_{i+1} - z_i)}$$

$$r_i = \theta_i^j - \theta_i^{j+1,m} + C_i^{j+1,m}\psi_i^{j+1,m} - \frac{\Delta t}{\Delta z_i}(K_{i+1/2}^{j+1,m} - K_{i-1/2}^{j+1,m}) - \Delta z_i \frac{\rho_{ice}}{\rho_w}\frac{\dot{\theta}_i^{j+1} - \dot{\theta}_i^j}{\Delta t} - R_i \Delta z \Delta t$$

当迭代满足设定的精度 e 时，迭代停止，

$$| C_i^{j+1,m}(\psi_i^{j+1,m+1} - \psi_i^{j+1,m}) | < e \tag{9-10}$$

此外模型在迭代时设置了变时间步长机制以保证模型的稳定运行，就是如果当前时间步长迭代次数大于设定次数 n 时，则将模型的时间步长，以及相关的通量变为上一次迭代的 1/2，如此反复直到前后两次土壤负压满足设定精度。

9.4 方程的定解条件

本章上边界条件定为通量边界

$$-K\frac{\partial\psi}{\partial z} + K\bigg|_{z=0, t\geq 0} = P - E - R_{\text{runoff}} \tag{9-11}$$

式中，P 为净雨，即扣除了冠层截留的降雨；E 为土壤蒸发；R_{runoff} 为地表径流，这些变量均有水文模型提供。

下边界问题采用重力排水边界或零通量边界

$$\frac{\partial\psi}{\partial z}\bigg|_{z=z_L, t\geq 0} = 0, \quad \frac{\partial\psi}{\partial z}\bigg|_{z=z_L, t\geq 0} - 1 = 0 \tag{9-12}$$

9.5 根系吸水

植物的根系分布，r 为土壤深度任意一处的根系比例，设根系分布随深度呈指数分布；k 为根系密度参数；a 为参数；z 为土壤深度；根系深度为 L。任意处的根系比例由式（9-13）表示

$$r = ae^{-kz} \tag{9-13}$$

则有积分

$$\int_L^0 ae^{-kz}\mathrm{d}z = 1 \tag{9-14}$$

可以求出参数

$$a = \frac{k}{e^{-kL} - 1}, \quad \text{则} \quad r = \frac{ke^{-kL}}{e^{-kL} - 1}$$

那么当进行数值模拟时，土壤中任意一个计算单元 i 中根系比例 rf 为

$$\text{rf}(i) = \int_{z_2}^{z_1} r\mathrm{d}z = \frac{e^{-kz_1} - e^{-kz_2}}{1 - e^{-kL}} \tag{9-15}$$

式中，z_1，z_2 分别为该计算单元顶部和底部的深度。

作物主要依靠根系从土壤中吸收水分，满足其生长发育、新陈代谢等生理活动和蒸腾的需要。虽然蒸腾不是作物生理活动所必需的，但作物从土壤中吸收的水分中有 90% 以上消耗于蒸腾，因此采用 Farquhar 等假设根系吸水 $R_u(z,t)$ 是蒸腾 $T(t)$ 以及有效根分布 $L_e(z,t)$ 的函数。本章还在此基础上加入土壤水分约束（Xia and Shao，2008）。

$$R_u(z,t) = \frac{T(t)L_e(z,t)D(\theta)}{\int_0^L L_e(z,t)D(\theta)\,\mathrm{d}z} \cdot \frac{f(\theta,z)}{\int_0^L f(\theta,z)\,\mathrm{d}z}$$

$$f(\theta) = \begin{cases} 1, \theta \geq \theta_{fc}; \\ \dfrac{\theta - \theta_w}{\theta_{fc} - \theta_w}, \theta_w < \theta < \theta_{fc}; \\ 0, \theta \leq \theta_w \end{cases}$$

式中，$D(\theta)$ 为土壤水扩散率。

9.6　模　拟　结　果

将 VIC-CASACNP 耦合模型对 Duke 站点和 Mead 站点的土壤含水量进行数值模拟，验证改进的土壤水运动模块。土壤设置见表 7-8，参数使用基于 V-G 关系的参数，见表 9-1。两个站点在模拟时均将整个土壤深度划分为 50 等份，即 Duke 站点的空间步长 Δz 为 0.08m，Mead 站点的 Δz 为 0.036m。其中下边界选择取自由排水边界。

在植被生长阶段，植被需要大量的水用来蒸腾，因此该阶段根系对土壤水分的吸收十分强烈，根系吸水的模拟会对土壤水分运动造成很大的模拟误差，图 9-2 是 2002 年大豆生长过程中土壤深度为 10cm 处的水分运动的模拟，可以看出，考虑

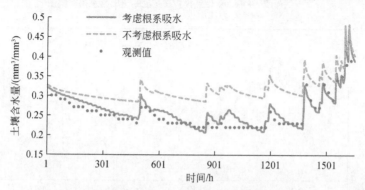

图 9-2　有无根系吸水情况下的土壤水分动态模拟

根系吸水的土壤含水量模拟结果与观测数据较为一致。说明根系吸水的模拟是合理的。

图 9-3 分别 Duke 站点 2004～2005 年，Mead 站点 2002～2003 年的土壤体积含水量的模拟与实测对比。从 Duke 站点看，模型模拟的土壤含水量与实测值吻合的比较好，两年的相关系数 R^2 分别为 0.92 和 0.98；最小均方根误差 RMSE 分别为 0.031 和 0.026。模型在 2004 年的前 3 个月的与实测值相比趋势模拟的较好，但是峰值都明显低于观测值，说明降水发生后，土壤含水量比实测值相比上升较慢。在 Mead 站点的土壤水模拟相对较差，两年的 R^2 分别为 0.77 和 0.79，RMSE 分别为 0.046 和 0.040。模型在作物生长季节对土壤水分动态模拟比较理想，但对年初的两个月模拟效果比较差，趋势也与实测值不符。但是实测值土壤含水量的剧烈变化也与降雨的变化不一致，并且模拟选用的场地只依赖于降雨，没有任何灌溉设备。而在结合该时段的气温发现 Mead 站点在年初的气温比较低，年初两个月的气温均小于 0℃。因此，土壤水分运动有可能受到液态固体转化的影响，在该模拟中，没有开启 VIC 模型的冻土模拟。因此，未考虑冻土可能是影响模拟结果的主要原因。

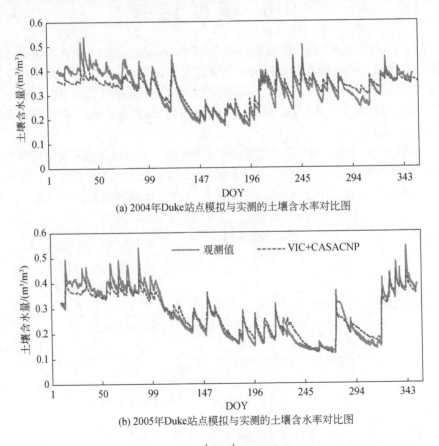

(a) 2004年Duke站点模拟与实测的土壤含水率对比图

(b) 2005年Duke站点模拟与实测的土壤含水率对比图

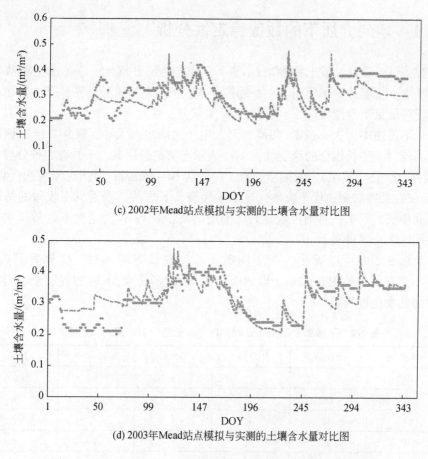

(c) 2002年Mead站点模拟与实测的土壤含水量对比图

(d) 2003年Mead站点模拟与实测的土壤含水量对比图

图 9-3　Duke 站点和 Mead 站点模拟与实测的土壤含水量对比图

9.7　数值稳定性分析

　　Richard 方程是非线性方程，且非饱和传到率又是求解变量的函数，数学上对这种非线性微分方程数值计算的收敛性和稳定性进行严格分析是很困难的，目前，并无一套成熟的选取时间步长和空间步长的理论和方法。多数情况下，需要试算确定（雷志栋等，1998）。本次通过设置各种土壤类型的组合，以及不同大小的下渗速率来测试改进的土壤水模块以及考查时空步长选取对数值计算稳定性的影响。

9.7.1 均匀介质下的数值稳定性分析

数值试验设计，设土柱为4m，整个土柱均为粉砂壤土，不考虑土壤蒸发与根系吸水。土壤传导率仍用表9-1的传导率。上边界为通量边界，降水始终小于土壤下渗能量下渗速率。

设下渗速率为35mm/d，每隔5天发生一次降水入入渗，表9-2给出该情景下的不同时空步长组合的稳定性，layer表示土壤的分层数，一共有5种分层，从10层到200层（等距）。时间步长有5种，从10~180min。其中，y为迭代收敛；y*为仅在某些时刻迭代不收敛（这是采用变步长方法，当遇见不收敛的情况缩小时间步长，到下一时刻再恢复到之前的时间步长）；N为迭代不收敛。本书后文均用这3个字母表示。

从表9-2中可以看出，对于均质土壤，取该下渗率时，计算容易收敛。图9-4是空间步长为0.02m（即200层），时间步长为3h时的各层土壤含水量随时间的变化过程。

表9-2　下渗率为35mm/d时的时空步长组合对计算的稳定性影响

时间步长/min	200层	100层	50层	20层	10层
10	y	y	y	y	y
30	y	y	y	y	y
60	y	y	y	y	y
120	y	y	y	y	y
180	y	y	y	y	y

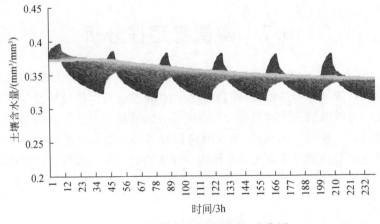

图9-4　各层土壤含水量随时间变化图

保持同样的土柱，将下渗速率增大到150mm/d，每5天发生一次降水入渗。从表9-3看出下渗速率增加到150mm/d时，计算仍然容易收敛。图9-5是空间步长为0.02m，时间步长为3h时的各层土壤含水量随时间的变化过程

表9-3　下渗率为150mm/d时的时空步长对计算的稳定性影响

时间步长/min	200层	100层	50层	20层	10层
10	y	y	y	y	y
30	y	y	y	y	y
60	y	y	y	y	y
120	y	y	y	y	y
180	y	y	y	y	y

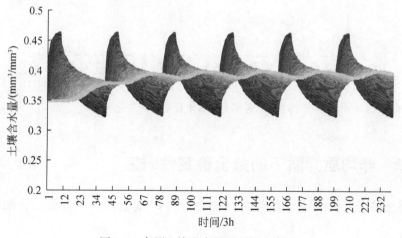

图9-5　各层土壤含水量随时间变化图

将下渗速率继续增大到350mm/d，每5天发生一次降水入渗。从表9-4看出下渗速率增加到350mm/d时，有部分组合出现部分时刻不收敛的情况。当空间步长为0.4m时，对所有时间步长计算均收敛，而其他小于0.4m的空间步长在时间步长为3h时，都不能完全收敛。这说明了土壤性质相同的情况下，下渗率越大引起计算不稳定的可能性越大。图9-6是空间步长为0.02m，时间步长为3h时的各层土壤含水量随时间的变化过程。

表9-4 下渗率为350mm/d 时的时空步长对计算的稳定性影响

时间步长/min	200 层	100 层	50 层	20 层	10 层
10	y	y	y	y	y
30	y	y	y	y	y
60	y	y	y	y	y
120	y	y	y	y	y
180	y *	y *	y *	y *	y

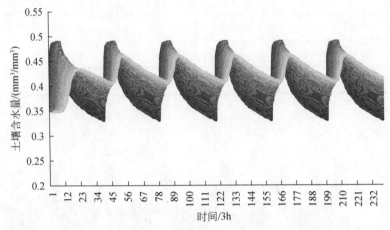

图9-6 各层土壤含水量随时间变化图

9.7.2 非均质介质下的数值稳定性研究

将土柱变为由两种土壤组成，上层为粉砂壤土，下层为粉土，如表 9-5 所示。

表9-5 土柱的土壤类型与饱和传导率

土壤深度/m	土壤类型	$K_s/$ （mm/d）
0～2	粉砂壤土	182
2～4	粉土	437

当下渗速率为35mm/d 时，所有时空步长组合的计算收敛（表9-6）。图9-7 （a）是空间步长为 0.04m，时间步长为 3h 时的各层土壤含水量随时间的变化过程，图9-7 （b）是空间步长为 0.4m，时间步长为 3h 时的各层土壤含水量随时间的变化过程。

表 9-6　下渗率为 35mm/d 时的时空步长对计算的稳定性影响

时间步长/min	200 层	100 层	50 层	20 层	10 层
10	y	y	y	y	y
30	y	y	y	y	y
60	y	y	y	y	y
120	y	y	y	y	y
180	y	y	y	y	y

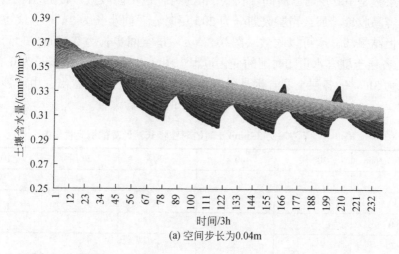

(a) 空间步长为0.04m

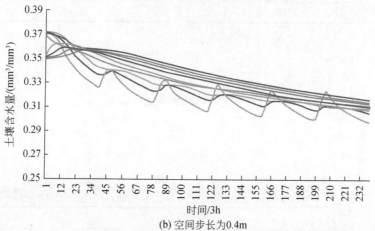

(b) 空间步长为0.4m

图 9-7　各层土壤含水量随时间变化图

将上层换为沙土，下层为粉土，见表9-7。

表9-7　土柱的土壤类型与饱和传导率

土壤深度/m	土壤类型	K_s/（mm/d）
0~2	沙土	6426
2~4	粉土	437

当下渗速率为35mm/d，上层换为传导率更大的沙土时，层数大于20层、时间步长为3h的组合的计算都不能收敛（表9-8）。但这个情况比较异常的地方是，当层数是100层时，时间步长为2h的组合也不能收敛。按 $r = \Delta t / \Delta x^2$，$r$ 越大越不容易收敛，那么当层数划分为200层时，时间步长为2h时应该也不容易收敛，但结果却显示可以收敛。图9-8（a）是空间步长为0.02m，时间步长为2h时的各层土壤含水量随时间的变化过程，图9-8（b）是空间步长为0.2m，时间步长为3h时的各层土壤含水量随时间的变化过程。可以看出，由于沙土的持水能力差，沙土的土壤含水量明显小于粉土的土壤含水量。

表9-8　下渗率为35mm/d时的时空步长对计算的稳定性影响

时间步长/min	200层	100层	50层	20层	10层
10	y	y	y	y	y
30	y	y	y	y	y
60	y	y	y	y	y
120	y	N	y	y	y
180	N	N	N	y	y

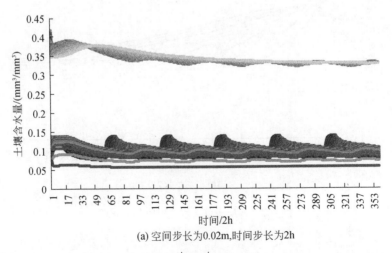

(a) 空间步长为0.02m,时间步长为2h

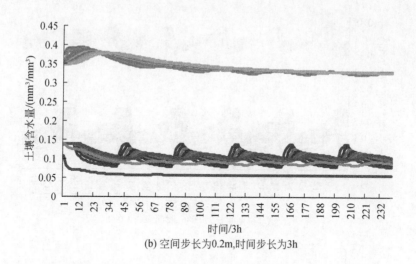

(b) 空间步长为0.2m,时间步长为3h

图 9-8　各层土壤含水量随时间的变化图

当下渗速率增大到 150mm/d 时，在这种土壤类型组合（上层沙土，下层粉土）下，见表 9-9，随着空间步长的缩小，需要越来越小的时间步长才能够使计算收敛。当空间步长为 0.4m（10 层）时，只有当时间步长为 3h 时，计算才不收敛，当空间步长缩小到 0.02m 时，10min 到 3h 的所有时间步长皆不收敛。图 9-9（a）是空间步长为 0.08m，时间步长为 0.5h 时的各层土壤含水量随时间的变化过程，图 9-9（b）是空间步长为 0.4m，时间步长为 2h 时的各层土壤含水量随时间的变化过程。

表 9-9　下渗率为 150mm/d 时的时空步长对计算的稳定性影响

时间步长/min	200 层	100 层	50 层	20 层	10 层
10	N	y	y	y	y
30	N	N	y	y	y
60	N	N	N	y	y
120	N	N	N	N	y
180	N	N	N	N	N

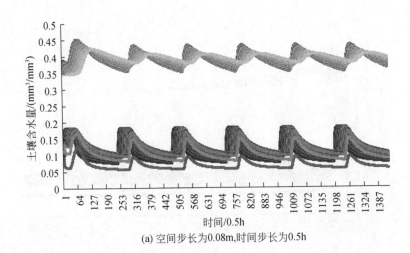

(a) 空间步长为0.08m,时间步长为0.5h

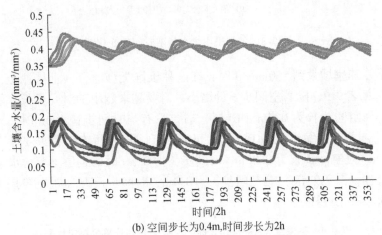

(b) 空间步长为0.4m,时间步长为2h

图 9-9　各层土壤含水量随时间的变化图

当下渗速率增大到 350mm/d 时，见表 9-10，大多数时空步长组合都不能够收敛。如果时间步长大于等于 2h 时，5 种空间步长都不能收敛。当时间步长为 1h 时，只有空间步长为 0.4m 的情况才能使计算收敛。当空间步长缩小到 0.02m，0.04m 时，10min 到 3h 的所有时间步长皆不收敛。说明在非均质的情况下，下渗速率变大比均质的情况更容易产生计算不稳定的问题。图 9-10（a）是空间步长为 0.08m，时间步长为 10min 时的各层土壤含水量随时间的变化过程，图 9-10（b）是空间步长为 0.8m，时间步长为 0.5h 时的各层土壤含水量随时间的变化过程。

表 9-10   下渗率为 350mm/d 时的时空步长对计算的稳定性影响

时间步长/min	200 层	100 层	50 层	20 层	10 层
10	N	N	y	y	y
30	N	N	N	y	y
60	N	N	N	N	y
120	N	N	N	N	N
180	N	N	N	N	N

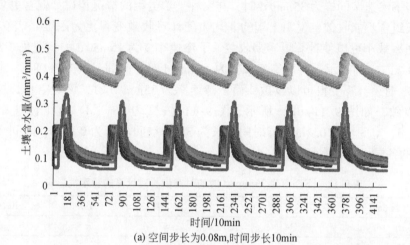

(a) 空间步长为0.08m,时间步长10min

(b) 空间步长为0.8m,时间步长0.5h

图 9-10   各层土壤含水量随时间的变化图

加大土壤类型在空间上的变化。将整个土柱设置成 5 种土壤，见表 9-11。

表 9-11　土柱的土壤类型与饱和传导率

土壤深度/m	土壤类型	$K_s/(\text{mm/d})$
0~0.8	砂土	6426
0.8~1.6	粉土	437
1.6~2.4	粉砂壤土	182
2.4~3.2	粉质黏土	96
3.2~4.0	黏土	147

当下渗速率同样为 35mm/d 时，与两种土壤类型的情况相比，就有更多的时空步长组合不能收敛，说明土壤的非均质使计算收敛变得更为困难（表 9-12）。下渗速率减小可以使计算更容易收敛。下渗速率变为 15mm/d 的情况见表 9-13。如图 9-11（a）所示，将下渗速率变为 15mm/d 时，空间步长为 0.08m，时间步长为 3h 时，计算变得可以收敛，而下渗速率为 35mm/d 时，该时空步长组合则不能收敛，如图 9-11（b）所示。图 9-11（c）、9-11（d）是下渗速率变为 35mm/d，空间步长 0.4m 时，时间步长为 3h 和空间步长为 0.08m，时间步长为 0.5h 的各层土壤含水量。

表 9-12　下渗率为 35mm/d 时的时空步长对计算的稳定性影响

时间步长/min	200 层	100 层	50 层	20 层	10 层
10	y	y	y	y	y
30	N	N	y	y	y
60	N	N	N	y	y
120	N	N	N	y	y
180	N	N	N	N	y

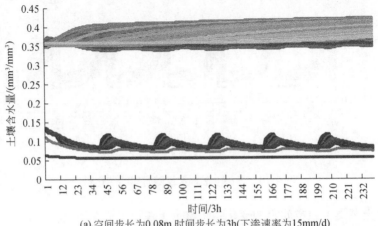

(a) 空间步长为0.08m,时间步长为3h(下渗速率为15mm/d)

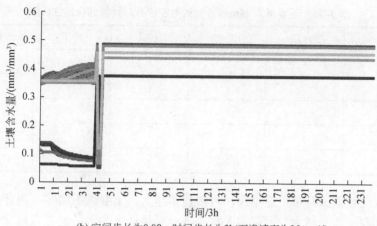

(b) 空间步长为0.08m,时间步长为3h(下渗速率为35mm/d)

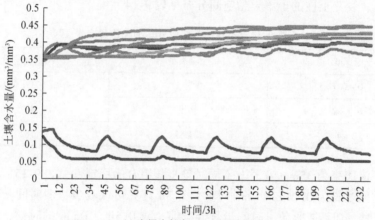

(c) 空间步长为0.4m,时间步长为3h

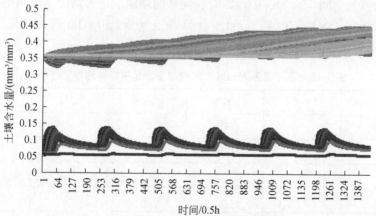

(d) 空间步长为0.08m,时间步长为0.5h

图 9-11　各层土壤含水量随时间变化图

表 9-13　下渗率为 15mm/d 时的时空步长对计算的稳定性影响

时间步长/min	200 层	100 层	50 层	20 层	10 层
10	y	y	y	y	y
30	y	y	y	y	y
60	y	y	y	y	y
120	y	y	y	y	y
180	N	N	y	y	y

从以上数值试验可以总结出，入渗速率越大，土壤越不均匀，则计算越容易不收敛。空间步长越大，时间步长越小越容易使计算收敛。但也有情况，不符合这个规律。设置土柱的土壤类型空间分布见表 9-14。

表 9-14　土柱的土壤类型与饱和传导率

土壤深度/m	土壤类型	$K_s/(mm/d)$
0 ~ 0.7	砂黏土	113
0.7 ~ 2	粉土	437
2 ~ 4	粉砂土	182

当下渗速率为 35mm/d 时，不同时刻步长组合的稳定性见表 9-15。非常奇怪的是当空间步长为 0.04m 时，时间步长为 3h 计算可以收敛，但时间步长缩小为 1h 和 2h 时，却不能收敛。时间步长继续缩小到 0.5h，10min 的时候，计算又变得可以收敛。空间步长为 0.02m 时存在同样的问题。这种情况与时间步长越小越容易收敛相悖。图 9-12（a）、9-12（b）是空间步长 0.02m 时，时间步长为 3h 和 0.5h 的各层土壤含水量变化图。

表 9-15　下渗率为 35mm/d 时的时空步长对计算的稳定性影响

时间步长/min	200 层	100 层	50 层	20 层	10 层
10	y*	y*	y*	y	y
30	y*	y*	y*	y*	y
60	N	N	y*	y*	y
120	y*	N	N	y*	y
180	y*	y*	N	y*	y

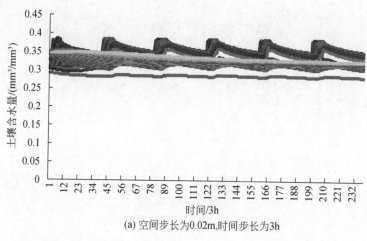

(a) 空间步长为0.02m,时间步长为3h

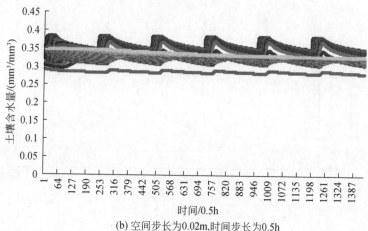

(b) 空间步长为0.02m,时间步长为0.5h

图9-12　各层土壤含水量随时间变化图

　　当然，相同的空间步长，时间步长不同，那么它们计算的精度也会不同。图9-13是取相同空间步长（0.04m）和不同时间步长（10min、0.5h、3h）的土壤含水量（0~0.04m 处）的计算结果。可以看出随着时间步长的加大，计算结果越不光滑，在峰值处震荡越大。

　　图9-14是取出5天的不同时间步长的土壤含水量的比较，可以更清楚得看出，随着时间步长的增加，计算结果在土壤含水量变大的时候，震荡越大，计算值越偏离真实值。在土壤含水量变小的过程中，不同时间步长的计算结果比较接近，10min 和0.5h 的计算结果几乎重合。

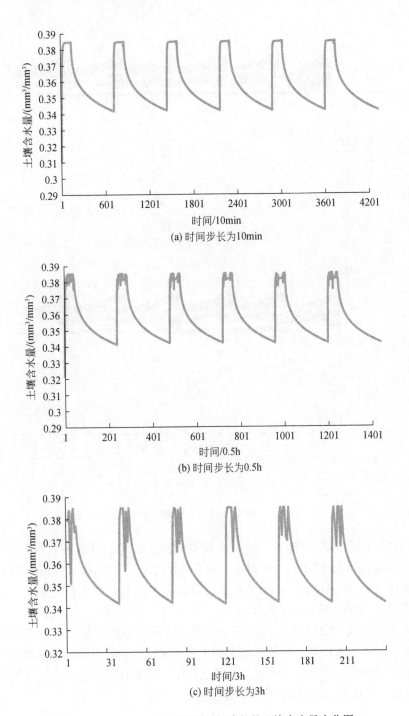

图 9-13　0~0.04m 处的不同时间步长的土壤含水量变化图

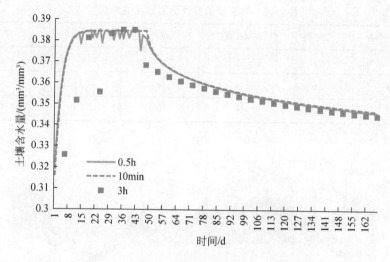

图 9-14 0 ~ 0.04m 处 5d 的不同时间步长的土壤含水量变化图

以上非均质土壤水模拟的数值稳定性是对土壤水数值模拟模块的单独测试，接下来将该模块替换 VIC 模型的原 3 层土壤水计算模块，综合考虑地表径流、土壤蒸发、根系吸水，应用 Duke 站点 2005 年的实测气象数据进行稳定性测试，模拟期为 1a。土柱的设置见表 9-16。

表 9-16 土柱的土壤类型与饱和传导率

土壤深度/m	土壤类型	K_s/(mm/d)
0 ~ 0.3	粉砂壤土	182
0.3 ~ 1.5	黏土	147
1.5 ~ 2.5	粉质黏土	96

本次时间步长最小为 1h，因为 VIC 模型的时间步长最小取 1h。表 9-17 给出了在这种情况下时空步长组合对计算的稳定性影响。可以看出，空间步长从 0.4 ~ 0.02m，时间步长从 1 ~ 3h，全部组合均收敛。图 9-15 （a），9-15 （b）是空间步长为 0.08m，时间步长为 3h 与空间步长为 0.4m，时间步长为 3h 的各层土壤含水量变化。图 9-15 （c）是当土柱划分为 10 层、50 层、100 层、200 层时，在土壤深度 20cm 处的土壤含水量变化对比图。如图所示，空间划分为 50 层、100 层和 200 层模拟的土壤含水量相近，当空间步长为 0.4m （10 层）时，土壤含水量要低于其他空间步长模拟出的结果，尤其在计算前半段最为明显。

表 9-17　时空步长对计算的稳定性影响

时间步长/min	200 层	100 层	50 层	20 层	10 层
60	y	y	y	y	y
120	y	y	y	y	y
180	y	y	y	y	y

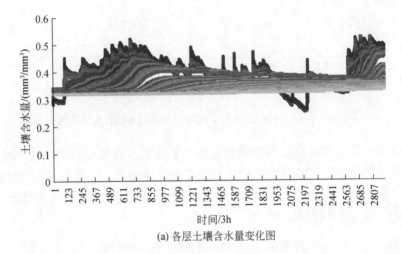

(a) 各层土壤含水量变化图

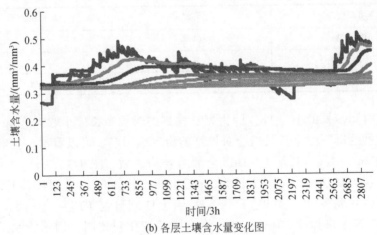

(b) 各层土壤含水量变化图

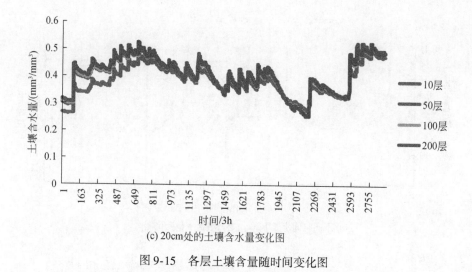

(c) 20cm处的土壤含水量变化图

图 9-15 各层土壤含量随时间变化图

将 0～0.3m 处设置为水力传导率更大的沙壤土，看改变土壤类型对于计算稳定性的影响，具体设置见表 9-18。

表 9-18 土柱的土壤类型与饱和传导率

土壤深度/m	土壤类型	K_s/(mm/d)
0～0.3	砂质壤土	383
0.3～1.5	粉砂壤土	182
1.5～2.5	黏土	82

表 9-19 给出了在这种情况下时空步长组合对计算的稳定性影响。其中，只有当空间步长为 0.4m，时间步长为 1h 时，计算才能够收敛，其余均不能收敛。与上面的土柱设置情况相比，该情况的土壤差异要更大。上例中，第一层与第二层的非饱和传导率相差 35mm/d，而在此例中，第一层和第二层的非饱和传导率相差 201mm/d。土壤差异越大，使得计算越难收敛。图 9-16（a）给出了除 0.4m 外不同空间步长下的在 20cm 处的土壤水含量变化图，空间步长越大，那么计算可持续的越长，计算总是在一场新的降雨开始时不能收敛。图 9-16（b）是空间步长为 0.4m，时间步长为 1h 的各层土壤含水量变化图。

表 9-19 时步长对计算的稳定性影响

时间步长/min	200 层	100 层	50 层	20 层	10 层
60	N	N	N	N	y
120	N	N	N	N	N
180	N	N	N	N	N

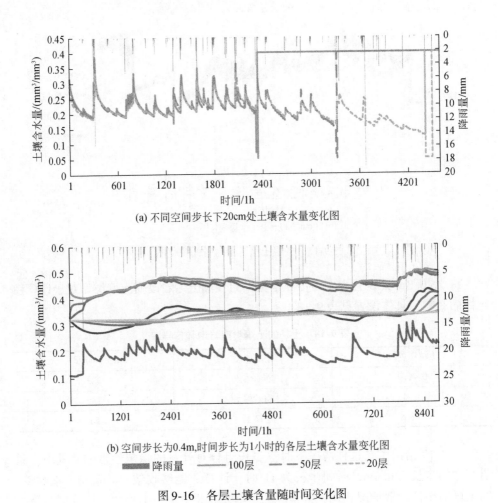

(a) 不同空间步长下20cm处土壤含水量变化图

(b) 空间步长为0.4m,时间步长为1小时的各层土壤含水量变化图

降雨量　　100层　　50层　　20层

图 9-16　各层土壤含量随时间变化图

9.8　本章小结

通过对改进土壤水模块在 Duke 站点、Mead 站点的应用与验证,以及对其进行的数值稳定性分析,可以得到以下结论。

（1）通过在 Duke 站点和 Mead 站点的应用,证明改进的土壤水分运动模块,以及与 VIC-CASACNP 的耦合是成功的,耦合模型所模拟的土壤含水量可以达到满意的精度,较好地模拟了土壤水分运动,尤其是在植被的生长季节。同时模型在 Mead 站点冬季的模拟效果不佳,说明该求解模块还需要添加对冻土过程的模拟,以适应在冬季寒冷的地区使用。

（2）本次两个站点所使用的土壤水力参数，如最小含水量、饱和含水量、饱和水力传导率以及 n、α 都是根据土壤类型直接从 USDA 的参数化表中给定，没有进行人为调整，说明土壤水运动模块可以根据土壤类型给出参数化的土壤水力参数，以便在区域上拓展应用。

（3）通过设置不同入渗速率、不同土壤质地组合，发现入渗速率越大，土壤质地的空间变异性越大，那么计算越不容易稳定。即在相同入渗速率情况下，土壤质地的空间变异性越大，计算越难收敛。或者在相同土壤质地，入渗速率越大，计算越容易不稳定。

（4）对于多数情况，时间步长与空间步长的组合符合 $r=\Delta t/\Delta x^2$，r 越大越不容易收敛的规律。即空间步长越大，时间步长越小计算越稳定。但也有部分情况不符合该规律。例如，上层为沙性黏土，中层为粉砂土，下层为粉砂壤土的情况。当整个土柱划分为 50 层时，2h 与 3h 的时间步长均完全不收敛，而当整个土柱划分为 200 层时，在用 2h 与 3h 为时间步长的情形下，计算为不完全收敛。即只有在少数时间点不能够收敛。对于相同时间步长，如果空间步长不同但都很小，模拟值之间则非常接近，如果空间步长不同且都比较大，则模拟值之间的差异也随之加大；对于相同空间步长，如果时间步长越短，那么模拟值则越接近于解析解，相反如果时间步长越长，那么模拟值越在峰值处的震荡越大。

|第 10 章| 水、能量和碳氮的耦合
以及倍增 CO_2 情景下的模拟

通过将陆面水文模型 VIC 与生物地球化学模型 CASACNP 耦合，新构建的 VIC-CASACNP 模型可以发挥两模型各自的优势，VIC 模型提供进行水量能量通量模拟，提供土壤湿度、土壤温度给 CASACNP。CASACNP 则利用 VIC 提供的土壤湿度与温度，对植被生长以及土壤中碳氮的生物地球化学循环进行模拟。对于陆面水文模型 VIC 而言，耦合前只能对陆面的水量及能量通量进行模拟，而不能考虑碳氮过程对水循环的影响，然而碳氮过程会通过控制植被来影响水和能量平衡。那么对于大气 CO_2 浓度的变化等情景原模型则不能做出任何响应。而与 CASACNP 耦合后，模型最大的优势是可以定量模拟碳氮的生物地球化学循环对水和能量通量的影响。本章也定量分析了倍增 CO_2 情景下土壤水分、土壤温度等水量能量通量的变化。

本章分别在 Duke 森林站点、Mead 农田站点进行水、能量以及碳氮的耦合模拟，时间步长为 1h。土壤湿度在第 9 章已经进行过验证。对于土壤温度的模拟，下边界条件选择零通量边界，模拟节点为 30 个。对于 VIC 模型需要的土壤含水量以及土壤温度的初值以及 CASACNP 模型碳氮各库的初值如前所述（3.4 节）。本次针对不同植被调整的参数有最大电子传输速率 J_{max0}，25℃时最大羧化作用速率 $V_{c,max0}$，光量子效率 κ_2，以及气孔导度模型中的经验系数 a_1，D_{x*}。其他参数均为直接标定。

10.1 能量和水量通量模拟

陆地表面的水和能量通量对地球生物化学过程非常重要。因此 VIC 与 CASACNP 耦合的目的之一便是利用 VIC 提供更为准确的水循环与能量通量模拟。图 10-1 是 2004 ~ 2005 年的 Duke 站点模拟的日蒸散发与实测值的对比图。可以看出日蒸散发过程总体上与实测结果较为吻合，模拟的日蒸发与实测值在 2004 年和 2005 年的相关系数 R^2 分别为 0.92、0.87；两年的小时最小均方根误差 RMSE 为 0.06mm 和 0.07mm。两年的实测年蒸发量分别为 752mm、756mm，模拟的年蒸散发量分别为 749mm、811mm，分别与实测相差 3mm、55mm。可以看

出 2005 年蒸散发的模拟结果相比较要差。在 2005 年秋季，日蒸散发的模拟结果明显要高于实测值，而对总初级生产力 GPP 的模拟同样也是在这段时间明显高于实测值。植被的 CO_2 同化速率通过控制气孔导度的开启同时来影响水汽交换，即蒸散发，因此日 ET 模拟在该时段的误差主要是由 GPP 模拟不准造成。图 10-2 分别是两年的模拟与实测日蒸发的散点图。图 10-3 是两年中选取若干天的蒸发日内变化过程以及与实测值的对比图。

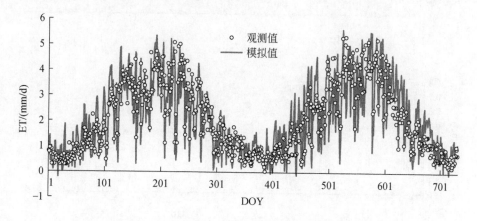

图 10-1　Duke 站点 2004 年与 2005 年的模拟与实测 ET 的对比图

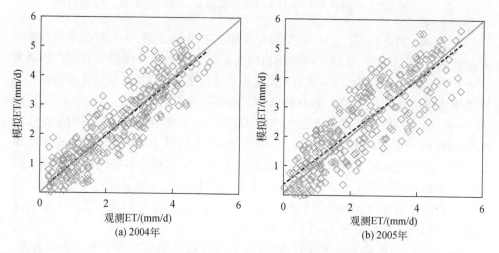

图 10-2　Duke 站点 2004 年和 2005 年两年的观测与模拟的日蒸发的散点图

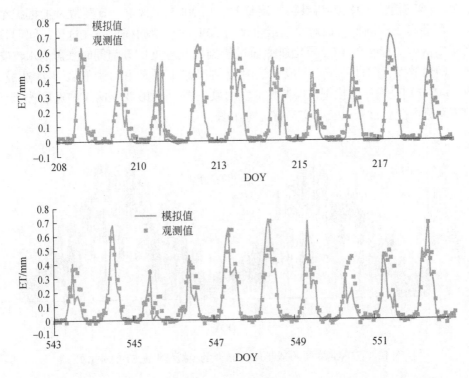

图 10-3 Duke 站点 2004 年与 2005 年 10d 的实测 ET 与模拟 ET 的日内过程对比

图 10-4（a）分别是 Duke 站点 2004 年和 2005 年的土壤 30cm 处的小时温度模拟与实测值的对比图，该站点两年模拟的土壤温度最小均方根温差 RMSE 分别为1.89℃和1.76℃。从图可以看出土壤温度模拟值与实测值在生长季节比较吻合，但在冬季土壤温度的模拟值有明显的低估，最高达到 5℃ 的低估，图 10-4（b）和图 10-4（c）分别是 Mead 站点 2002 年和 2003 年的土壤 4cm 处的日平均温度模拟与实测值的对比图，该站点模拟土壤温度两年的日 RMSE 分别为 2.74℃ 和1.97℃。从图可以看出模型在 Mead 站点对土壤温度的模拟存在同样的问题，模拟结果与观测值在生长季节比较一致，较好地模拟出来土壤温度的变化过程。但在冬季模拟的土壤温度明显低于实际观测值。模型在这两个站点模拟的土壤温度与实测值的相关系数都 R^2 达到了 0.99。

Duke 站点模拟与实测净辐射通量的日内变化过程如图 10-5 所示。可以看出，净辐射通量的模拟效果比较好。该站点两年的模拟与实测的日平均净辐射通量散点图如图 10-6 所示。两年的模拟净辐射通量的 R^2 均为 0.99，RMSE 分别为12.7W/m² 和 8.1W/m²。

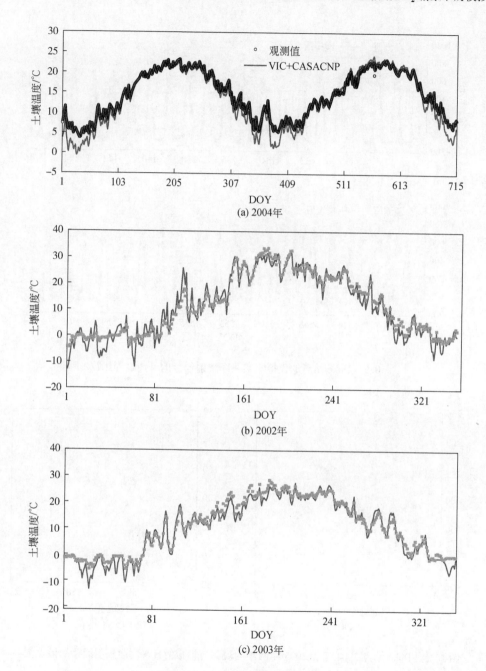

图 10-4　日平均土壤温度对比图

（a）是 Duke 站点 2004～2005 年土壤深度 20cm 处的小时模拟与实测的土壤温度对比图；（b）是 Mead 站点
2002 年土壤深度 4cm 处的模拟与实测的日平均土壤温度对比图；（c）是 Mead 站点 2003 年土壤
深度 4cm 处的模拟与实测的日平均土壤温度对比图

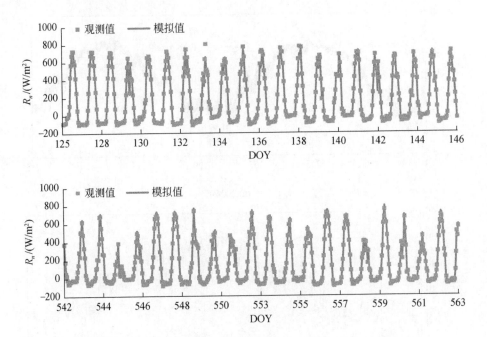

图 10-5　Duke 站点的模拟与实测净辐射通量的日内过程比较

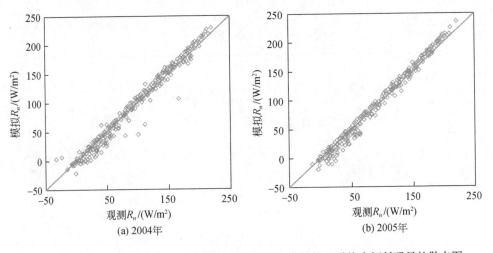

图 10-6　Duke 站点 2004 年和 2005 年两年的观测与模拟的日平均净辐射通量的散点图

　　图 10-7 和图 10-8 分别是 Mead 站点 2002 年和 2003 年在生长季选定时段内的潜热通量、感热通量、地表热通量、地表净辐射与土壤温度的日内变化模拟结果。2002 年（大豆）和 2003 年（玉米）潜热通量的相关系数 R^2 分别为 0.95，

0.98，均方根误差 RMSE 分别为 41.0W/m² 和 38.4W/m²。感热通量的 R^2 分别为 0.82 和 0.67，RMSE 分别为 54.4W/m² 和 47.6W/m²，地表热通量的 R^2 分别为 0.88 和 0.81，RMSE 分别为 35.9W/m² 和 34.8W/m²，净辐射通量的 R^2 均为 0.99，RMSE 分别为 28.6W/m² 和 24.5W/m²。从图可以看出，该时段内潜热通量的模拟结果与观测较为一致，但峰值普遍低于观测值。感热通量的模拟存在较大的误差，尤其是模拟的峰值明显大于观测值。模型对地表热通量、净辐射以及土壤温度的模拟结果较好。净辐射是净短波辐射和净长波辐射之和，净短波辐射的关键是地表反照率，净长波辐射的关键是地表温度，因此净辐射的模拟结果可以反映出模型对地表反照率和地表温度的模拟结果比较吻合实际情况。

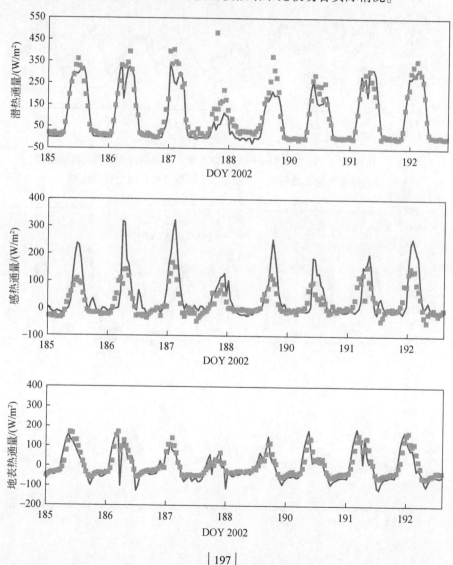

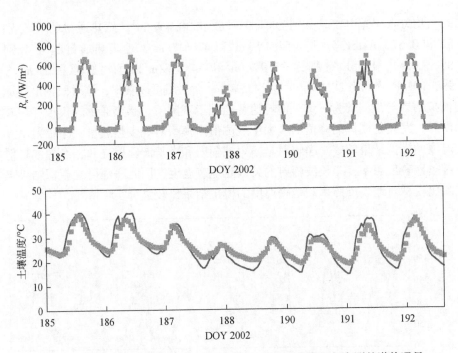

图 10-7　DOY185～192 期间 Mead 站点 2002 年大豆的模拟与实测的潜热通量、
感热通量与地表热通量、净辐射、土壤温度的日内变化对比图

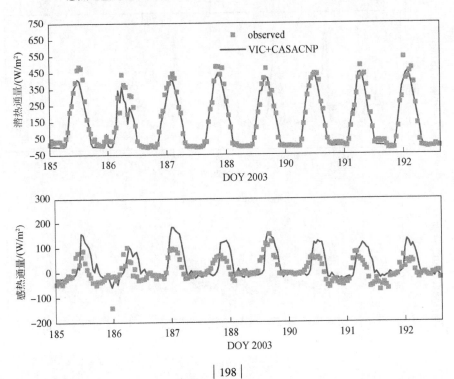

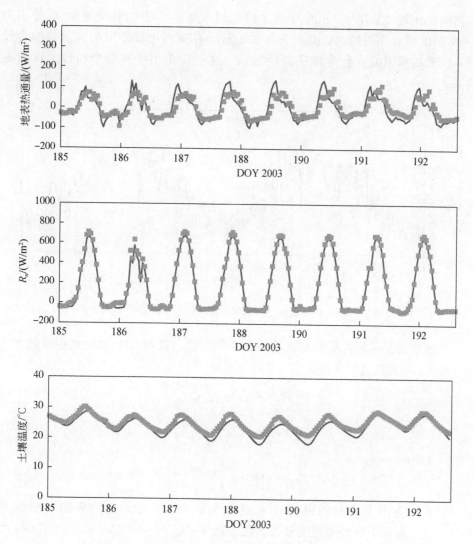

图 10-8 DOY185～192 期间 Mead 站点 2003 年玉米的模拟与实测的潜热通量、
感热通量与地表热通量、净辐射、土壤温度的日内变化对比图

10.2 碳氮循环模拟

总初级生产力 GPP 就是植物的光合作用量，即对 CO_2 的吸收，是碳进入陆
地生态系统的最重要途径。影响 GPP 的环境因子有太阳辐射、大气温度、土壤
水分。图 10-9 是 Duke 站点 2004 年及 2005 年日 GPP 的模拟结果，为了便于与

实测值的比较，采用了 5d 的滑动平均处理。两年 GPP 的相关系数 R^2 分别为
0.85 和 0.87，小时的 RMSE 均为 $0.22g/m^2$。GPP 在生长季节与实测值吻合较
好。GPP 的模拟值在秋季比实测值偏高，这可能是由于在这个阶段 LAI 模拟
偏高。

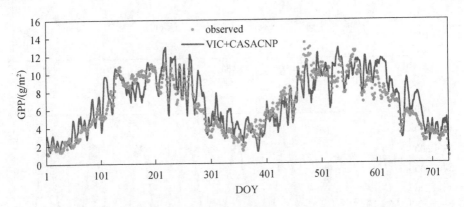

图 10-9　Duke 站点 2004 年和 2005 年模拟与实测 GPP 的对比图

　　土壤中的无机氮含量影响植被的光合作用量。氮对 GPP 的限制由叶的 N：
C，以及土壤无机氮的含量决定，具体如下：

$$F_c = x_{n,\text{leaf}} x_{n,\text{up}} F_{\text{cmax}} \tag{10-1}$$

$$x_{n,\text{leaf}} = x_{\text{npmax}} \frac{n_{\text{leaf}}}{n_{\text{leaf}} + k_n} \tag{10-2}$$

$$x_{n,\text{up}} = \min\left(1, \frac{N_{\text{min}}}{F_{n,\text{upmin}} \Delta t}\right) \tag{10-3}$$

式中，F_{cmax} 为不考虑氮约束的 GPP 或者 NPP；F_c 为考虑氮约束的 GPP 或者
NPP，x_{npmax} 为基于植被类型的最大氮限制因子；n_{leaf} 为叶的 N：C（g/g）；k_n 为
经验常数，是 N_{min} 是土壤无机氮含量（g/m^2）；$F_{n,\text{upmin}}$ 为根系最小氮的吸收
量。其中，VIC-CASACNP 模拟了叶碳和叶氮的动态变化。氮的限制因子的
趋势与叶氮的变化趋势基本一致，都是在生长季节降低。叶碳依赖于 NPP 的
分配。叶氮由无机氮含量以及 NPP。模拟的 2004 年与 2005 年的年均叶氮浓
度分别为 1.11（gN/100g leaf biomass），1.05（gN/100g leaf biomass）。观测
的两年叶氮浓度分别是 0.98（gN/100g leaf biomass）和 1.03（gN/100g leaf
biomass），如图 10-10 所示。图 10-10 说明了模型模拟的叶氮是合理的。可
以看出，2004 年的叶氮浓度明显高于实测值，这可能是由于对根系氮吸收的
模拟偏高造成的。

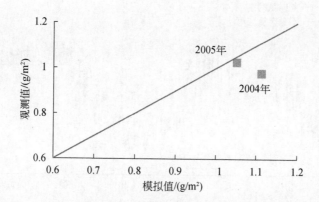

图 10-10　Duke 站点 2004 年与 2005 年模拟与实测的年均叶氮浓度比较

土壤有机氮的矿化与根系对无机氮的吸收是土壤无机氮输入与输出的重要部分。在 Duke 站点，2004 年和 2005 年模型模拟的有机氮的矿化量分别为 $8.7g/m^2 \cdot a$，$8.5g/m^2 \cdot a$（Zaehle and Friend，2009）。在该站点模拟的矿化量是 $8.1g/m^2 \cdot a$，常绿针叶林的实测平均矿化量是 $9g/m^2 \cdot a$，VIC-CASACNP 模拟的矿化量在这两个数值之间。VIC-CASACNP 模拟的根系吸氮量分别是 2004 年的 $8.7g/m^2 \cdot a$，与2005 年的 $8.6g/m^2 \cdot a$。土壤的无机氮在 $5 \sim 20kg/hm^2$，如图 10-11 所示。

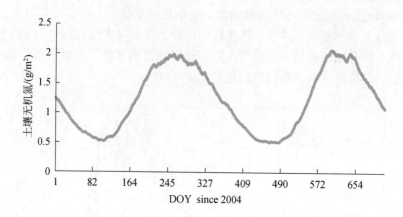

图 10-11　Duke 站点土壤无机氮的 2004 年到 2005 年的动态变化过程

图 10-12 给出考虑氮约束和只考虑碳循环的 GPP 模拟值的对比图，从图可以看出，在生长季节，氮的约束作用最为明显。由于氮的约束两年的 GPP 与未考虑氮约束的 GPP 相比，分别减少 5.0% 和 14.2%。

图 10-13 分别是 Mead 站点 2002 年大豆与 2003 年玉米的 GPP 模拟与实测的对

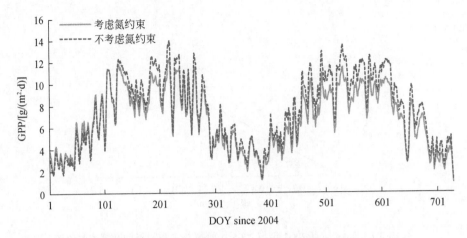

图 10-12　Duke 站点 2004 年和 2005 年考虑氮约束以及未考虑
氮约束分别模拟出的 GPP 对比（5d 滑动平均）

比。在 Mead 站点的模拟中，因为大豆自身的固氮作用，以及轮作玉米时的施肥（尿素 CO $(NH_2)_2$，硝酸铵（NH_4NO_3），认为氮在该作物轮作系统对于光合作用是足够的，因此在 Mead 站点没有考虑氮的约束。模拟与实测的大豆与玉米的 GPP 的相关系数分别为 0.92 与 0.95，日均方根误差为 2.62g/m²，4.44g/m²。玉米的 GPP 模拟值在峰值后明显高于实测值，这主要与 LAI 在该段时期的偏差有关。

图 10-14（a）是 2002 年大豆的地上生物量模拟结果，图 10-14（b）是 2003 年玉米的地上生物量模拟结果，从模拟结果看，模型对大豆和玉米的地上生物量模拟总体上还是比较好的。说明模拟能够较好地模拟 NPP、NPP 对根、茎、叶的动态分配以及植被的向凋落物的转化过程。

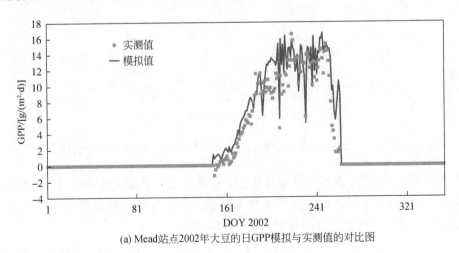

(a) Mead站点2002年大豆的日GPP模拟与实测值的对比图

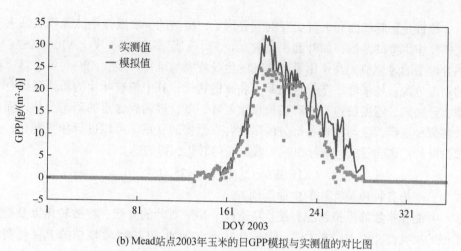

(b) Mead站点2003年玉米的日GPP模拟与实测值的对比图

图 10-13　日 GPP 模拟与实测值的对比图

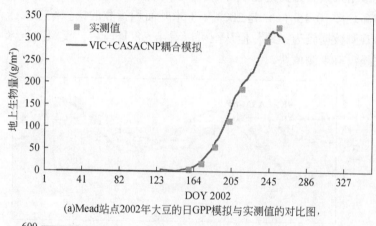

(a)Mead站点2002年大豆的日GPP模拟与实测值的对比图,

(b)Mead站点2003年玉米的日GPP模拟与实测值的对比图

图 10-14　日 GPP 模拟与实测值的对比图

植被是影响陆面和大气交互的重要因子，植被的一些属性是陆面模式或者水文模型中重要的参数，如叶面积指数（LAI）、冠层高度（h）等。VIC-CASACNP耦合模型通过模拟光合作用量，植被的生长呼吸与维持呼吸，NPP 对叶、茎、根的动态分配，植被叶、茎、根向凋落物库的转化，其中植被叶片的凋落还综合考虑水分胁迫、温度胁迫，然后模拟植被各叶、茎、根的碳含量的动态变化。而植被各部分的碳含量与植被各部分的属性存在紧密的联系，可以进行相互转化，如植被叶片的碳含量 C_{leaf} 与叶面积指数 LAI 的转化，可表达如下：

$$\text{LAI} = \text{SLA} \times C_{\text{leaf}}, \quad \text{SLA} = 25.0 r_{\text{L}}^{-0.5}$$

式中，r_{L} 为各种植被叶片的生命周期。

叶面积指数的模拟情况直接反应 NPP、NPP 对叶的分配、植被转化以及物候模拟的准确性。图 10-15（a）是 Duke 站点 2004 年和 2005 年模拟的 LAI 与实测 LAI 的对比。图 10-15（b）是 2002 年大豆的叶面积指数的模拟结果，大豆叶面积指数模拟结果偏高尤其是在 7 月前后，其中主要原因是此阶段的 CO_2 的同化速率模拟偏高。图 10-15（c）是 2003 年玉米叶面积指数的模拟结果。玉米的叶面积指数与观测数据较为一致，但从图可以看出，8 月以后，模拟的玉米叶片的凋落速率明显没有观测值快。

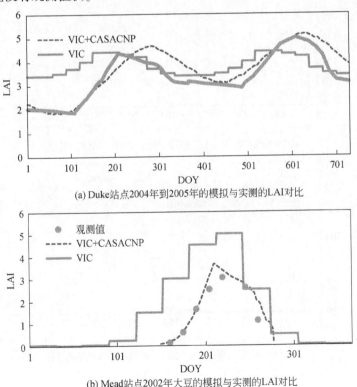

(a) Duke 站点 2004 年到 2005 年的模拟与实测的 LAI 对比

(b) Mead 站点 2002 年大豆的模拟与实测的 LAI 对比

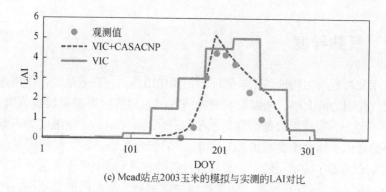

(c) Mead站点2003玉米的模拟与实测的LAI对比

图 10-15　模拟与实测的 LAI 对比图

注：VIC 代表的是参数化的 LAI

10.3　CASACNP 对水与能量通量的影响

陆地表层与大气之间的水循环与能量平衡标志着边界层所进行物质、能量与动量的强烈交换。而这些交换过程受到植被的属性和生长过程的影响与调节。碳氮的生物地球化学循环直接控制着植被的属性与生长。在本章的模型耦合中，CASACNP 能够模拟碳氮在植被和土壤中循环，然后通过碳氮循环对植被气孔导度与叶面积指数影响，来进一步影响水循环与能量平衡过程。

10.3.1　数值试验

一共进行了 4 种模型的模拟，以及水量能量的对比，这 4 个分别是 VIC-org，VIC-soilevap，VIC-LAI，VIC-CASACNP。

（1）VIC-org：就是未进行修改的 VIC 模型。气孔导度没有考虑碳通量的影响，LAI 也是按植被类型预先设定好的月叶面积指数。

（2）VIC-soilevap：是在原模型基础上，修改裸土蒸发模块后的 VIC 模型。

（3）VIC-LAI：是在修改裸土蒸发后的 VIC 模型基础上，用 CASACNP 模拟动态变化的 LAI 代替原模型使用的参数化的月 LAI。

（4）VIC-CASACNP：是在 VIC-LAI 的基础上，用考虑碳通量的气孔导度（即 Leuning 导度模型）代替原模型使用的气孔导度。最大冠层截留能力同样随 LAI 的动态变化同步更新。

10.3.2　气孔导度

本次水文过程与生物地球化学循环的相互作用点之一是通过光合作用速率控制植被冠层气孔阻力的大小，从而影响蒸发。冠层阻力直接影响着植被蒸腾量大小，在 VIC 原模型中，冠层阻力是给定的最小气孔阻力、LAI、土壤湿度的函数，缺乏对碳循环的考虑。耦合模型利用 CO_2 和 H_2O 的耦合交换，得到水汽通量的冠层阻力，替代 VIC 模型中的冠层阻力，然后进行各能量通量的计算及能量平衡的迭代。

图 10-16（a）是气孔导度，即气孔阻力的倒数，随时间的变化图，用相同的 LAI 来比较 VIC 原模型中使用的气孔导度模型与 Leuning 的气孔导度模型之间的差异，其中在 2004 年 5 月中选择了较为干旱的 10 天，比较气孔导度以及 GPP 的日内变化过程。从图可以看出，GPP 的模拟结果与实测比较吻合。VIC-LAI 和 VIC-CASACNP 模拟的气孔导度都是在上午达到峰值，然后由于气孔的关闭在晚上变为 0。但两个模型模拟的气孔导度在下午的变化不一致，VIC-LAI 模拟的气孔导度在下午的时候相对平稳，而 VIC-CASACNP 用 Leuning 模拟模拟的气孔先是在上午达到峰值后迅速的部分关闭后，又在下午打开使气孔导度达到另一个峰值。然后气孔在夜晚前迅速关闭。而这些气孔的变化过程与 Daily 等（2005）描述的过程一致。

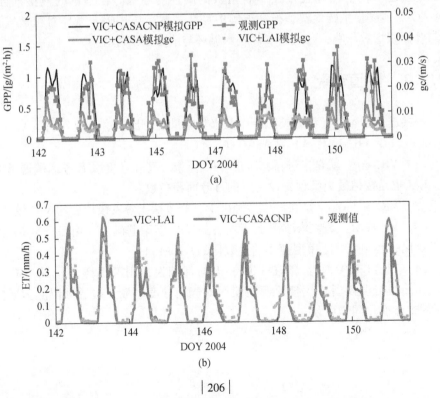

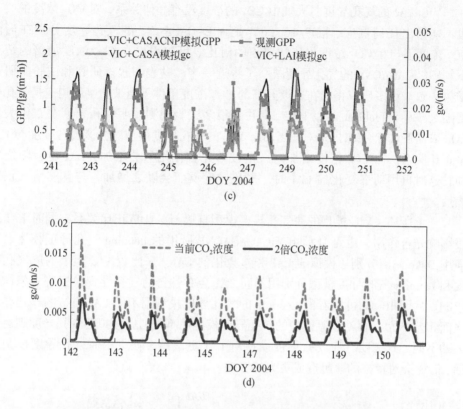

图 10-16　VIC-CASACNP 与 VIC-LAI 模拟的气孔导度的比较

　　VIC-CASACNP 模拟的日内最大气孔导度除去第 146、148 和 149，要明显大于 VIC-LAI 模拟的日内最大气孔导度。因此，VIC-CASACNP 的日内最大蒸发在这些天同样也大于 VIC-LAI 的日内最大蒸发值。从图 10-16（b）可以看出，VIC-CASACNP 模拟的内容蒸发过程与 VIC-LAI 相比与实测值更为吻合，尤其是在下午的过程，VIC-CASACNP 的蒸发都要明显大于 VIC-LAI 的蒸发，而且 VIC-CASACNP 下午蒸发的峰值也与观测值较为一致。但在第 146，148，149 天，VIC-CASACNP 和 VIC-LAI 的气孔导度相近，因此两模型在这 3 条模拟的蒸发过程也几乎重合。

　　从图 10-16（c）看出，VIC-CASACNP 模拟的气孔导度的变化与光合作用的变化过程非常相近。第 246 天的光合作用速率明显小于前后若干天的光合作用速率。VIC-CASACNP 的气孔导度同样在这天变的很小。而 VIC-LAI 模拟的气孔导度由于不能对 CO_2 的同化速率做出响应，在与前后若干天的大小基本没有变化，因此远大于 VIC-CASACNP 在这天模拟出的气孔导度。

    VIC-LAI 的气孔导度与大气中 CO_2 的浓度没有任何关系。对 CO_2 浓度的改变也不能做出任何响应。图 9-16（d）是 VIC-CASACNP 的气孔导度分别在当前 CO_2 浓度下与在 CO_2 浓度加倍情况下的对比。可以看出在 CO_2 浓度加倍的情况下，VIC-CASACNP 的气孔导度减小了将近一半。这也与很多研究和试验的研究结果一致。许多研究得出在逐渐升高的 CO_2 浓度条件下植被的生理响应是气孔导度随之减小（Field et al.，1995）。并且很多试验观测表明气孔导度在双倍大气 CO_2 浓度下可能会减小 50%。当用原 VIC 的气孔导度模型时，该气孔导度与 LAI 呈正比关系。当 CO_2 浓度增加时，植被的光合作用量会增加，LAI 也会随之增加，这时再用动态变化的 LAI 时，气孔导度反而会随之增加。与真实情况正好相反。

    如上所述，VIC 模型的原气孔导度模型直接与 LAI 成正比关系，同时 LAI 通过影响光合作用，也可以影响 VIC-CASACNP 所用的 Leuning 气孔导度模型。下面用 Duke 站点分别用模拟的 LAI 和参数化的 LAI，来比较 VIC 模型的原气孔导度和 Leuning 气孔导度模型分别用不同 LAI 会对各自的气孔导度模拟造成怎样的影响。从图 10-17 可以看出 Leuning 的气孔导度模型用不同 LAI 模拟的气孔导度之间相差不大。而 VIC 原模型的气孔导度模型用不同 LAI 模拟的气孔导度则有较大的不同。这表明，原气孔导度模拟对 LAI 更敏感。如果用原气孔导度模型的话，LAI 会对植被的蒸腾造成更大的影响。

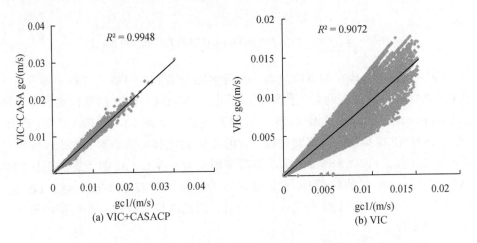

图 10-17　气孔导度模型分别用不同 LAI 模拟出的气孔导度的散点图

注：gc 代表用模拟的 LAI 得到的气孔导度，gc1 代表用参数化的 LAI 得到的气孔导度

10.3.3 LAI 对蒸发的影响

LAI 对于陆地表面的水循环起着不容忽视的作用。植被蒸腾、冠层截留蒸发以及裸土蒸发都与 LAI 有关。用 CASA-CNP 模拟的 LAI 比参数化的月 LAI 显然更为精确，如图 10-18 所示。因此，在这里研究用不同的 LAI 会对蒸散发模拟造成怎样的差别。LAI 的变化直接改变着冠层截流、贯穿降水量，以及冠层的截流蒸发。分别用模拟的 LAI 与参数化的 LAI 对冠层截流蒸发的影响如图 10-18 所示。左侧的坐标轴是分别用不同 LAI 模拟的冠层截流蒸发的差值，右侧的坐标轴是两种 LAI 的差值，可以看出截流蒸发差与 LAI 差趋势基本一致，LAI 大，则截流蒸发就大，反之亦然。这说明了 LAI 与截流蒸发的关系非常紧密，冠层最大截流能力与 LAI 成正比关系。因此，LAI 越大，则冠层所截的水量也越多，截留水量的蒸发也随之增大。

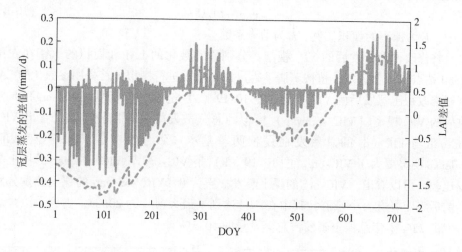

图 10-18 用不同 LAI 模拟的冠层蒸发之差（蓝色实线）与不同 LAI 之差的对比图（红色虚线）

在森林站点，尤其是常绿类型，因为较高的 LAI，即使模拟的 LAI 和参数化的 LAI 有差异，裸土蒸发也都非常小。在这种情况下，LAI 对裸土蒸发基本没有影响，无法辨别 LAI 差异对其造成的影响。因此如果要调查 LAI 分别对植被蒸腾和裸土蒸发的影响，需要选择农田站点。因为作物的 LAI 相比森林的 LAI 变化要大，LAI 将分别对植被或作物蒸腾以及裸土蒸发产生不容忽视的影响。

首先是对原 VIC 模型裸土蒸发的改进，VIC 模型用一个类似 "大叶" 的概念，即假设一个网格中其中每一个植被类型区域内没有裸土面积，而是把网格内各植被类型的裸土面积叠加到一起，在每个网格内专门设一定面积比例 "CV"

的裸土面积，其中"CV"有给定的参数文件'Veg-paramter'读取。而用这种处理方法，每个网格中的裸土面积是一直固定的，不会随时间、季节变化。而实际情况时，植被的叶面积指数是随时间而变化的，一般夏季高，冬季低。那么相应的裸土面积也是随之变化的。在这种情况下，VIC原模型没有考虑这种裸土面积的变化，无论LAI是高还是低，都只能给出一个固定的裸土面积。在许多VIC模型的应用中，如果该网格只有植被，那么裸土面积CV经常被设置为0，代表在该植被类型区域没有裸土面积。在这种情况，由于缺少裸土蒸发使得VIC模拟将低估总蒸散发量。尤其是在农田应用，与实测蒸发相比，最大的低估就是发生在冬季（Hurkmans et al.，2008）。因为即使当LAI在冬季非常低时，模型仍不计算裸土的蒸发。因为本书也按照（Hurkmans et al.，2009）的方法修改了裸土蒸发，就是在每个植被类型区域加入一定比例的裸土面积。这个面积与LAI呈指数关系，如式（10-4）所示。通过加入这部分裸土面积，各植被类型区域都有了裸土蒸发，并且随着LAI的变化而相应的变化。

$$F = \exp(-k\text{LAI}) \tag{10-4}$$

式中，F为裸土的面积比例；k为消光系数。

将修改裸土蒸发后的VIC模型，分别用参数化的LAI和模拟的LAI在农田Mead站点对裸土蒸发、植被蒸腾、冠层截流蒸发进行模拟。首先用参数化的LAI测试修改裸土蒸发后的VIC模型。图10-19（a）是原VIC模型（VIC-org）与修改后的VIC模型（VIC-soilevap）模拟的总蒸散发的过程比较，可以看出VIC-soilevap与VIC-org的总蒸发在夏秋两季基本一致。而在冬季和春季，VIC-soilevap明显要大于VIC-org。图10-19（b）是VIC-org与VIC-soilevap的裸土蒸发比较。可以看出，VIC-org的裸土蒸发一直为0，VIC-soilevap的裸土蒸发分别在前后半年各有一个峰值，其中在4月达到了最大值，为20mm，占到了该月总蒸发的72%。年总裸土蒸发占总蒸发量的10.5%。

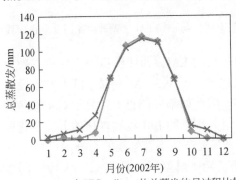

(a) VIC-org与VIC-soilevap的总蒸发的月过程比较

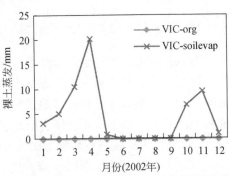

(b) VIC-org与VIC-soilevap的裸土蒸发过程比较

图10-19 蒸发过程比较图

接下来，用模拟的 LAI 来测试 VIC- soilevap，如图 10-20（a）所示，通过 VIC- soilevap 与 VIC- org 分别模拟的潜热通量与实测潜热通量的比较，可以看出，VIC- soilevap 在 6 月的模拟好于 VIC- org，与实测值更为接近。这是在 Mead 站点 2002 年的大豆种植时间是 5 月 20 号，大豆在 6 月由于才开始生长，因此 LAI 非常低，而这时的植被蒸腾也随之非常低，而该月的太阳总辐射量是 741.1MJ/m²，为全年的月最大值。因此低 LAI 加高潜在蒸发能力，在这种条件下忽略裸土蒸发就会带来比较大的对实际蒸发的低估。图10-20（b）是 5 月末一天的日内潜热通量变化过程，可以证明这一点，该日的 LAI 在 0.08 左右，VIC- org 的潜热通量远低于 VIC- soilevap 模拟的潜热通量。但是，VIC- soilevap 和 VIC-LAI 模拟的潜热通量在 2002 年 7 月和 8 月两月明显低于实测潜热通量。这可能是因为此时气孔导度的低估所致。

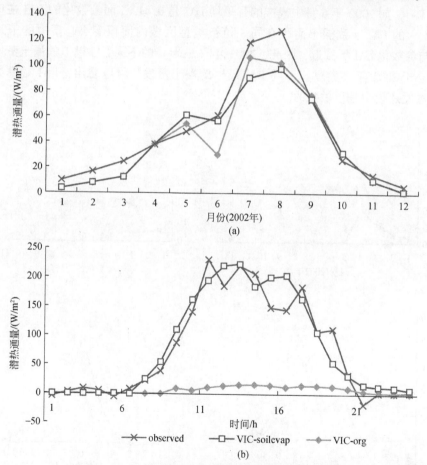

图 10-20　月潜热变化过程模拟与实测的比较图

（a）VIC- soilevap 和 VIC- org 用 CASACNP 模拟的 LAI 得到的月潜热通量变化过程，以及与实测月潜热通量的比较；
（b）VIC- soilevap 和 VIC- org 用 CASACNP 模拟的 LAI 得到的日内潜热通量变化过程，以及与实测值的比较

除了植被的生长期，VIC-soilevap 和 VIC-org 用模拟的 LAI 得出的潜热通量相同，这是因为在这期间 LAI 为 0，原 VIC 模型在裸土面积为 0 的情况下当植被的 LAI 等于 0 时，就会停止计算该植被类型区域的植被蒸腾，改为裸土蒸发计算。而 VIC-soilevap 在 LAI 为 0 时，F 也等于 1，因此此时两者的裸土蒸发相等。

在 VIC-soilevap 的基础上，研究不同 LAI 分别对裸土蒸发、植被蒸腾、冠层截流蒸发的影响。从图 10-21 可以看出，用模拟的 LAI 得到的裸土蒸发（VIC-LAI）要大于参数化 LAI（用 VIC 表示）得到的裸土蒸发。用参数化 LAI 模拟的年裸土蒸发分别是 2002 年 57.5mm，2003 年 82.5mm。而用 CASACNP 的 LAI 模拟的年裸土蒸发分别是 2002 年 221.2mm，2003 年 201.5mm。其中，2002 年的裸土蒸发几乎是参数化 LAI 模拟的裸土蒸发的 4 倍。这是由于模拟的 LAI 小于参数化的 LAI，如 2002 年 6 月中模拟的月平均 LAI 是 0.41.，而参数化的 LAI 在该月是 3，大的 LAI 导致裸土面积在同一植被类型区域内面积变小。模拟的玉米的 LAI 与参数化 LAI 更接近，因此，2003 年（玉米）的不同 LAI 模拟的裸土蒸发之差要小于 2002 年（大豆）不同 LAI 模拟的裸土蒸发。可以看出，LAI 对模型的裸土蒸发还模拟是很敏感的。

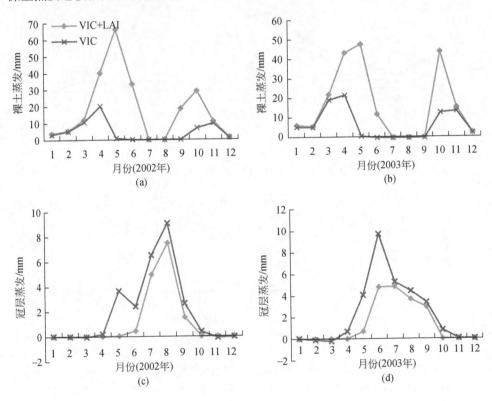

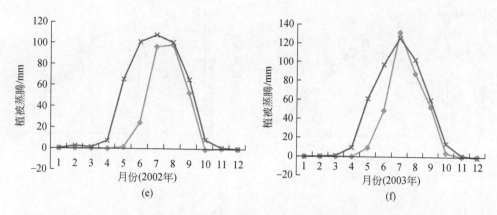

图 10-21　Mead 站点不同 LAI 分别对裸土蒸发、植被蒸腾和冠层蒸发的影响

由冠层截流蒸发的结果看，VIC-LAI 的冠层蒸发小于用参数化 LAI 模拟的冠层蒸发，与图 10-18 结果一致，LAI 越高，则冠层截留水量越高，则导致的冠层蒸发越大。同样由于参数的 LAI 大于模拟的 LAI，用参数化 LAI 得到的冠层导度就要大于 VIC-LAI 的冠层导度，参数化 LAI 模拟的植被蒸腾要高于 VIC-LAI 的植被蒸腾。

从图 10-21 看出，LAI 的大小或者模拟的准确性直接影响着冠层蒸发、植被蒸腾和裸土蒸发的大小，对各蒸发分量十分敏感。在 Mead 站点，参数化的 LAI 比实测 LAI 明显偏大，虽然造成了对裸土蒸发的低估，却同时造成了对冠层蒸发与植被蒸腾的高估。那么下面接着分析不同 LAI 对总的蒸发量，以及能量通量的影响。

图 10-22 比较了在 Duke 森林站点与 Mead 农田站点 3 个试验的总蒸散发与感热通量。其中 3 个试验分别是 VIC-CASACNP、VIC-LAI（表示 VIC-soilevap 用模拟的 LAI），以及 VIC（表示 VIC-soilevap 用参数化的 LAI）。通过 VIC-CASACNP 与 VIC-LAI 的对比，来研究不同气孔导度对总蒸发与感热通量的影响。通过 VIC-LAI 与 VIC 的比较，来研究 LAI 对总蒸发与感热通量的比较。

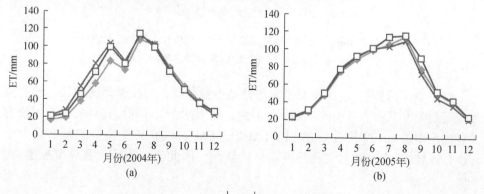

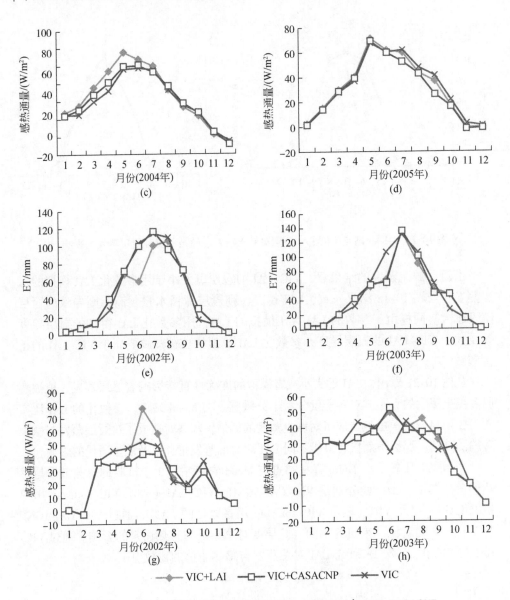

图 10-22　在 Duke 站点和 Mead 站点，VIC、VIC-LAI 与 VIC-CASACNP
模拟的月蒸发过程与月均感热通量之间的比较

　　对于 Duke 站点，总蒸发的绝大部分是植被蒸腾，与植被蒸腾相比，裸土蒸
发与冠层蒸发只占非常小的一部分。因此，在该站点气孔导度对蒸发的作用最为
关键。但由图 10-22 可知，在 VIC-LAI 中，LAI 对气孔导度模型的影响远大于
VIC-CASACNP 中 LAI 对气孔导度模型的影响，因此当使用原气孔导度模型时，

不同 LAI 仍然会对 VIC-LAI 和 VIC 造成不小的影响。同样。从图 10-22 可以看出，在 2004 年的前半年 VIC-CASACNP 明显大于 VIC-LAI 的总蒸发量，之后都比较接近。VIC-CASACNP 与 VIC-LAI 有相同的 LAI，但是不同的气孔导度模型，这表明在 2004 年前半年 VIC-LAI 的气孔导度要小于 VIC-CASACNP 的气孔导度。而 VIC 与 VIC-CASACNP 的总蒸发在这段时期基本一致，也要明显大于 VIC-LAI 的蒸发。VIC 与 VIC-LAI 用相同的气孔导度模型以及不同的 LAI，在这段时间，参数化的 LAI 明显大于模拟的 LAI，这导致了 VIC 的气孔导度大于 VIC-LAI 的气孔导度，因此植被蒸腾也同样比 VIC-LAI 的大。VIC 用较大的 LAI 得到的气孔导度正好与 VIC-CASACNP 用较小的 LAI 得到的气孔导度相近。

对于 Mead 农田站点，裸土蒸发对总蒸发也占有重要的贡献。LAI 能够直接影响裸土蒸发与植被蒸腾。VIC-LAI 和 VIC-CASACNP 在 2003 年的蒸发相差不大，但在 2002 年的 6 月和 7 月两月明显低于 VIC-CASACNP 的蒸发。VIC 与 VIC-CASACNP 在 2002 年更为吻合，但在 2003 年 6 月要明显大于 VIC-LAI 与 VIC-CASACNP。但总的来说这 3 个模型试验的总蒸发都相差不大。但是通过之前的比较，对于 VIC 和 VIC-LAI，不同的 LAI 对裸土蒸发、植被蒸腾以及冠层截流蒸发的影响很大，但对总的蒸散发并没有造成多大的影响。这是因为如果 LAI 高的话，那么植被蒸腾、冠层截流就大，但裸土蒸发也随之变小，抵消了植被与冠层蒸发的高估，造成了对总蒸散发的平衡。

10.4 两倍 CO_2 浓度对水量能量平衡的影响

本节研究了不同 CO_2 浓度对水循环与能量平衡的影响，其中共设置了两种情景，一种是当前的 CO_2 浓度，为 350ppm。另一种是双倍的 CO_2 浓度，为 700ppm。在 Duke 站点进行了该数值试验。本章没有选取农田站点是因为玉米与 CO_2 的交换途径不同，玉米的光合作用不受 CO_2 浓度升高的影响（Andrew et al.，2006）。由于双倍 CO_2 的"施肥效应"，GPP 在该情景下增加。在 CO_2 双倍情景和只考虑碳循环的情景下，2004 年和 2005 年的 GPP 分别是 2831 g/a 和 3119 g/a。与当前 CO_2 浓度下的 GPP 相比，分别增加了 12% 和 28%。如果同时模拟碳氮的动态变化与相互作用，那么由于氮对 GPP 的限制约束作用，两年的年 GPP 总量在双倍 CO_2 浓度的情景下，分别变为 2765 g/a 和 2698 g/a，分别减小了 2.7% 与 13.5%。图 10-23 是 2004 年和 2005 年，GPP 在不同 CO_2 浓度情景下随时间的动态变化图。

CO_2 的升高会减小植被气孔的开启，减小气孔导度，从而降低植被蒸腾，减少总的蒸发量，如图 10-24 所示。在当前的 CO_2 浓度下，2004 年和 2005 年的年

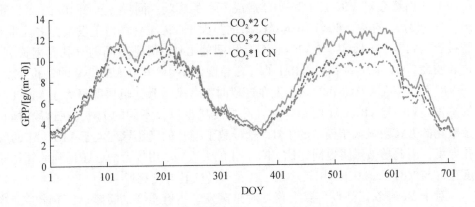

图 10-23   GPP 在不同 CO_2 浓度条件下的变化对比图

注：（为了便于比较，GPP 的时间序列经过 30d 的滑动平均处理。C 代表只考虑碳循环的情况，
CN 代表考虑碳氮动态交互的情景）

总蒸发分别是 750mm 和 810mm。在双倍的 CO_2 浓度下，变为 611mm 与 652mm，分别减小了 18.5% 与 19.4%。同时，减小的潜热通量基本转移到感热通量。在 VIC-CASACNP 中，气孔导度与 GPP 成正比，GPP 在 CO_2 的"施肥效应"下增加，增加的 GPP 抑制了气孔导度的减小，但 GPP 的增量与冠层表面 CO_2 浓度增量相比则要小得多，气孔导度在双倍 CO_2 浓度下减小将近一半。在本次研究的耦合模型里，同时考虑了植被的生理机能（气孔导度）与植被的结构（LAI）变化。增加的 GPP 通过对植被叶子的分配，同时使 LAI 变大。而变大的 LAI 会使冠层截流更多的降水，导致更多的冠层截流蒸发，但冠层截流蒸发的增加量与蒸腾的变化量相比则小得多。变大的 LAI 同样起着增加冠层导度的作用。但总蒸发还是继续减小。

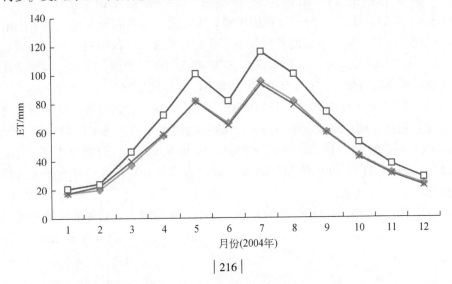

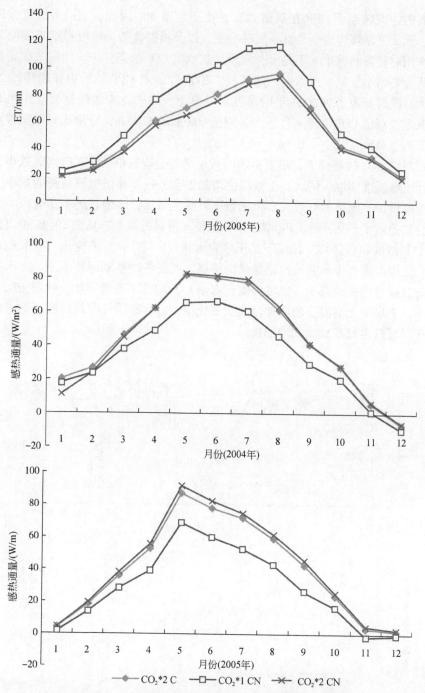

图 10-24　ET 与感热通量在不同 CO_2 浓度情景下的变化

C 代表只考虑碳循环的情况，CN 代表考虑碳氮动态交互的情景

氮的约束减小了 GPP 在双倍 CO_2 浓度下的增加。因此，如果考虑氮循环的影响，那么氮循环将进一步减小气孔导度，以及植被蒸腾。但模型结果表明氮的约束作用对蒸发的减小并不是十分敏感。在双倍 CO_2 的条件下，同时考虑碳氮循环的蒸发要略小于只考虑碳循环的蒸发。2005 年氮对 GPP 的约束作用相比 2004 年更大，同时导致了对 2005 年的蒸发影响要更大一些。考虑碳氮交互作用下的总蒸散发在双倍 CO_2 浓度条件下，分别是 608mm、618mm，分别比只考虑碳循环情况下的总蒸散发减小了 0.48% 和 5.2%。

在双倍 CO_2 的条件下，植被蒸腾的减小同时会造成植被根系吸水的减小，进一步使土壤湿度增加。同时，土壤湿度增加也会进一步补偿植被蒸腾的减小。当土壤湿度增加，土壤的有效含水量函数同时随之增加，该函数进一步会减小 GPP 的水分胁迫因子，从而使 GPP 增加来补偿植被蒸腾的减小。从图 10-25 可以比较当前 CO_2 浓度和双倍 CO_2 浓度下的土壤含水量（0~30cm）的变化。双倍 CO_2 浓度下，土壤湿度在干旱阶段的增加最为明显。而在冬季基本保持不变。由于蒸发减小导致能量损失的减少，土壤温度在双倍 CO_2 浓度下有所增加。从图 10-25 可以看出，表层的土壤温度的增加量起伏变化很大，自表层日内最高温度的增加量要高于深层日内最高温度的增加量。

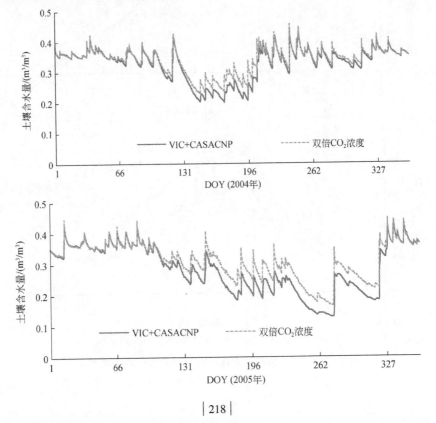

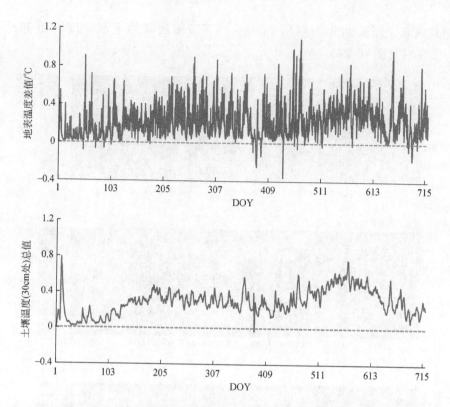

图 10-25　当前 CO_2 浓度和双倍 CO_2 浓度情况下，土壤含水量（0~30cm）的对比图，
以及土壤温度（30cm 处）差随时间的变化图

升高的 GPP 同样使植被根系需要吸收更多的无机氮，会降低土壤中的无机氮含量。然而土壤湿度和土壤温度的增加又会促进有机氮的矿化，反过来补偿土壤中无机氮的减少。

图 10-26 是双倍 CO_2 浓度下的土壤含水量减去当前 CO_2 浓度的土壤含水量的差值随土壤深度以及时间变化图，与双倍 CO_2 浓度下的土壤温度减去当前 CO_2 浓度的土壤温度的差值随土壤深度以及时间变化图。可以看出，双倍 CO_2 对土壤含水量的增加主要是在植被生长季节以及是集中在土壤的上层。差值在 0.3m 处有明显的突变，主要是因为在土壤在 0.3m 以下有粉砂壤土变为透水性更小的黏土。2005 年的增温要明显大于 2004 年的增温。这主要是与蒸发在 2005 年减小的更多有关。

2004 年与 2005 两年，整个土壤剖面的土壤温度在双倍 CO_2 条件下的增量在 0~0.5。虽然有个别深度的土壤温度增加在个别时间不在这个范围内，但个数相比非常少可以忽略不计。对所有的增量进行频率统计分析，发现两年的增量频率都呈双峰状。而且两年中双倍 CO_2 条件下频率最高的土壤温度增量都是在 0. 23℃左右（图 10-27）。

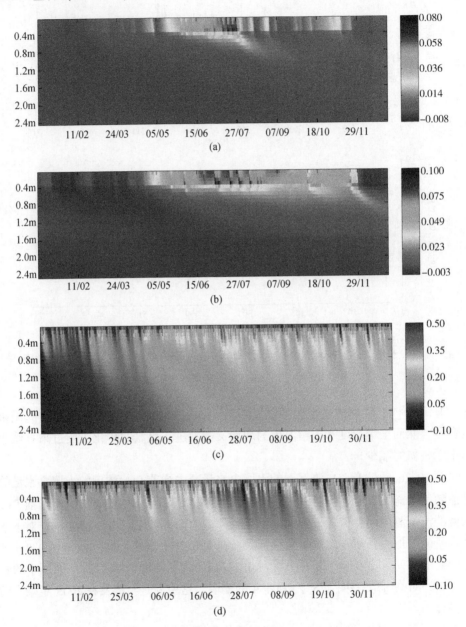

图 10-26 2004 年及 2005 年双倍 CO_2 和当前 CO_2 下的
土壤含水量与土壤温度之差（双倍 CO_2 -当前 CO_2）

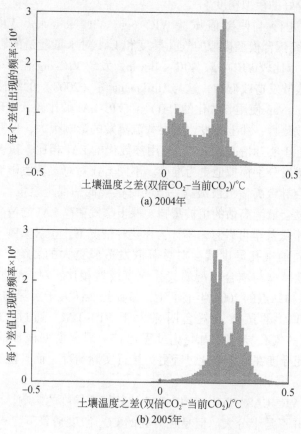

(a) 2004年

(b) 2005年

图 10-27　双倍 CO_2 条件下土壤温度增量的频率分布图

10.5　本章小结

　　碳氮的生物地球化学循环会影响陆地表面水和能量的平衡，尤其是在升高的 CO_2 浓度情景下，其影响更为显著。通过将陆面水文模型 VIC 模拟的土壤湿度、土壤温度提供给生物地球化学模型 CASACNP 来进行植被、土壤中的碳氮循环模拟，然后通过光合作用-气孔导度的耦合模型，CASACNP 的模拟替代 VIC 中的气孔导度与叶面积指数，来影响 VIC 对水量能量通量的模拟，从而使两模型紧密耦合，能够模拟水量能量通量与植被、土壤中的碳氮循环的相互作用机制。

　　（1）将 VIC-CASACNP 分别在 Duke 森林站点与 Mead 农田站点进行应用，分别将模拟与实测的土壤水含量、土壤温度、能量通量、光合作用速率、叶面积指数、地上生物量、叶氮浓度进行了比较。结果显示耦合模型对水能量、植被生长与碳氮循环有较好的模拟精度。

（2）通过进行 4 种数值试验 VIC-org、VIC-soilevap、VIC-LAI 和 VIC-CASACNP 来研究耦合模型模拟的气孔导度和 LAI 对水量能量的影响。首先通过在 Mead 农田站点比较 VIC-org, VIC-soilevap，发现 VIC-org 在冬季和春季因为忽略裸土蒸发对蒸散发造成低估，这与 Hurkmans 等（2008）的结论相一致。通过 VIC（即 VIC-soilevap 使用参数化的 LAI）和 VIC-LAI 的比较，发现 LAI 对蒸散发的各分量：植被蒸腾、裸土蒸发、冠层截流蒸发的影响很大，但对总蒸散发影响不大。用更接近于实际情况的 LAI，与用参数化的 LAI 相比，植被蒸腾、裸土蒸发、冠层截流蒸发分别模拟地更为准确。不同 LAI 对总蒸散发影响不大是因为如果高估了 LAI 会导致高估植被蒸腾，但同时也会低估裸土蒸发，尤其是在农田。低估的裸土蒸发会抵消高估的植被蒸腾。裸土蒸发在高 LAI 的情况下（如常绿森林站点）会非常低甚至可以忽略不计，在这种情况下，植被蒸腾基本接近于总蒸散发，那么不同的气孔导度就会对总蒸散发造成更大的影响。在 LAI 较大时，VIC 的气孔导度模型与耦合模型的气孔导度模型相比，对 LAI 要敏感得多。例如，在 Duke 森林站点的 2004 年上半年，参数化 LAI 大于实际的 LAI，同样的气孔导度模型，VIC 的蒸散发就会明显大于 VIC-LAI。通过 VIC-LAI 与 VIC-CASACNP 模拟的气孔导度日内变化过程比较，耦合模型模拟的气孔导度比原 VIC 模型的气孔导度在日内变化过程更为接近实际情况，而且能够对二氧化碳变化作出响应。

（3）通过 VIC-CASACNP 与 VIC-LAI 比较气孔导度的影响，两个模型模拟的气孔导度差异并不是十分大。但是在升高的 CO_2 浓度情景下，VIC-CASACNP 与 VIC 相比就有很明显的优势。在这种情况下，VIC 模型无法做出任何响应。而 VIC-CASACNP 的 LAI 与气孔导度就能够与碳氮循环相互作用。其中，将 VIC-CASACNP 在 Duke 森林站点用于双倍 CO_2 浓度情景下的模拟与定量分析，得出在 2005 年，不考虑氮循环的 GPP 在双倍 CO_2 浓度下增加了 28%，蒸散发则由于气孔导度的变小减小了 19%。考虑碳氮相互作用的 GPP 则比当前 CO_2 浓度下的 GPP 增加了 10%，蒸散发减小了 24%。土壤湿度与土壤温度也由于蒸发的减少而相应的增加。氮的矿化量在双倍 CO_2 浓度下随着土壤湿度与温度的增加而增加，而根系对无机氮的吸收量，也随着 GPP 的增加而增加，使得土壤无机氮含量基本没有变化。

第 11 章 Richards 方程下边界
对水−能量−碳循环的影响研究

对于非饱和带土壤水分的数值模拟，如果不能很好地模拟地下水位动态变化就难以使用准确的下边界条件，而一般陆面水文模型都不考虑地下水位的模拟。当然有些陆面模式或者陆面水文模型已经模拟了地下水位（Yeh and Elfatih, 2005; Lang et al., 2001），方法是基于土壤水的补给量与概化的侧向出流进行模拟地下水，用这种方法概化的侧向出流与网格实际的净流出量有时差别比较大，不能准确地反映地下水位变化。因此，不同概化产生的下边界条件中，常用的有自由排水边界和零通量边界。一般情况下考虑地下水位动态变化的边界条件所模拟出的土壤含水量在自由排水边界与零通量边界模拟的土壤含水量之间。地下水与土壤的交互已经得到越来越多的关注，那么不同下边界条件对土壤含水量的影响同样不可忽视。基于此，本章研究在不同土壤深度、土壤水力参数以及土壤质地的情况下，定量分析研究选取零通量边界或者自由排水边界条件作为下边界条件对水循环、能量平衡，以及碳循环过程模拟的影响。

11.1 数值试验

本章一共设计了 4 种数值试验，来研究不同土壤状况下，选择不同边界条件对水循环、能量通量、碳循环的影响。试验仍在 Duke 站点应用。输入的气象数据仍跟之前相同。每个试验土壤都划分为 50 层，求解 Richards 方程的下边界条件分别为零通量边界和自由排水边界。试验 1：在该试验中，土壤深度设置为 0.63m，整个土柱分 3 层，每层为不同的土壤类型，土壤结构类似于（Lai and Katul, 2000）的实地调查结果。土柱的第一层为粉砂壤土（0 ~ 0.16m），第二层为粉砂黏壤土（0.16 ~ 0.33m），第三层为黏土（0.33 ~ 0.63m）。在该试验中，非饱和水力传导率 K_s 同样采用（Lai and Katul, 2000）的实地勘测结果。实地勘测的 K_s 分别是粉砂壤土 151mm/d，粉砂黏壤土 55mm/d，黏土 15mm/d。试验 2：在该试验中，土壤深度设置为 0.33m，即去掉试验 1 中土柱的第三层，也就是之前站点概述所提到的，该站点的第三层是一个平铺着的不透水黏土层。非饱和传导率还按照实地勘测的结果。通过设置试验2，可以与试验1相比较，然后研究不同土壤深度会对模型模拟水量、能量产生怎样的影响。试验3：在该试验中，土壤深度与土壤类型仍然与试验2的情况相同。但该试验中，每种土壤的非饱和水力传导率 K_s 采用 USDA 网站上得到的参数化结果。设置试验3的意义在于，当把模型应用到流域或者一个区域的模拟时，不可能得到这个流域或区域上每一个网格的实测传导率 K_s，只能根据每个网格的土壤类型直接给定参数化的传导率 K_s。通过与试验2比较，来研究采用不同的传导率，即参数化的 K_s 与实测的 K_s，会对模型模拟水循环、能量通量、碳循环产生多大的影响。参数化的 K_s 为粉砂壤土 182mm/d，粉砂黏壤土为 111mm/d。试验4：在该试验中，土壤深度仍然为 0.33m，但整个土柱设置为一种土壤，全部为粉砂壤土。非饱和水力传导率仍然用 USDA 网站上得到的参数化结果。设置这个试验的目的在于，当模型在一个流域或区域应用时，得到的往往是二维平面上的土壤类型信息，即是每个计算网格或单元的土柱上只有一种土壤，很难得到每一点或每一个网格上不同深度的土壤类型信息。所以把整个土柱都设置成粉砂壤土时，是为了研究在这种情况下，同一网格用一种土壤会与用多种类型土壤，即均质与非均质会对模型模拟水、能量、碳通量产生怎样的差异。然后，研究选择不同边界条件在以上每种情况下对水循环、能量通量、碳循环所产生的影响。

11.2　边界条件对水循环、能量通量的影响

选取自由排水边界条件或者零通量边界条件会计算出不同的土壤含水量变化过程，不同的土壤含水量又会影响地表径流、植被蒸腾、土壤蒸发等水循环过程。又进一步通过影响蒸散发影响感热通量、地表热通量以及土壤热传输的能量平衡过程。首先研究选取不同边界条件对土壤水含量的影响。将试验 1~4 用自由排水边界计算出各自的土壤含水量，将每个时刻表层的 4 个试验中的最大土壤含水量和最小土壤含水量分别画出，形成的区间如图 11-1 (a) 所示。用零通量边界计算形成的区间如图 11-1 (b) 所示。图中红色线条是实测的土壤含水量。可以看出，在每年的冬季和春季，自由排水边界条件计算出的土壤含水量的变化范围要明显大于零通量边界条件计算出的变化范围。说明了零通量边界条件对不同试验更为稳定，也就是自由排水边界对不同土壤条件，如深度、非饱和水力传导率的大小等比零通量边界条件更为敏感。在每年土壤较干的阶段，两种边界条件计算出的土壤含水量变化范围大致相同。也从侧面反映了两种边界条件在土壤较干的时候差别不大。

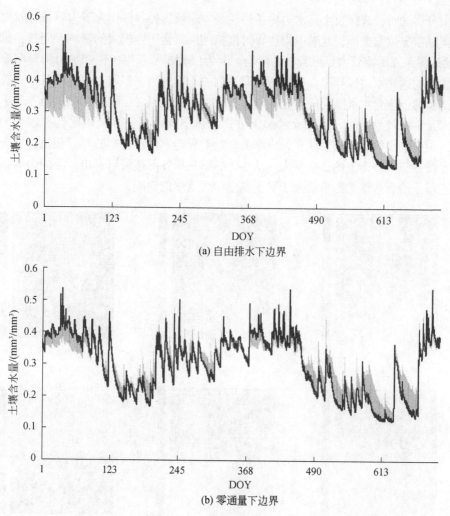

(a) 自由排水下边界

(b) 零通量下边界

图 11-1   逐时刻不同试验中土壤含水量的最大值与最小值组成的区间变化图

在 2005 年秋季末发生的干旱阶段中选取了 10 天，来比较用不同边界条件计算出的整个剖面的土壤含水量的差异。从图 11-2 的第三列，可以看出，试验 4 中不同边界条件对土壤含水量的影响最大。试验 3 的边界条件对土壤含水量的影响要大于试验 2 的影响。试验 4 中，由于整个土柱都是粉砂壤土，相比其他试验的土壤状况，导水性最好。而试验 2 和试验 3 中，土柱的下半部分是粉砂黏壤土，其导水率要低于粉砂壤土。当采用自由排水边界，从土柱最底部一直按重力排水，其通量为该时刻的非饱和土壤传导率，如果土壤透水性越好，从土柱底部排出的土壤水通量就会越大，对上面各层的土壤水含水量的影响就会越大，使土壤含水量越低。从而与零通量边界条件计算出的土壤含水量差别就会越大。因此，在模拟透水性好的土壤水分运动时，选择自由排水边界条件还是零通量边界条件作为下边界条件就要依据实际情况慎重选择，此时不同边界对模拟结果就会产生较大的影响。同理，试验3的边界条件影响要大于试验2的影响。因为试验3所采用的饱和水力传导率要大于实测的饱和水力传导率。比较图中同一列的土壤剖面，即同一种边界条件计算出各试验的土壤含水量随时间变化的剖面，可以看出试验1、试验2和试验3的土壤含水量剖面较为相似。而试验4的土壤含水量剖面与其他试验相比就有较大的差异。说明土壤的非均质性或者说土壤类型的差异与水力传导率的差异相比，对土壤含水量在空间分布上的影响要大。从6-2的第三列各图还可以看出，不同边界条件对底部土壤含水量的影响要大于对上部土壤含水量的影响。

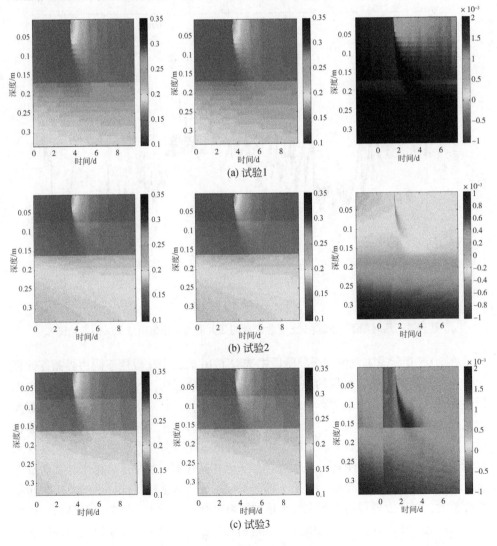

(a) 试验1

(b) 试验2

(c) 试验3

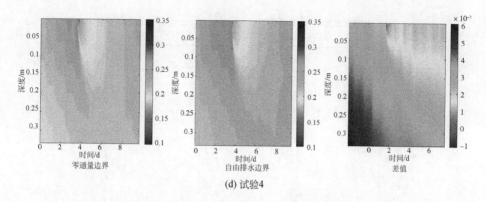

(d) 试验4

图 11-2　不同下边界条件计算出的土壤含水量剖面随时间的变化图

　　分别计算出各个试验每种边界条件的每一层土壤含水量的多年平均值，也就是两年的平均土壤含水量剖面，如图 11-3 所示。仍然是试验 4 的边界条件计算出的土壤含水量差异最大。自由排水边界计算出的年均土壤含水量要明显小于零通量边界条件的土壤含水量。试验 3 边界条件的影响要大于试验 2 的。在试验 3 中，自由排水边界计算的整个剖面的年均土壤含水量都要低于零通量边界的整个剖面的土壤含水量。而试验 2 中，在土柱底部，自由排水边界的年均土壤含水量要小于零通量边界的土壤含水量。在土柱上部，不同边界对土壤含水量造成的差异很小。在各个试验中，试验 1 的边界条件对土壤含水量的影响最小。由两种边界条件计算出的年均土壤含水量剖面几乎重合。从理论上讲，土壤深度越大，那么不同边界条件对土壤含水量的影响应该最小，而这点与 2005 年干旱期的结果不同，如图 11-2 所示，试验 1 在干旱阶段，边界条件对土壤含水量的影响要大于试验 2 和试验 3 的影响。试验 1、试验 2 和试验 3 的结果表明，对于参数化饱和水力导水率和实测饱和水力导水率的差异，或者土壤深度的不同，选取不同边界条件对土壤含水量造成的影响或者差异都在可以接受的范围内。而对于底部土壤类型的不同，边界条件就有可能对土壤水分模拟造成不容忽视的影响。在这种情况下，就要根据实际情况选取合适的边界条件以得出准备的土壤含水量模拟结果。

　　各试验不同边界条件模拟出的年总蒸散发（ET）、总径流（Runoff）、年均感热通量（SH）、年均地表热通量（GH）见表 11-1。由自由排水边界模拟出的蒸发和径流都要小于由零通量边界条件模拟出的结果。感热通量正好相反。从试验 1 到试验 4，不同边界模拟出的蒸散发、径流、感热通量、地表热通量的差值越来越大。试验 1 的边界条件对水量、能量通量的影响最小。在 2004 年和 2005 年，自由排水边界计算的 ET 要比零通量边界计算的 ET 分别小 0.47% 和 0.52%。而试验 4 中，边界条件对水量和能量通量的影响相比其他试验最大。自由排水边界计算的 ET 要比零通量边界计算的 ET 分别小 15.6% 和 15.9%。比较用同一边

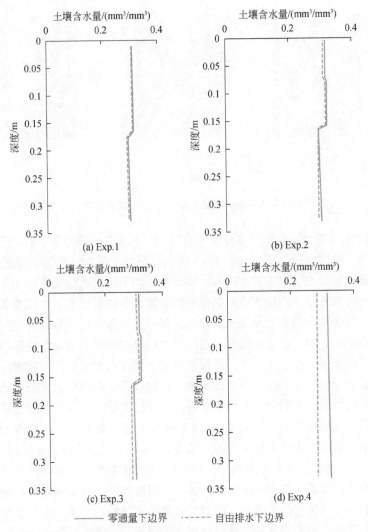

图 11-3　各试验不同边界条件的年均土壤含水量剖面

界条件模拟的不同试验的水量和能量通量，发现不同土壤深度对水量和能量通量影响最大。例如，试验 1 的 ET 要比其他试验的 ET 大很多，三层的土壤深度也是 VIC 模型中需要率定的参数。虽然土壤类型不同对土壤水分的空间分布有很大影响，但其对水量和能量平衡的影响却比土壤深度对水量能量平衡的影响小得多。除去土壤深度不同的试验 1，比较用零通量边界模拟的各试验的 ET 可以发现，各试验的 ET 变化不大，在 2004 年，各试验的 ET 分别是 620.3mm、620.0mm 和 622.2mm，变化范围在 2mm 以内。2005 年各试验的 ET 分别是 580.0mm、586.6mm 和 590.5mm。变化范围在 10mm 以内。而用自由排水边界计算出的各试验的 ET 变化则很大。在 2004 年，各试验的 ET 从 607.1 ~ 524.9mm，相差近 82mm。2005 年，各试验的 ET 从 569.1 ~ 496.4mm，相差近 73mm。由此看出，零通量边界条件对与饱和水力导水率的差异，以及土壤类型的变化不是很敏感。而自由排水边界条件对这些土壤参数或性质要敏感的多。例如，实测的导水率与参数化的导水率相差较大时，那么用自由排水边界条件模拟出的 ET 或者径流的差别就会比较大。而用零通量边界模拟出的结果就会比较接近。

表 11-1　各个试验分别用自由排水边界条件和零通量边界条件模拟的 2004 年和 2005 年的年总蒸散发（mm），年总径流（mm），年均感热通量（W/m²）和年均地表热通量（W/m²）

试验	年份	ET/mm		Runoff/mm		SH/（W/m²）		GH/（W/m²）	
		零通量下边界	自由排水下边界	零通量下边界	自由排水下边界	零通量下边界	自由排水下边界	零通量下边界	自由排水下边界
Exp.1	2004	689.7	686.4	83.9	83.5	37.1	37.3	0.240	0.240
	2005	648.6	645.2	77.0	76.6	39.7	39.9	−0.057	−0.058
Exp.2	2004	620.3	607.1	102.7	100.0	42.9	43.9	0.168	0.166
	2005	580.0	569.1	92.2	90.4	46.3	47.1	−0.045	−0.047
Exp.3	2004	620.0	598.6	101.6	96.8	42.9	44.5	0.165	0.164
	2005	586.6	563.9	91.0	87.3	45.8	47.5	−0.042	−0.047
Exp.4	2004	622.2	524.9	97.5	83.4	42.8	49.7	0.137	0.149
	2005	590.5	496.4	87.3	76.3	45.5	52.4	−0.065	−0.078

图 11-4 是试验 4 不同边界条件下的月蒸散发、月地表径流、月均感热通量和地表热通量的比较。可以看出，自由排水边界模拟的 ET 在 2004 年和 2005 年的 4 ~ 8 月期间与零通量边界模拟的 ET 差异最大。不同边界条件对地表热通量的影响相比最小。

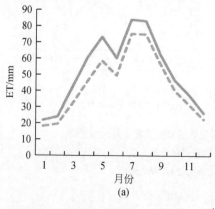

(a)

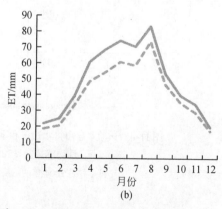

(b)

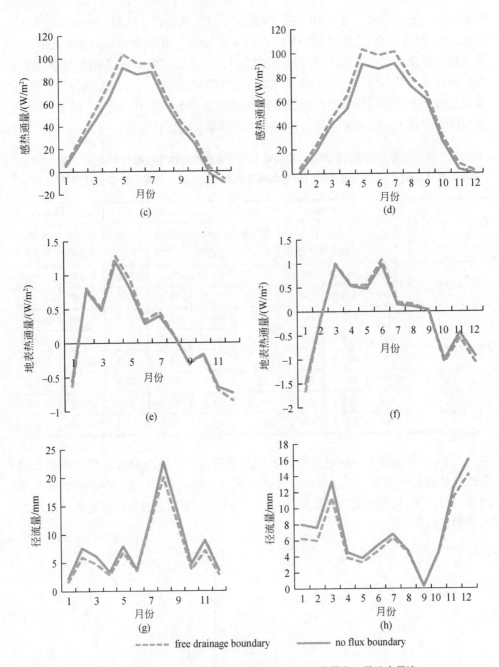

图 11-4 试验 4 自由排水边界和零通量边界的月蒸散发、月地表径流、
月均感热通量和地表热通量的比较

第 1 列是 2004 年的结果，第 2 列是 2005 年的结果

11.3　边界条件对碳循环的影响

试验 2、试验 3 和试验 4 的土壤深度相同，因此选择用试验 2、试验 3 和试验 4 进行对比来研究土壤湿度对碳循环的影响。首先在各试验中采用相同的土壤温度来排除土壤温度对碳循环的影响，单独来研究土壤湿度对碳循环的影响。土壤湿度通过影响潜热通量来改变能量平衡，进一步影响热量在土壤中的传输来改变土壤温度。因此在试验 4 * 中，用自由排水边界和零通量边界各自模拟出的土壤湿度与土壤温度，来研究综合考虑土壤湿度与土壤温度对碳循环的影响。先将每个试验模拟的 50 层的土壤含水量与土壤温度映射成 6 层的土壤含水量与土壤温度。然后将这 6 层的土壤含水量与土壤温度提供给 CASACNP 模型。这 6 层的深度分别是 0.013m，0.033m，0.033m，0.053m，0.079m，0.119m。通过 Duke 站点的 FACE 试验观测数据以及 Guo 等（2011）和 Luo 等（2003）的研究结果，设置植被、凋落物、土壤有机碳各库的初值。根据 Bernhard 等（2006）的 FACE 观测点观测结果，1997~2003 年土壤向大气排出的多年平均 CO_2 通量，即多年平均土壤呼吸为 $1504g/(m^2 \cdot a)$。7 年中最大的年土壤呼吸量发生在 1998 年，为 $(1670 \pm 160)g/(m^2 \cdot a)$，最小的年土壤呼吸量在 1997 年，为 $(1230 \pm 140)g/(m^2 \cdot a)$。表 11-2 是模型分别用自由排水边界条件和零通量边界条件模拟的年土壤呼吸量。从表可以看出，各试验和每种边界条件得出的 2005 年的呼吸量都小于 2004 年的呼吸量，这主要是因为土壤湿度的影响。2005 年比 2004 年多发生了一场秋季末的干旱。使得 2005 年的土壤湿度明显小于 2004 的土壤湿度。通过图 11-5（a）所示的土壤温度和日土壤呼吸速率的散点图，可以看出土壤温度是对土壤呼吸速率起最为主导性作用的环境因子。但是，土壤湿度对土壤呼吸速率造成的影响也不容忽视。在 2004 年，土壤温度与土壤呼吸速率之间有很好的相关关系（蓝色◇）。而 2005 年土壤温度与土壤呼吸速率的相关关系（红色圆圈）却不如 2004 年的好。因为在相同的土壤温度的条件下，干燥的土壤会抑制土壤呼吸的速率。当把 2005 年低于土壤凋萎含水量时的日土壤呼吸速率去除，可以看到土壤温度和土壤呼吸速率又呈现出较好的相关关系，如图 11-5（b）所示。自由排水边界条件下得出的 2004 年与 2005 年的土壤呼吸之差要大于零通量边界得出的两年土壤呼吸量之差。例如，在试验 4，如果用自由排水边界条件，2005 年的土壤呼吸比 2004 年的土壤呼吸要小 $43g/m^2$，而用零通量边界的话，2005 年的土壤呼吸比 2004 年小 $32\ g/m^2$，见表 10-2。各试验均是如此，这说明了与零通量边界条件相比，自由排水边界会加剧干湿年间土壤呼吸的差异。从试验 2、试验 3 和试验 4 的结果看，不同试验用自由排水边界模拟出的土壤呼吸的变化不大。与不同试验用零通量边界条件模拟出的土壤呼吸相比，自由排水边界对不同试验条件表现得更稳定。尤其是在干旱的年份 2005 年，各试验用零通量边界条件模拟出的土壤呼吸量的差异是 $8 \sim 12 g/(m^2 \cdot a)$，用自由排水边界模拟的土壤呼吸之间的差异是 $1 \sim 2 g/(m^2 \cdot a)$。这与不同边界条件模拟的水量能量通量对试验条件即土壤条件、性质差异的敏感度规律正好相反。

表 11-2 各试验分别由自由排水边界和零通量边界模拟的年土壤呼吸

单位：$g/(cm \cdot a)$

实验	年份	零通量	自由排水	差值
实验 2	2004	1472	1471	1
	2005	1427	1426	1
实验 3	2004	1473	1471	2
	2005	1435	1428	7
实验 4	2004	1479	1472	7
	2005	1447	1429	18
实验 4 *	2004	1503	1499	4
	2005	1440	1424	16

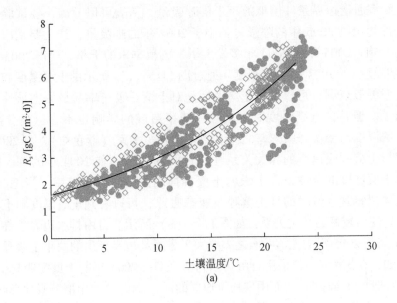

(a)

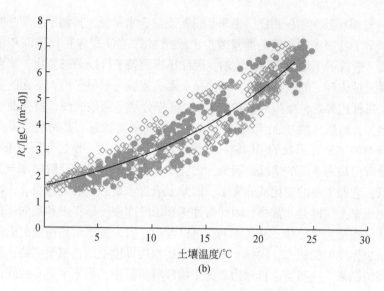

图 11-5　土壤温度与日土壤呼吸速率的散点图

注：蓝色◇代表 2004 年，红色●代表 2005 年

　　与其他试验相比，试验 4 中，不同边界条件对土壤呼吸的影响最大。这主要是试验 4 的不同边界条件对土壤含水量的影响最大。而不同边界间土壤含水量的差异越大，那么土壤呼吸速率的差异也随之增大。从表 11-2 可以看出，各试验中，由自由排水边界得到的土壤呼吸要小于零通量边界得到的土壤呼吸。尤其是在 2005 年干旱的年份，两种边界条件得出的土壤呼吸的相差更要大一些。在试验 4 中，2005 年不同边界模拟出的土壤呼吸量相差 18（g/m^2），在 2004 年不同边界模拟出的土壤呼吸量相差 7（g/m^2）。这说明与湿润年份相比，干旱年份会加剧不同边界条件对土壤呼吸的影响。比较试验 4 和试验 4 * 的土壤呼吸，试验 4 * 的边界条件对土壤呼吸的影响要小于试验 4。说明不同边界导致土壤含水量变化，土壤含水量变化又同时导致土壤温度变化，综合两者会减小不同边界条件所造成的土壤呼吸的差异，因此在陆−气水、能量、碳氮综合模型中，土壤水热耦合模拟要优于土壤水单方面的模拟。

　　模型用 2004 年和 2005 年的气象资料以及土壤湿度、温度运行 100 次以达到平衡状态。即运行 200 年来研究不同边界条件对碳循环的长期影响。图 11-6 是试验 4 的年均凋落物库和土壤有机碳库的动态平衡过程。从图中可以看出，代谢库（MET）、结构库（STR）、粗糙木质库（CWD）、土壤微生物库（MIC）、慢性库（slow）在 200 年内都达到了平衡状态。土壤惰性库（pass）仍然没有达到平衡，还在逐年增加。MET、STR 两库在 200 年中呈两条直线，基本没有变化。以 MET 为例，红色的两条线是自由排水边界下模拟的 MET 随时间的动态变化，其中上面的红线是干旱年份（2005 年）的 MET，下面的红线是相对湿润的年份（2004 年）

的 MET。与相对湿润年份相比，干旱年份的土壤含水量低，抑制了土壤呼吸，导致 MET 库以异养呼吸流出土壤的通量减少，因此 MET 在干旱年份比湿润年份积累了更多的碳，造成了干湿年份间的波动，因此呈现两条平行线动态变化。蓝色的两条线是由零通量边界下的模拟结果，同样是上面的蓝线为干旱年份，下面的蓝线为湿润年份。每种边界条件模拟的 CWD 和 MIC 同样分别呈两条曲线，每条曲线都是先随时间增加，然后大约在 80 年处趋于平稳，达到平衡状态。其每种边界条件的两条曲线与 MET、STR 形成的原因相同。慢性库呈一条曲线，惰性库呈一条斜线。这两个库没有出现两条线的情况是因为，慢性库和惰性库的自身分解速率与其他库相比非常低，它们本身的变化就非常小，因此土壤含水量的影响叠加在非常小的自身分解转化速率上同样会非常小，因此慢性库和惰性库在干旱年份和湿润年份间波动非常小，呈连续变化趋势。从各库的图可以看出，自由排水边界模拟的碳库都要大于零通量边界模拟的碳库，同样是因为自由排水边界模拟的土壤湿度要小于零通量边界的模拟结果，使得自由排水边界的土壤呼吸量减小，积累了更多的碳。

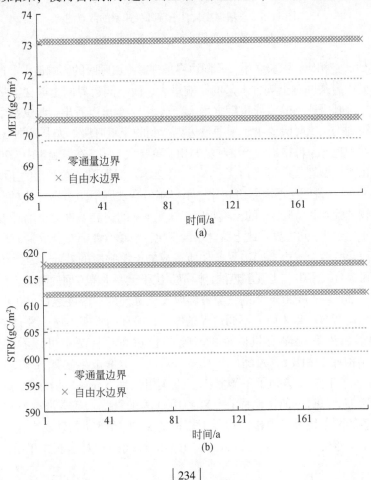

(a)

(b)

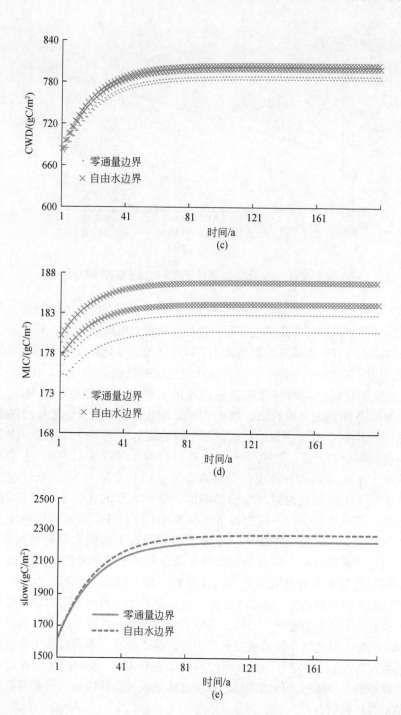

(c)

(d)

(e)

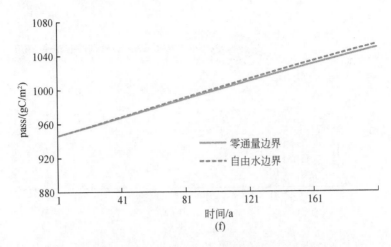

图 11-6 试验 4 的不同边界条件下凋落物和土壤各碳库的动态

接下来通过比较各试验不同边界条件模拟的各土壤有机碳库的差值，即用自由排水边界条件模拟的各库减去零通量边界模拟的对应库的差值，来比较各试验边界条件对土壤各有机碳库的影响大小，以及随时间变化的规律。那么差值越大的试验，说明在该试验条件下，边界条件对土壤有机碳影响最大。图 11-7 是试验 2、试验 3 和试验 4 的各库的差值以及随时间的变化规律。从 MET、STR、CWD、MIC 各库的图可以看出，这 4 个库的每组试验的差值仍然是分两条直线或者曲线。其中，MET 库每组试验位于上面的线为干旱年份的差值，位于下面的线为湿润年份的差值，这说明不同边界条件在干旱年份对 MET 造成的差异或影响要大于在湿润年份造成的差异或影响。而其余库与 MET 正好相反，每组试验中位于上面的线为湿润年份的差值，位于下面的代表干旱年份的差值。说明在这些有机碳库中，不同边界条件在湿润年份对各库造成的影响要大于在干旱年份造成对各库造成的影响。土壤异养呼吸是土壤向大气释放的碳通量，直接影响土壤碳库大小。因此各试验的不同边界对土壤呼吸的影响规律与各试验的不同边界对土壤有机碳库的影响规律相一致，试验 4 对不同边界对土壤各有机碳库造成的差异最大，试验 3 次之，试验 2 最小。虽然不同边界对各库的模拟结果都造成了一定的差异，当相比各库本身的大小，边界条件引起的差异只占很小的一部分。以边界条件造成差异最大的试验 4 来看，不同边界条件造成的各库的差值占各库的 2% 左右，惰性库的差值仅占 0.4%。说明边界条件对各个土壤碳库并不是十分敏感。但如果将模型用在区域或者全球模拟，那差异造成的总量还是不容忽视的。

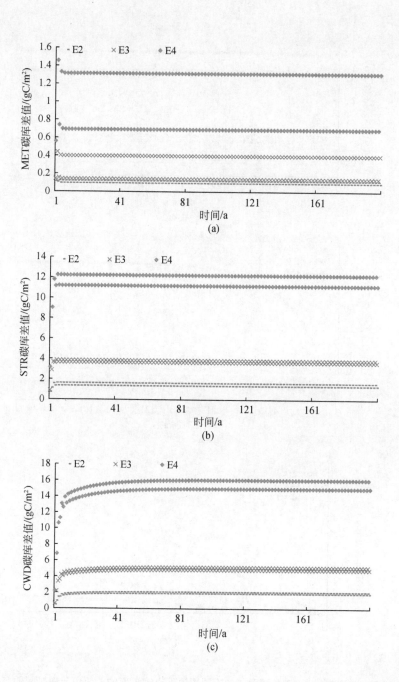

(a)

(b)

(c)

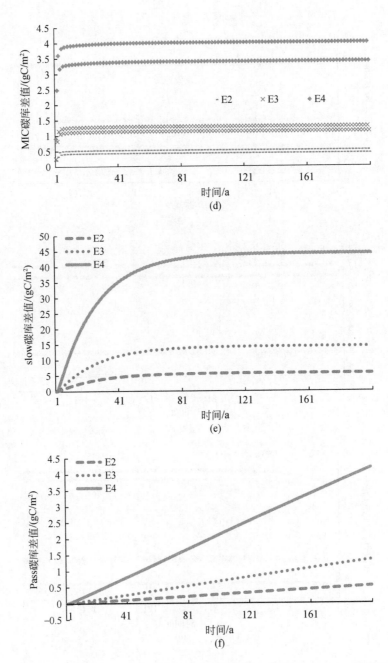

图 11-7　试验 2、试验 3 和试验 4 的不同边界下土壤各库的差值以及随时间的变化图

在试验 4 中，自由排水边界模拟的土壤含水量要明显低于零通量边界条件模拟的土壤含水量。更低的土壤含水量导致更低的蒸散发。更低的蒸散发造成的更少的能量损失从而导致一定的土壤增温。图 11-8 是和图 11-2 一样时间段的土壤温度剖面。图 11-8 的差值图仍然是零通量边界模拟的土壤温度减去自由排水边界模拟的土壤温度，可以看出，零通量边界模拟的土壤温度普遍小于自由排水边界模拟的土壤温度。因此，由自由排水边界造成的低土壤含水量，抑制了土壤呼吸速率，但由于较低的土壤含水量造成的较高的土壤温度，反过来促进土壤呼吸速率。因此，由土壤湿度变化引起的土壤温度变化抵消了部分低土壤含水量对土壤呼吸速率的抑制，降低了不同边界条件对土壤呼吸速率的影响。因此，从图 11-9 可以看出，试验 4* 的边界条件造成的土壤慢性库和土壤惰性库的差值要小于试验 4 的差值，即试验 4* 的边界条件对土壤有机碳的影响要小于试验 4 对土壤有机碳的影响。通过图 11-9 的对比，定量分离了土壤湿度和土壤温度分别对土壤有机碳的影响。

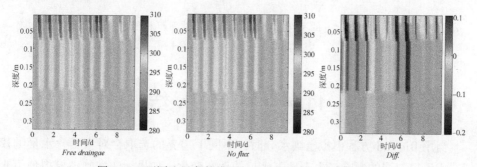

图 11-8 不同边界条件模拟的土壤温度剖面以及差值图

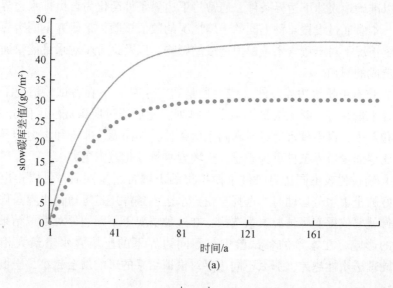

(a)

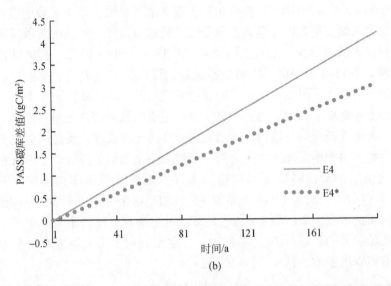

(b)

图 11-9　试验 4 和试验 4 * 的不同边界条件对土壤慢性库和土壤惰性库造成的差异比较

E4 代表试验 4，E4 * 代表试验 4 *

11.4　本　章　小　结

当用 Richard 方程模拟土壤水分时，不同下边界的选取会对土壤含水量的模拟造成不容忽视的影响。由于地下水位的动态变化，如果无法准确地模拟地下水位则难以准确地表达下边界条件，通常将下边界条件简化为自由排水边界和零通量边界，本章通过设置 4 种不同的土壤情况的数值试验，来研究不同边界条件在各种土壤情况下对土壤含水量模拟造成的影响，以及进一步对水量能量通量以及碳循环造成的影响。

（1）将自由排水边界条件（或零通量边界条件）下在各试验情况下模拟出的土壤含水量在每一时刻按最大最小值排列，然后通过所组成的区间分析发现，在春节和冬季，自由排水边界对不同土壤条件，如深度、非饱和水力传导率的大小等，比零通量边界条件更为敏感，土壤含水量变化范围更大。

（2）通过比较不同边界条件下模拟出的土壤含水量剖面，可以得出在模拟透水性好的土壤水分运动时，选择自由排水边界条件还是零通量边界条件作为下边界条件就要依据实际情况慎重选择，在这种情况下不同边界对模拟结果就会产生较大的影响，在本章的各试验中，不同边界下的土壤含水量最大相差将近 20%。同理透水性越差，那么不同边界对模拟结果的影响就会越小。土壤深度越大，下边界条件对土壤含水量的影响越小。对于参数化饱和水力导水率和实测饱和水力导水率的差异，或者土壤深度的差异，选取不同边界条件对土壤含水量造成的影响都在可以接受的范围内。而对于土壤类型的不同或者土壤质地的差异，边界条件就有可能对土壤水分模拟造成很大的影响。在这种情况下，就要根据实际情况选取合适的边界条件以得出准确的土壤含水量模拟结果。

（3）土壤的非均质性与水力传导率、土壤深度的差异相比，对土壤含水量在空间（深度）分布上的影响更大。但土壤深度的差异与其他情况相比，对水量和能量平衡的影响却最大。由自由排水边界模拟出的蒸发和径流要小于由零通量边界条件模拟出的结果。而且两种边界条件如对土壤含水量的影响规律一样，透水性越好的土壤则不同边界模拟出的蒸散发、径流、感热通量、地表热通量的差异则越大。零通量边界条件模拟的水量能量通量对饱和水力导水率，以及土壤类型的差异不是很敏感。而自由排水边界条件模拟出的水量能量通量对这些土壤参数或质地要敏感的多。

（4）与边界条件对土壤含水量的影响相同，同样透水性越好的土壤边界条件对土壤呼吸的影响也越大。在相同土壤情况下，干旱年份不同边界条件对土壤呼吸造成的差异要大于湿润年份不同边界条件对土壤呼吸造成的差异。与零通量边界条件相比，自由排水边界会加剧干湿年份间土壤呼吸的差异。在模拟能量通量时，零通量边界条件对不同的土壤情况更为稳定。而模拟土壤呼吸时，自由排水边界对不同土壤情况表现得更稳定。

（5）由于自由排水边界的土壤呼吸速率小于零通量边界模拟的土壤呼吸速率，因此自由排水边界模拟的土壤各库的有机碳含量要大于零通量边界。同样，透水性越好的土壤不同边界条件对土壤有机碳含量造成的差异也越大。但总体上讲，不同边界对土壤有机碳库造成的差异很小，最大只在 2% 左右。此外，同时考虑由土壤湿度变化引起的土壤温度变化，则会抵消部分因低土壤含水量对土壤呼吸速率的抑制，进一步降低不同边界条件对土壤呼吸速率模拟造成的影响。

|第12章| 结　论

　　在非湿润地区，植被的生长主要由可利用水分的多少决定；而植被在生长过程中通过冠层截留及蒸腾等影响流域的水文循环。探索我国非湿润地区植被与流域水循环相互作用机理，是当前急迫的研究课题，也具有极其重要的研究意义。

　　水循环与碳氮循环过程对生态系统以及陆气之间的能量、物质交换起着极为重要的作用。气候变化同时改变着它们各自的循环状态以及相互作用。如何理解水、碳、氮在不同尺度上的耦合，以及气候变化对这些循环之间相互作用的影响，已经成为地球科学、生态、环境科学最为关注的前沿之一。而目前大多数的不同尺度的水文模型都几乎很少考虑碳氮循环对其的影响，而忽略这些影响，则会使模型对未来气候情景下的水文模拟造成错误的估计。本书通过将陆面水文模型 VIC 与生物地球化学模型 CASACNP 耦合，使新构建的 VIC-CASACNP 模型既可以提供更为准确的土壤湿度与土壤温度的模拟，又可以模拟碳氮在植被、土壤中的动态变化，同时还可以考虑碳氮循环对水循环和能量平衡的反馈，从而使陆面水文过程以及能量平衡可以考虑碳氮生物地球化学循环的影响。使之可以更好地应用于气候变化下水循环变异的评估，如大气 CO_2 浓度的升高对水循环影响的定量研究。本书通过建立耦合模型，改进土壤水运动模块，定量研究了碳氮模型对陆面水文模型的反馈，不同大气 CO_2 浓度情景下水量和能量通量的变化，以及利用不同边界条件以及土壤性质下的土壤湿度对碳循环的影响。

1) 植被覆盖率与水循环要素的关系

　　利用黄土高原地区和海河流域的气象、水文、土壤水分及植被等数据，采用相关分析方法，研究了植被覆盖率与水循环要素的关系。分析结果表明：

　　(1) 黄土高原地区的植被生长主要受降水量的控制，在降水量相对越多的地区，植被覆盖越密集，且植被受气候波动的影响程度也较低。

　　(2) 黄土高原地区植被覆盖越密集的地区，流域的蒸散发量越高，并且流域的蒸发效率（即流域长期平均的蒸散发量与潜在蒸散发量的比值 E/E_0 ）越高，但是流域的蒸发系数（即流域长期平均的蒸散发量与降水量的比值 E/P ）却越低。这表明黄土高原地区的植被覆盖度增加时，蒸散发也随之增加；当降水增加时，径流量增加的相对比例高于蒸散发量增加的相对比例。

　　(3) 黄土高原地区植被覆盖度与径流成分的相关关系表明，植被覆盖度增加导致地下径流成分占总径流的比例增大，间接证明了植被对地下径流的调蓄功能。植被覆盖度与实测土壤水饱和度之间的正相关性表明，在不考虑气候变化影响的前提下，提高土壤含水量是增加区域植被覆盖的可能途径。

（4）在海河流域的分析结果显示，降水量与 NDVI 的逐年变化具有较好的一致性，区域表层土壤水分含量近年来有下降趋势，但是植被覆盖变化趋势不明显。另外，林地覆被类型所对应的土壤水分含量比草地覆被类型对应的土壤水分含量相对略高。

2）植被对流域水循环的影响

基于水热耦合平衡原理，以位于内陆河流域、黄河流域和海河流域的 99 个小流域为研究对象，结合气象、水文、植被和土地利用等数据，探讨了植被对流域水循环的影响。主要研究结论如下：

（1）通过分析植被在 Budyko 曲线上的分布，发现非湿润地区的植被覆盖度主要由年降水量决定。在相对湿润的环境中，植被覆盖度更大，蒸发效率更高。研究还发现在相似气候条件（干旱指数相近）下，植被覆盖度的大小也受到土壤、地形等其他下垫面因素的影响。

（2）在极端干旱或极端湿润的环境中，区域年水量平衡完全是由气候条件决定，与下垫面条件无关。在正常气候条件下，区域年水量平衡随着气候和下垫面条件的变化而变化，后者包括植被条件、土壤状况和地形条件等。由于气候-植被-水循环的相互作用，一条 Budyko 曲线只能描述一个流域的水量平衡随气候的变化，需要不同的 Budyko 曲线来表示流域下垫面变化（主要是植被变化）对流域水量平衡的影响。

（3）在海河流域发现，不同小流域的植被覆盖度 M 与降水量呈正相关关系，与流域蒸发系数（E/P）呈负相关关系。这表明当流域下垫面条件相似时，气候相对湿润的流域，其植被覆盖度越大，但蒸发系数 E/P 越低，径流系数 R/P 越大。对同一个流域而言，在降水多的年份，植被覆盖度大，但年蒸散发量占年降水量的比例却随年降水量的增加而减小。这说明增加的降水转化为蒸散发的相对比例小于转化为径流和土壤水的相对比例。

（4）将植被覆盖度 M 耦合到区域水热耦合平衡模型的下垫面参数 n 中，改善了对流域蒸散发年际变化的模拟结果，表明了植被覆盖度对流域水量平衡的重要性。

3）气候和植被变化条件下流域水循环的响应

基于 Eagleson 的生态水文模型，以我国非湿润地区的内陆河流域、海河流域、青藏高原和黄土高原地区为研究对象，分析了在一定气候条件下，植被覆盖度和流域水量平衡之间的相互关系。通过对 Eagleson 的生态水文模型进行合理简化，将其应用于模拟区域平均土壤水分含量，并分析了植被覆盖度和土壤水分之间的关系。在流域水热耦合平衡原理和生态水文模型的基础上，提出了将二者耦合用于预测气候和植被变化下流域水循环响应的方法。主要研究结论如下：

（1）生长季节平均的植被覆盖度和反映区域干旱状况的气象因子之间具有良好的正相关性，说明了降水是植被生长的控制因素。由此建立了区域气象因子与植被覆盖度之间的定量关系。

（2）通过对 Eagleson 生态水文模型的合理简化，揭示了在中国非湿润地区各流域长期平均的植被覆盖度和土壤水含量之间呈显著的正相关关系，以及各流域的植被覆盖度和土壤水含量在年际变化上也呈显著的正相关关系。这为评价人类活动（如水土保持工程等）对区域植被的影响提供了可能的途径，即通过评价人类活动对土壤含水量的影响来评价其对植被的影响。

（3）将流域水热耦合平衡原理和生态水文模型耦合，提出了可用于预测气候和植被变化下流域水循环响应的方法。基于对 Eagleson 的生态水文模型的简化，构建了气候因子与区域植被覆盖度的关系式，可预测气候变化对植被的影响；将气候变化对植被的影响代入流域水热耦合平衡方程，可预测气候和植被变化下的流域水量平衡演变。

4）土壤–植被参数化对流域蒸散发的影响

采用分布式流域水文模型（GBHM），研究了流域水文模拟结果对植被变化的敏感性；通过对比水热耦合平衡模型和 GBHM 模型在不同时间尺度上对实际蒸散发量的模拟结果，揭示了土壤–植被参数化在不同时间尺度上对流域实际蒸散发的影响。主要研究结论如下：

（1）分布式水文模型中的植被参数化方法包括对植被时空分布与变化的描述以及与之相关的土壤–植被–大气中水分和能量的传输过程的描述。

（2）从 GBHM 模型的敏感性分析可知，植被类型及其空间分布对流域水文模拟的影响十分显著。

（3）从 GBHM 模型与流域水热耦合模型的对比分析可知，在流域尺度上，年实际蒸散发与潜在蒸散发之间呈高度非线性的互补关系；但在山坡和小时时间尺度上，实际蒸散发与潜在蒸散发之间的关系呈正比关系，并可近似为线性正比关系。

（4）基于流域水热平衡模型的自上而下分析可知，考虑植被土壤水分和植被覆盖度能够改善对流域蒸散发的年际和季节变化的模拟精度；土壤水分和植被的影响随着时间尺度变小而表现得越来越显著。

5）VIC 模型的土壤水运动数值模拟

将陆面水文模型 VIC 的三层土壤水运动模块改为基于混合形式的 Richard 方

程的数值差分求解模块，并通过在森林和农田两个植被类型的站点与实测土壤含水量进行对比，取得了较好的模拟效果，尤其是在植被的生长季节。本书所使用的土壤水力参数都是根据土壤类型直接从 USDA 的参数化表中给定，没有进行人为调整，说明土壤水运动模块可以在区域上进一步拓展应用。通过设置不同入渗速率、不同土壤质地组合来测试改进模块的数值稳定性，发现入渗速率越大，土壤质地的空间变异性越大，使计算越难收敛。对于多数情况，时间步长与空间步长的组合符合 $r = \Delta t / \Delta x2$，r 越大越不容易收敛的规律，但并非所有情况都符合该规律。对于相同时间步长，如果空间步长越细，模拟值之间越接近，空间步长越粗，则模拟值之间的差异也越大；对于相同空间步长，如果时间步长越短，那么模拟值则越接近于解析解，相反如果时间步长越长，那么模拟值越在峰值处的震荡越大。

6）陆面水文模型 VIC 与生物地球化学模型 CASACNP 的耦合

由 VIC 模拟各层的土壤含水量与土壤温度，然后将其映射到 CASACNP 所需层数的土壤含水量与土壤温度。CASACNP 和光合作用-气孔导度耦合模型通过影响冠层的气孔导度与叶面积指数把这两种植被生理和结构属性传递给 VIC，VIC 用新的动态变化的气孔导度与叶面积指数来模拟下一时刻水量、能量通量。从而耦合构建水循环、能量平衡与碳氮相互作用的耦合模型 VIC-CASACNP。

将 VIC-CASACNP 分别在 Duke 森林站点与 Mead 农田站点进行了模拟验证，分别将模拟与实测的土壤水含量、土壤温度、能量通量、光合作用速率、叶面积指数、地上生物量、叶氮浓度进行了比较。结果显示耦合模型能够对水能量、植被生长与碳氮循环进行合理的模拟。

7）VIC 裸土蒸发的改进以及 LAI、气孔导度对水循环的影响

按照（Hurkmans et al.，2008）的方法改进模型的裸土蒸发模块，可以明显消除 VIC 模型在低 LAI 时对蒸散发的低估。在农田站点，LAI 对植被蒸腾、裸土蒸发、冠层截流蒸发各分量的影响很大，用更接近于实际情况的 LAI 可以使植被蒸腾、裸土蒸发、冠层截流蒸发等分量模拟更为合理与准确。但 LAI 对总蒸散发影响不大，因为 LAI 的高估会导致植被蒸腾的高估以及裸土蒸发的低估，低估的裸土蒸发会抵消高估的植被蒸腾，从而形成一种补偿平衡，反之亦然。在 LAI 比较大的区域如常绿森林，裸土蒸发很小，植被蒸腾占绝大部分，因此气孔导度通过影响植被蒸腾成为影响这些区域蒸散发最为关键的因子。通过比较不同 LAI 模拟出的气孔导度发现，原模型的气孔导度模型对 LAI 敏感，而 Leuning 气孔导度模型相比对 LAI 变化要稳定得多。在这种情况下，如果用原模型的气孔导度模型，LAI 估计的偏差就会对总蒸散发造成不容忽视的影响。通过两种气孔导度模型的比较，耦合模型模拟的气孔导度比原 VIC 模型的气孔导度在日内变化过程更为接近实际情况，而且能够对 CO_2 变化作出相应的响应。

8）双倍 CO_2 浓度下水量能量通量的变化规律

将耦合模型 VIC-CASACNP 在 Duke 森林站点进行双倍 CO_2 浓度对水、能量、碳氮的影响的定量分析。由于双倍 CO_2 的"施肥效应"，GPP 在随之 CO_2 浓度的升高而增加。在只考虑碳循环的情况下，2004 年和 2005 年的 GPP 分别是 2831g/a 和 3119g/a。与当前 CO_2 浓度下的 GPP 相比，分别增加了 12% 和 28%。如果同时考虑氮的限制作用，在双倍 CO_2 浓度的情景下，两年的 GPP 分别变为 2765g/a 和 2698g/a，与不考虑氮限制作用的 GPP 相比分别减小了 2.7% 与 13.5%。在当前的 CO_2 浓度下，2004 年和 2005 年的年总蒸发分别是 750mm 和 810mm。在双倍的 CO_2 浓度下，不考虑氮循环则分别减小到 611mm 与 652mm，分别减小了 18.5% 与 19.4%。考虑氮循环则进一步减小到 608mm 与 618mm，分别比只考虑了碳循环减小了 0.48% 和 5.2%。可以看出对氮和对 GPP 的影响越大，那么对蒸发的影响也越大。土壤湿度与土壤温度也由于蒸发的减少而相应的增加。土壤湿度在干旱阶段的增加最为明显。而在冬季基本保持不变。由于蒸发减小导致能量损失的减少，土壤温度在双倍 CO_2 浓度下也有所增加。上层土壤日内温度的增量要高于深层温度的增量。同时两年的温度增量频率都呈双峰状，其中 0.23℃ 为整个剖面频率最高的土壤温度增量。

9）不同土壤情况下不同下边界条件对水量能量通量的影响规律

通过比较不同边界条件在不同土壤水力参数、土壤质地或者土壤深度条件下模拟出的土壤含水量剖面，可以得出土壤透水性越好，不同边界条件对土壤水分运动的模拟造成的差异就越大，进而对水量能量模拟造成的差异就越大，同理透水性越差，那么不同边界对模拟结果的影响就会越小，如不同边界对年蒸散发造成的差异从试验 1 的 3.1mm 到试验 4 的 97.3mm。土壤深度越大，下边界条件对土壤含水量的影响越小。零通量边界条件模拟的水量能量通量对土壤水力参数、土壤质地的差异表现得很稳定，如在 11.2 节中的试验 2、试验 3 和试验 4，用零通量边界模拟的年 ET 随不同试验的变化幅度在 10mm 以内，而用自由排水边界模拟的年 ET 变化幅度则达到 73mm。因此，用自由排水边界条件模拟水量能量通量则对土壤水力参数、土壤质地的差异要敏感得多。此外，从不同试验的土壤含水量剖面看出，与不同的水力传导率或者土壤深度相比，土壤的非均质性或者质地的差异，对土壤含水量在空间（深度）分布上的影响更大。但与不同的土壤水力参数、土壤质地相比，不同的土壤深度对水量和能量平衡的影响最大。

10）不同土壤情况下不同下边界条件对碳循环的影响规律

与边界条件对水量能量通量的影响相同，同样透水性越好的土壤边界条件对土壤呼吸、土壤有机碳含量的影响也越大，反之亦然。例如，不同边界对年土壤呼吸造成的差异从试验 1 的 $1g/m^2$ 到试验 4 的 $18g/m^2$。在相同土壤情况下，干旱年份加剧不同边界条件对土壤呼吸造成的差异。在试验 4 中，干旱年份（Duke站点 2005 年）不同边界造成土壤呼吸的差异是 $18g/m^2$，而湿润年份（2004 年）造成的差异是 $7g/m^2$。与零通量边界条件相比，自由排水边界会加剧干湿年份间土壤呼吸的差异，如在试验 4 中，零通量边界条件下干湿年份间的土壤呼吸差异为 $32g/m^2$，而自由排水边界下的差异为 $43g/m^2$。在模拟量能量通量时，零通量边界条件对不同的土壤情况更为稳定。而对于土壤呼吸，自由排水边界对不同土壤水力参数、土壤质地，则表现得更稳定，在各试验的干旱年份中，自由排水边界下的土壤呼吸速率的变化幅度在 $3g/m^2$ 以内，而零通量边界下的变化幅度达到 $20g/m^2$。由于自由排水边界的土壤呼吸速率小于零通量边界模拟的土壤呼吸速率，因此自由排水边界模拟的土壤各库的有机碳含量要大于零通量边界，但差异很小，其中在各种试验条件下，自由排水边界下的土壤各碳库最大只比零通量边界下的各碳库大 2% 左右，土壤惰性碳库只有 0.4%。此外，同时考虑由土壤水热变化与只考虑土壤湿度相比可以进一步降低不同边界条件对土壤呼吸速率模拟造成的影响。

参 考 文 献

曹丽娟, 刘晶淼. 2005. 陆面水文过程研究进展. 气象科技, 33 (2): 97-103.

陈玲飞, 王红亚. 2004. 中国小流域径流对气候变化的敏感性分析. 资源科学, 26 (6): 62-68.

陈生练. 1994. 气候变化与水面蒸发计算. 武汉水利电力大学学报, 27 (1): 99-106.

程国栋, 赵传燕. 2006. 西北干旱区生态需水研究. 地球科学进展, 21 (11): 1101-1108.

董文娟, 齐晔, 李惠民. 2005. 植被生产力的空间分布研究——以黄河小花间卢氏以上流域为例. 地理与地理信息科学, 21 (3): 105-108

范广洲, 吕世华, 程国栋. 2001. 气候变化对滦河流域水资源影响的水文模式模拟 (Ⅱ): 模拟结果分析. 高原气象, 20 (3): 302-310.

傅抱璞. 1981. 论陆面蒸发的计算. 大气科学, 5 (1): 23-31.

盖美, 耿雅冬, 张鑫. 2005. 海河流域地下水生态水位研究. 地域研究与开发, 24 (1): 119-124.

高崇升, 杨国亭, 王建国, 等. 2006. CENTURY 模型在农田生态系统中的应用及其参数确定. 农业系统科学与综合研究, 22 (1): 50-52.

高崇升, 杨国亭, 王建国, 等. 2008. 利用 Century 模型模拟不同农业经营模式下黑土农田土壤有机碳的演变. 生态学杂志, 27 (6): 911-915.

高国栋, 陆渝蓉. 1985. 中国物理气候图集. 北京: 农业出版社.

高鲁鹏, 梁文举, 姜勇, 等. 2004. 利用 CENTURY 模型研究东北黑土有机碳的动态变化. 自然状态下土壤有机碳的积累. 应用生态学报, (5): 36-40.

高前兆, 王润, Ernst G. 2008. 气候变化对塔里木河来自天山的地表径流影响. 冰川冻土, 30 (1): 1-11.

高学杰, 赵宗慈, 丁一汇. 2003. 温室效应引起的中国区域气候变化的数值模拟Ⅱ: 中国区域气候的可能变化. 气象学报, 61 (1): 29-38.

高以信, 李明森. 1995. 青藏高原土壤规划. 山地研究, 13 (4): 203-211.

郭方, 刘新仁, 任立良. 2000. 以地形为基础的流域水文模型——TOPMODEL 及其拓宽应用. 水科学进展, 11 (3): 296-301.

郭江勇, 林纾, 马鹏里. 2007. 气温变化对西峰黄土高原地温与梨树发育期的影响. 干旱区地理, 30 (6): 852-857.

郭生练, 朱英浩. 1993. 互补相关蒸散发理论与应用研究. 地理研究, 12 (4): 32-38.

郭生练. 1993. 气候变化与水面蒸发计算. 武汉水利电力大学学报, 27 (1): 99-106.

郭元裕. 1998. 农田水利学 (第三版). 北京: 中国水利水电出版社.

何炎红 . 2006. 乌兰布和沙漠植被与水资源互相影响的研究 . 呼和浩特：内蒙古农业大学博士学位论文 .

胡彩虹，郭生练，彭定志，等 . 2005. VIC 模型在流域径流模拟中的应用 . 人民黄河, 27 (10)：23-25.

黄平，赵吉国 . 2000. 森林坡地二维分布型水文数学模型的研究 . 水文, 20 (4)：1-4.

黄忠良 . 2000. 运用 CENTURY 模型模拟管理对鼎湖山森林生产力的影响 . 植物生态学报, 24 (2)：175-179.

贾仰文，王浩，仇亚琴，等 . 2006. 基于流域水循环模型的广义水资源评价（Ⅰ）. 水利学报, 37 (6)：1051-1055.

贾仰文，王浩，倪广恒，等 . 2005. 分布式流域水文模型原理与实践 . 北京：中国水利水电出版社 .

江志红，陈威霖，宋洁，等 . 2009. 7 个 IPCC AR4 模式对中国地区极端降水指数模拟能力的评估及其未来情景预估 . 大气科学, 33 (1)：109-120.

姜大膀，王会军，郎咸梅 . 2004. 全球变暖背景下东亚气候变化的最新情景预测 . 地球物理学报, 4：43-49.

康绍忠，刘小明，熊运章 . 1994. 土壤-植被-大气连续体水分传输理论及其应用 . 北京：中国水利电力出版社 .

孔凡哲，芮孝芳 . 2003. 一种地形指数计算方法在 Topmodel 洪水模拟计算中的应用 水文, 3：16-19.

雷志栋，杨诗秀，谢森传 . 1998. 土壤水动力学 . 北京：清华大学出版社 .

李昌哲，郭卫东 . 1986a. 森林植被的水文效应 . 生态学杂志, 5 (5)：17-21.

李昌哲，郭卫东 . 1986b. 森林植被水源涵养效益的研究 . 林业科学, 22 (1)：86-93.

李长生 . 2001. 生物地球化学的概念和方法 . 第四纪研究, 21 (2)：89-98.

李兰，钟名军 . 2003. 基于 GIS 的 LL-Ⅱ分布式降雨径流模型的结构 . 水电能源科学 . 10：35-38.

李凌浩，刘先华，陈佐忠 . 1998. 内蒙古锡林河流域羊草草原生态系统碳素循环研究 . 植物学报, 40 (10)：955-961.

李双成 . 2001. 植物响应气候变化模型模拟研究进展 . 地理科学进展, 20 (3)：217-226.

李维洲，边浩林 . 2004. 疏勒河双塔灌区地下水动态变化研究及开发建议 . 地下水, 26 (1)：50-52.

李玉山 . 2001. 黄土高原森林植被对陆地水循环影响的研究 . 自然资源学报, 16 (5)：427-432.

林朝晖，刘辉志，谢正辉，等 . 2008. 陆面水文过程研究进展 . 大气科学, 32 (4)：935-949.

刘昌明，孙睿 . 1999. 水循环的生态学方面：土壤-植被-大气系统水分能量平衡研究进展 . 水科学进展, 10 (3)：251-258.

刘昌明，曾燕 . 2002. 植被变化对产水量影响的研究 . 中国水利, 10：112-117.

刘昌明，张学成 . 2004. 黄河干流实际来水量不断减少的成因分析 . 地理学报, 59 (3)：323-330.

刘昌明, 郑红星, 王中根, 等. 2006. 流域水循环分布式模拟. 郑州: 黄河水利出版社.

刘昌明, 钟骏襄. 1978. 黄土高原森林对年径流影响的初步研究. 地理学报, 33 (2): 112-126.

刘春蓁. 2004. 气候变化对陆地水循环影响研究的问题. 地球科学进展, 19 (1): 115-119.

刘德义, 傅宁, 范锦龙. 2008. 近20年天津地区植被变化及其对气候变化的响应. 生态环境, 17 (2): 798-801.

刘纪远, 刘明亮, 庄大方, 等. 2002. 中国近期土地利用变化的空间格局分析. 中国科学 (D辑), 32 (12): 1031-1040.

刘京涛. 2006. 岷江上游植被蒸散时空格局及其模拟研究. 北京: 中国林业科学研究院博士学位论文.

刘青娥, 夏军, 陈晓宏. 2008. 潮河流域 TOPMODEL 模型网格尺度研究. 水文, 28 (3): 29-32.

刘苏峡, 夏军, 莫兴国. 2005. 无资料流域水文预报 (PUB 计划) 研究进展. 水利水电技术, 36 (2): 9-12.

刘晓英, 林而达. 2004. 气候变化对华北地区主要作物需水量的影响. 水利学报, 2: 77-83.

刘永宏, 梁海荣, 张文才. 2000. 森林水文研究综述. 内蒙古林业科技, 增刊: 67-73.

刘玉平. 1998. 荒漠化评价的理论框架. 干旱区资源与环境, 12 (3): 74-82.

刘钰, Pereira L S, Teixeira J L. 1997. 参照腾发量的新定义及计算方法对比. 水利学报, 6: 27-33.

刘兆飞, 徐宗学. 2010. 基于 VIC-3L 的塔里木河流域源流区水文要是特征分析. 北京师范大学学报 (自然科学版), 46 (3): 350-357.

刘卓颖. 2005. 黄土高原地区分布式水文模型的研究与应用. 北京: 清华大学博士学位论文.

陆垂裕, 裴源生. 2007. 适应复杂上表面边界条件的一维土壤水运动数值模拟. 水利学报, 38 (2): 136-141.

陆桂华, 吴志勇, 何海水. 2010. 水文循环过程及定量预报. 北京: 科学出版社.

雒文生. 1989. 森林对降水和蒸发的影响. 水文, 6: 32-36.

马雪华. 1993. 森林水文学. 北京: 中国林业出版社.

毛嘉富, 王斌, 戴永久. 2006. 陆地生态系统模型及其与气候模式耦合的回顾. 气候与环境研究, (6): 763-771.

孟春雷. 2006. 陆面过程模式中土壤蒸发与水热耦合传输的进一步研究. 北京: 北京师范大学博士学位论文.

米娜. 2007. 中亚热带人工针叶林生态系统碳水通量的观测和模拟研究. 南京: 南京信息工程大学博士学位论文.

莫兴国, 郭瑞萍, 林忠辉. 2006. 无定河区域 1981~2001 年植被生产力和水量平衡对气候变化的响应. 气候与环境研究, 11 (4): 477-486.

莫兴国, 刘苏峡, 林忠辉, 等. 2004. 黄土高原无定河流域水量平衡变化与植被恢复的关系模拟//全国水土保持生态修复研讨会论文汇编: 175-181.

潘家铮, 张泽祯. 2001. 中国可持续发展水资源战略研究报告集 (第 8 卷): 中国北方地区水资源的合理配置和南水北调问题. 北京：中国水利水电出版社.

庞治国, 付俊娥, 李纪人, 等. 2004. 基于能量平衡的蒸散发遥感反演模型研究. 水科学进展, 15（3）：364-369.

朴世龙, 方精云, 郭庆华. 2001. 利用 CASA 模型估算我国植被净第一性生产力. 植物生态学报, 25（5）：603-608.

朴世龙, 方精云, 黄耀. 2010. 中国陆地生态系统碳收支. 中国基础科学研究进展, 2：20-22.

朴世龙, 方精云. 2002. 1982-1999 年青藏高原植被净第一性生产力及其时空变化. 自然资源学报, 17（3）：373-380.

气候变化国家评估报告编写委员会. 2007. 气候变化国家评估报告. 北京：科学出版社.

秦大河, 丁一汇, 苏纪兰, 等. 2005. 中国气候与环境演变（下卷）. 北京：科学出版社.

秦大河. 2002. 中国西部环境演变评估（综合卷）：中国西部环境演变评估综合报告. 北京：科学出版社.

秦大河. 2007. 全球气候变化对中国可持续发展的挑战. 中国发展观察, 4：38-39

仇亚琴, 王水生, 贾仰文, 等. 2004. 汾河流域水土保持措施水文水资源效应初析. 自然资源学报, 21（1）：24-30.

任传友. 2007. 长白山针阔混交林生态系统水碳耦合循环模型研究. 北京：中国科学院地理科学与资源研究所博士学位论文.

任立良, 刘新仁. 2000. 基于 DEM 的水文物理过程模拟. 地理研究, 19（4）：369-376.

任立良, 束龙仓. 2006. 人与自然和谐的水需求——生态水文学新途径. 北京：中国水利水电出版社.

任立良, 张炜, 李春红, 等. 2001. 中国北方地区人类活动对地表水资源的影响研究. 河海大学学报：自然科学版, 29（4）：13-18.

芮孝芳. 2004. 水文学原理. 北京：中国水利水电出版社.

石培礼, 李文华. 2001. 森林植被变化对水文过程和径流的影响效应. 自然资源学报, 16（5）：481-487.

苏凤阁, 郝振纯. 2001. 陆面水文过程研究综述. 地球科学进展, 16（6）：795-800.

苏凤阁, 谢正辉. 2003. 气候变化对径流影响的评估模型研究. 自然科学进展, 13（5）：502-507.

苏凤阁. 2001. 大尺度水文模型及其与陆面模式的耦合研究. 南京：河海大学博士学位论文.

孙福宝, 杨大文, 刘志雨, 等. 2007. 海河及西北内陆河流域的水热平衡研究. 水文, 27（2）：7-10.

孙福宝, 杨大文, 刘志雨, 等. 2007. 基于 Budyko 假设的黄河流域水热耦合平衡规律研究. 水利学报, 38（4）：409-416.

孙福宝. 2007. 基于 Budyko 水热耦合平衡假设的流域蒸散发研究. 北京：清华大学博士学位论文.

孙慧南. 2001. 近 20 年来关于森林作用研究的进展. 自然资源学报, 16（5）：407-412.

孙淑芬. 2002. 陆面过程研究的进展. 新疆气象, 25（6）：1-6.

孙淑芬. 2005. 陆面过程的物理、生化机理和参数化模型. 北京：气象出版社.

孙颖, 丁一汇. 2009. 未来百年东亚夏季降水和季风的预测研究. 中国科学,（11）：1487-1504.

汪恕诚. 2005. 资源水利——人与自然和谐相处. 北京：中国水利水电出版社.

王超. 2006. 应用 BIOME-BGC 模型研究典型生态系统的碳、水汽通量——半干旱地区吉林通榆的模拟. 南京：南京农业大学硕士学位论文.

王栋, 潘少明, 吴吉春, 等. 2006. 黄河水沙特征及调水调沙下的入海水沙通量变化. 地理学报, 44: 55-65.

王纲胜, 夏军, 朱一中, 等. 2004. 基于非线性系统理论的分布式水文模型. 水科学进展, 15 (4): 521-525.

王纲胜. 2005. 分布式时变增益水文模型理论与方法研究. 北京：中国科学院地理科学与资源研究所博士学位论文.

王根绪, 沈永平, 钱鞠, 等. 2003. 高寒草地植被覆盖变化对土壤水分循环影响研究. 冰川冻土, 25 (6): 653-659.

王光谦, 刘家宏. 2006. 黄河数字流域模型. 水利水电技术, 37 (002): 15-21.

王国梁, 刘国彬, 常欣, 等. 2002. 黄土丘陵区小流域植被建设的土壤水文效应. 自然资源学报, 3: 339-345.

王浩, 贾仰文, 王建华, 等. 2005. 人类活动影响下的黄河流域水资源演化规律初探. 自然资源学报, 20 (2): 157-162.

王浩, 秦大庸, 陈晓军, 等. 2004. 水资源评价准则及其计算口径. 水利水电技术, 35 (2): 1-4.

王红闪, 黄明斌, 张橹. 2005. 黄土高原植被重建对小流域水循环的影响. 自然资源学报, 19 (3): 344-350.

王焕榜. 1984. 正确认识自然规律科学评价森林对降水的影响. 海河水利, 1: 69-71.

王俊英, 吴晋青. 2000. 北三河中下游河道现状行洪能力分析. 水利水电工程设计, 19 (2): 30-31.

王蕾. 2006. 基于不规则三角形网格的物理性流域水文模型研究. 北京：清华大学博士学位论文.

王清华, 李怀恩, 卢科锋, 等. 2004. 森林植被变化对径流及洪水的影响分析. 水资源与水工程学报, 15 (2): 21-24.

王效科, 白艳莹, 欧阳志云, 等. 2002. 陆地生物地球化学模型的应用与发展. 应用生态学报, 13 (12): 1702-1706.

王玉娟, 杨胜天, 吕涛, 等. 2008. 喀斯特地区植被净第一性生产力遥感动态监测及评价——以贵州省中部地区为例. 资源科学, 30 (9): 1421-1430.

王昭, 陈德华. 2002. 疏勒河流域水资源开发及其对生态环境的影响. 地球科学, 23 (增刊): 14-17.

王中根, 刘昌明, 黄友波. 2003. SWAT 模型的原理、结构及应用研究. 地理科学进展, 22 (1): 79-86.

吴吉春, 刘培民, 王建基, 等. 1993. 莱州湾地区的海水入侵. 江苏地质, 17 (1): 27-33.

吴绍洪, 尹云鹤, 郑度, 等. 2005. 近 30 年中国陆地表层干湿状况研究. 中国科学（D 辑）, 35 (3): 276-283.

夏军, 郭生练, 丁晶. 1994. 现代水科学不确定性研究与进展. 成都：成都科技大学出版社.

夏军, 刘春蓁, 任国玉. 2011. 气候变化对我国水资源影响研究面临的机遇与挑战. 地球科学进展, 26 (1): 1-12.

夏军, 刘孟雨, 贾绍凤, 等. 2004. 华北地区水资源及水安全问题的思考与研究. 自然资源学报, 19 (5): 550-560.

夏军, 谈戈. 2002. 全球变化与水文科学新的进展与挑战. 资源科学, 24 (003): 1-7.

夏军, 王纲胜, 吕爱锋, 等. 2003. 分布式时变增益流域水循环模拟. 地理学报, 58 (005): 789-796.

夏军, 王纲胜, 谈戈, 等. 2004. 水文非线性系统与分布式时变增益模型. 中国科学 D 辑, 34 (11): 1062-1071.

夏军, 左其亭. 2006. 国际水文科学研究的新进展. 地球科学进展, 21 (3): 256-261.

夏军. 2000. 灰色系统水文学. 武汉: 华中理工大学出版社.

夏军. 2002a. 全球变化与水文学科新的进展与挑战. 资源科学, 24 (3): 1-7.

夏军. 2002b. 水文非线性系统理论与方法. 武汉: 武汉大学出版社.

夏军. 2004. 水问题的复杂性与不确定性研究与进展. 北京: 中国水利水电出版社.

肖向明, 王义凤, 陈佐忠. 1996. 内蒙古锡林河流域草原初级生产力和土壤有机质的动态及其对气候变化的反映. 植物学报, 38 (1): 45-52.

谢平, 朱勇, 陈广才, 等. 2007. 考虑土地利用/覆被变化的集总式流域水文模型及应用. 山地学报, 25 (3): 257-264.

谢正辉, 梁旭, 曾庆存. 2004. 陆面过程模式中地下水位的参数化及初步应用. 大气科学, 28 (3): 374-383.

谢正辉, 刘谦, 袁飞, 等. 2004. 基于全国 50 km×50 km 网格的大尺度陆面水文模型框架. 水利学报, 35 (5): 76-82.

熊立华, 郭生练. 2004. 分布式流域水文模型. 北京: 中国水利水电出版社.

徐宪立, 马克明, 傅伯杰, 等. 2006. 植被与水土流失关系研究进展. 生态学报, 26 (9): 3137-3143.

许继军. 2007. 分布式水文模型在长江流域的应用研究. 北京: 清华大学博士学位论文.

许吟隆, 张勇, 林一骅, 等. 2006. 利用 PRECIS 分析 SRES B2 情景下中国区域的气候变化响应. 科学通报, 17: 2068-2074.

薛根元. 2007. 基于 GIS 和 RS 的长江流域区域地表水循环研究. 南京: 南京信息工程大学博士学位论文.

薛禹群, 张云, 叶淑君, 等. 2006. 我国地面沉降若干问题研究. 高校地质学报, 12 (2): 153-160.

杨大文, 李翀, 倪广恒, 等. 2004. 分布式水文模型在黄河流域的应用. 地理学报, 59 (1): 143-154.

杨大文, 楠田哲也. 2005. 水资源综合评价模型及其在黄河流域的应用——水科学前沿学术丛书. 北京: 水利水电出版社.

杨桂莲, 郝芳华, 刘昌明, 等. 2003. 基于 SWAT 模型的基流估算及评价——以洛河流域为例. 地理科学进展, 22 (5): 463-471.

杨汉波, 杨大文, 雷志栋, 等. 2008a. 任意时间尺度上的流域水热耦合平衡方程的推导及验证. 水利学报, 39 (5): 610-617.

杨汉波, 杨大文, 雷志栋, 等. 2008b. 蒸发互补关系的区域变异性. 清华大学学报 (自然科学版), 48 (9): 1413-1416.

杨宏伟, 谢正辉. 2003. 陆面模式 VIC 中动态表示地下水位的新方法. 自然科学进展, 13 (6): 615-620.

叶爱中, 夏军, 王纲胜, 等. 2005. 基于数字高程模型的河网提取及子流域生成. 水利学报, 36 (5): 531-537.

叶爱中, 夏军, 王纲胜. 2006. 基于动力网络的分布式运动波汇流模型. 人民黄河, 2: 26-28.

叶柏生, 陈克恭, 施雅风. 1997. 冰川及其径流对气候变化响应过程的模拟模型——以乌鲁木齐河源 1 号冰川为例. 地理科学, 17 (1): 32-40.

尹林克, 王雷涛. 2005. 荒漠内陆河地区人工植被重建中的植物物种选择与实践——以塔里木河下游为例. 干旱区资源与环境, 19 (3): 162-165.

雍斌, 张万昌, 刘传胜. 2006. 水文模型与陆面模式耦合研究进展. 冰川冻土, 28 (6): 961-969.

游珍, 李占斌, 蒋庆丰. 2005. 坡面植被分布对降雨侵蚀的影响研究. 泥沙研究, 6: 40-43.

于静洁, 刘昌明. 1989. 森林水文学研究综述. 地理研究, 89 (1): 88-98.

余卫东, 闵庆文, 李湘阁. 2002. 黄土高原地区降水资源特征及其对植被分布的可能影响. 资源科学, 24 (6): 55-56.

余钟波, 潘峰, 梁川, 等. 2006. 水文模型系统在峨嵋河流域洪水模拟中的应用. 水科学进展, 17 (5): 645-652.

袁飞, 谢正辉, 任立良, 等. 2005. 气候变化对海河流域水文特性的影响. 水利学报, 36 (3): 275-279.

袁嘉祖, 朱劲伟. 1983. 森林降水效应评述. 北京林业学院学报, 4: 46-51.

袁婧薇, 倪健. 2007. 中国气候变化的植物信号和生态证据. 干旱区地理, 30 (4): 465-473.

曾慧卿, 刘琪璟, 冯宗炜, 等. 2008. 基于 BIOME-BGC 模型的红壤丘陵区湿地松 (Pinus elliottii) 人工林 GPP 和 NPP. 生态学报, 28 (11): 5314-5321.

詹道江, 叶守泽. 2000. 工程水文学. 北京: 中国水利水电出版社.

张定全, 王毅荣. 2005. 中国黄土高原地区春季气温时空特征分析. 高原气象, 24 (6): 898-904.

张峰, 周广胜, 王玉辉. 2008. 基于 CASA 模型的内蒙古典型草原植被净初级生产力动态模拟. 植物生态学报, 32 (4): 786-797.

张建云, 王国庆, 等. 2007. 气候变化对水文水资源影响研究. 北京: 科学出版社.

张杰, 杨兴国, 李耀辉, 等. 2005. 应用 EOS/MODIS 卫星资料反演与估算西北雨养农业区地表能量和蒸散量. 地球物理学报, 48 (6): 1261-1269.

张书兵, 王俊, 姜卉芳, 等. 2008. 干旱内陆河灌区灌溉条件下土壤水盐运移规律分析. 水土保持研究, 15 (2): 151-153.

张廷龙, 孙睿, 胡波, 等. 2011. 利用模拟退火算法优化 Biome-BGC 模型参数. 生态学杂志,

30 （2）：408-414.

张卓文，廖纯燕，邓先珍，等. 2004. 森林水文学研究现状及发展趋势. 湖北林业科技，129：34-37.

赵人俊. 1984. 流域水文模拟. 北京：水利电力出版社.

赵宗慈，丁一汇，徐影，等. 2003. 人类活动对 20 世纪中国西北地区气候变化影响检测和 21 世纪预测. 气候与环境研究，8（1）：26-34.

周睿，杨元合，方精云. 2007. 青藏高原植被活动对降水变化的响应. 北京大学学报（自然科学版），43（6）：771-775.

周晓峰，赵惠勋，孙慧珍. 2001. 正确评价森林水文效应. 自然资源学报，16（5）：420-426.

朱新军，王中根，李建新，等. 2006. SWAT 模型在漳卫河流域应用研究. 地理科学进展，25（5）：105-111.

Abbott M B, Bathurst J C, Cunge J A, et al. 1986. An introduction to the European Hydrologic System-SHE. Journal of Hydrology, 87: 45-77.

Abbott M B, Bathurst J C, Cunge J A, et al. 1986. An introduction to the European Hydrological System, SHE. II: Structure of a physically-based, distributed modelling system. Journal of Hydrology, 87 (1-2): 61-77.

Adegoke J O, Carleton A M. 2002. Satellite vegetation index-soil moisture relations in the USCorn belt. Journal of Hydrometeorology, 3: 395-405.

Allen R, Pereira L, Raes D, et al. 1998. Crop Evapotranspiration Guidelines for Computing Crop Water Requirements. Rome, Italy: FAO Irrigation and Drainage.

Andrew D B. Uribelarrea L M, Elizabeth A, et al. 2006. Photosynthesis, productivity, and yield of maize Are not affected by open-air elevation of CO_2 concentration in the absence of drought. Plant Physiology, 140: 779-790.

Arnold J G, Williams J R, Srinivasan R, et al. 1997. Model Theory of SWAT. USDA. Agricultural Research Service Grassland, Soil and Water Research Laboratory, USA.

Arora V K, Boer G J. 2005. A parameterization of leaf phenology for the terrestrial ecosystem component of climate models. Global Change Biol. , 11: 39-59.

Arora V K. 2002. The use of the aridity index to assess climate change effect on annual runoff. Journal of Hydrology, 265: 164-177.

Atkinson S, Sivapalan M, Woods R, et al. 2002. Dominant physical controls of hourly streamflow predictions and an examination of the role of spatial variability: Mahurangi catchment, New Zealand. Advances in Water Resources, 26 (2): 219-235.

Baldocchi D, Xu L, Kiang N. 2004. How plant functional type, weather, seasonal drought, and soil physical properties alter water and energy fluxes of an oak-grass savanna and an annual grassland. Agricultural and Forest Meteorology, 123: 13-39.

Ball J T, Woodrow I E, Berry J A. 1987. A Model Predicting Stomatal Conductances and Its Contribution to the Control of Photosynthesis under Different Environmental Conditions. Netherlands: Progress in Photosynthesis Research. Ad. I. Biggins, Martinus Nijhoff Publishers.

Band L E C L, Groffman T P, Belt K. 2001. Forest ecosystem processes at the watershed scale: Hydrological and ecological controls of nitrogen export, Hydrol. Process, 15: 2013-2028.

Band L E P, Nemani P R, Running S W. 1993. Forest ecosystem processes at the watershed scale: Incorporating hillslope hydrology. Agric. For. Meteorol. , 63: 93-126.

Barnett T P, Adam J C, Lettenmaier D P. 2005. Potential impacts of a warming climate on water availability in snow-dominated regions. Nature, 438: 303-309.

Bathurst J C, Wicks J M, O'Connell P E. 1995. The SHE/SHESED basin scale water flow and sediment transport modelling system. Computer Models of Watershed Hydrology. Cdorada: Water Resources Publications.

Beate K, Haberlandt U. 2002. Impact of land use changes on water dynamics-a case study in temperate meso and macroscale river basins. Physics and Chemistry of the Earth, 27: 619-629.

Berger K P, Entekhabi D. 2001. Basin hydrologic response relations to distributed physiographic descriptors and climate. Journal of Hydrology, 247: 169-182.

Bernhardt E S, Barber J J, Pippen J S, et al. 2006. Long-term effects of free air CO_2 enrichment (FACE) on soil respiration. Biogeochemistry, 77: 91-116.

Betts R A, Boucher O, Collins M, et al. 2007. Projected increase in continental runoff due to plant responsesto increasing carbon dioxide . Nature, 448 (7157): 1037-1041.

Beven K J, Kirkby M J. 1979. A physically based, variable contributing area model of basin hydrology. Hydrological Science, 24 (1): 43-68.

Beven K J. 2001. Rainfall-Runoff Modelling: The Primer. New Jersey: Wiley.

Beven K. 2002. Towards an alternative blue point for a physically based digitally simulated hydrologic response modeling system. Hydrological Processes, 16: 189-206.

Bohlke J K, Denver J M. 1995. Combined use of groundwater dating, chemical, and isotopic analyses to resolve the history and fate of nitrate contamination in two agricultural watersheds, Atlantic Coastal Plain, Maryland. Water Resour. Res. , 31: 2319-2339.

Bonan G B. 1996. Sensitivity of a GCM simulation to subgrid infiltration and surface runoff. Climate Dynamics, 12: 279-285.

Bonan G B. 1998. The land surface climatology of the NCAR Land Surface Model coupled to the NCAR Community Climate Model. Journal of Climate, 11 (6): 1307-1326.

Bonan G B. 2002. Ecological Climatology: Concepts and Applications. Cambridge: Cambridge University Press.

Bosch J M, Hewlett J D. 1982. A review of catchment experiments to determine the effect of vegetation changes on water yield and evapotranspiration. Journal of Hydrology, 55: 3-23.

Boulain N, Cappelaere B, Seguis L, et al. 2006. Hydrologic and land use impacts on vegetation growth and NPP at the watershed scale in a semi-arid environment. Regional Environmental Change, 6 (3): 147-156.

Bounoua L, Collatz G J, Los S O, et al. 2000. Sensitivity of climate to changes in NDVI. Journal of Climate, 13 (13): 2277-2292.

Bounoua L, deFries R, Collatz G J, et al. 2002. Effects of land cover conversion on surface climate. Climatic Change, 52 (1-2): 29-64.

Brown A E, Zhang L, Mamahon T A, et al. 2005. A review of paired catchment studies for determining changes in water yield resulting from alternations in vegetation. Journal of Hydrology, 310: 28-61.

Brutsaert W, Parlange M B. 1998. Hydrologic cycle explains the evaporation paradox. Nature, 6706: 396.

Budyko M I. 1956. The heat balance of the Earth' s surface. Leningrad : Gidrometeoizdat.

Budyko M I. 1974. Climate and Life. San Diego, Calif: Miller D H Trans, Academic Press.

Buermann W, Dong J R, Zeng X B, et al. 2001. Evaluation of the utility of satellite-based vegetation leaf area index data for climate simulations. Journal of Climate, 14 (17): 3536-3550.

Burt T P, Pinay G. 2005. Linking hydrology and biogeochemistry in complex landscapes. Prog. Phys. Geogr. 29: 297-316.

Calanca P. 2007. Climate change and drought occurrence in the alpine regions: How severe are becoming the extremes. Global and Planetary Change, 57: 151-160.

Carlson T N, Ripley D A. 1997. On the relation between NDVI, fractional vegetation cover, and leaf area index. Remote sensing of Environment, 62: 241-252.

Celia M A, Bouloutas E T, Zarba R L. 1990. A general mass-conservative numerical solution for the unsaturated flow equation. Water Resour. Res. , 26 (7): 1483-1496.

Chapman T. 1991. Comment on "evaluation of automated techniques for base flow and recession analyses" by R. J. Nathan and T. A. McMahon. Water Resources Research, 27 (7): 1783-1785.

Chattopadhyay N, Hulme M. 1997. Evaporation and potential evapotranspiration in India under conditions of recent and future climate change. Agricultural and Forest Meteorology, 87 (1): 55-73.

Chen L, Huang Z, Gong J, et al. 2007. The effect of land cover/vegetation on soil water dynamic in the hilly area of the loess plateau China. Catena, 70: 200-208.

Cherkauer K A, Lettenmaier D P. 1999. Hydrologic effects of frozen soils in the upper Mississippi River basin. Journal of Geophysical Research, 104 (D16): 19599-19610.

Choudhury B J, Monteith J. 1988. A four-layer model for the heat budget of homogeneous land surfaces. Quarterly Journal of the Royal Meteorological Society, 114: 373-398.

Choudhury B J. 1999. Evaluation of an equation for annual evaporation using field observations and results from a biophysical model. Journal of Hydrology, 216: 99-110.

Cirmo C P, McDonnell J J. 1997. Linking the hydrologic and biogeochemical controls of nitrogen transport in near-stream zones of temperate-forested catchments: A review. J. Hydrol, 199: 88-120.

Cleveland C C, Liptzin D C. 2007. N: P stoichiometry in soil: Is there a "Redfield ratio" for the microbial biomass? Biogeochemistry, 85: 235-252.

Collatz G J, Ball J T, Grivet T C, et al. 1991. Physiological and environmental regulation of stomatal conductance, photosynthesis and transpiration: a model that includes a laminar boundary layer. Agricultural and Forest Meteorology, 54: 107-136.

Collatz G J, Ribas C M, Berry J A. 1992. Coupled photosynthesis stomatal conductance model for leaves of C4 plants. Australia Journal of Plant Physiology, 19: 519-538.

Contreras S, Boer M M, Alcalá F J, et al. 2008. An ecohydrological modelling approach for assessing long-term recharge rates in semiarid karstic landscapes. Journal of Hydrology, 351: 42-57.

Cosandey C, Andréassian V, Martin C, et al. 2005. The hydrological impact of the Mediterranean forest: A review of French research. Journal of Hydrology, 301: 235-249.

Dai Y J, Zeng X B, Dickinson R E, et al. 2003. The common land model. Bulletin of the American Meteorological Society, 84 (8): 1013-1023.

Daly E, Porporato A, Rodriguez-Iturbe I. 2004. Coupled dynamics of photosynthesis, transpiration, and soil water balance. Part I: Upscaling from hourly to daily level. J. Hydrometeorol., 5: 546-558.

Davidson E A, Janssens I A. 2006. Temperature sensitivity of soil carbon decomposition and feedbacks to climate change. Nature, 440: 165-173.

de Pury D G G, Farquhar G D. 1997. Simple scalling photosythesis from leaves to canopies without the errors of big-leaf model. Plant Cell and Envioronment, 20: 537-557.

Dickinson R E. 1983. Land surface processes and climate-surface albedos and energy balance. Adv. Geophys., 25: 305-353.

Domingo F, Villagarcl'a L, Boer M M, et al., 2001. Evaluating the long-term water balance of arid zone stream bed vegetation using evapotran spiration modeling and hillslope runoff measurements. Journal of Hydrology, 243: 17-30.

Donohue R J, Roderick M L, McVicar T R. 2007. On the importance of including vegetation dynamics in Budyko's hydrological model. Hydrology and Earth Systerm Sciences, 11 (2): 983-995.

Dougherty R L, Bradford J A, Coyne P I, et al. 1994. Applying an empirical model of stomatal conductance to three C-4 grasses. Agric. For. Meteor., 67: 269-290.

Eagleson P S. 2002. Ecohydrology: Darwinian expression of vegetation form and function. Cambridge: Cambridge University Press.

Eder G, Sivapalan M, Nachtnebel H P. 2003. Modeling of water balances in Alpine catchment through exploitation of emergent properties over changing time scales. Hydrological Processes, 17 (11): 2125-2149.

Falkenmark M, Rockstrom J. 2004. Balancing Water for Humans and Nature: The New Approach in Ecohydrology. London: Earthscan.

FAO. 1977. Crop Water Requirements. Rome, Itally: Irrigation and Drainage Paper No. 24.

FAO. 2000. Map of Soil texture of China. http://www.fao.org/WAICENT/FAOINFO/AGRICULT/AGL/swlwpnr/reports/y_ea/z_cn/home.htm. [2008-2-15]

Farmer D, Sivapalan M, Jothityangkoon C. 2003. Climate, soil and vegetation controls upon the variability of water balance in temperate and semi-arid landscapes: Downward approach to hydrological prediction. Water Resources Research, 39 (2): 1035-1055.

Farquhar G D, O'Leary M H, Berry J A. 1982. On the relationship between carbon isotope discrimination and intercellular carbon dioxide concentration in leaves. Australia Journal of Plant Physiology, 9: 121-137.

Farquhar G D, von Caemmerer S, Berry J A. 1980. A biochemical model of photosynthetic CO_2 assimilation in leaves of C3 species. Planta, 149: 78-90.

Fernández J E, Slawinski C, Moreno F, et al. 2002. Simulating the fate of water in a soil-crop system of a semi-arid Mediterranean area with the WAVE 2.1 and the EURO-ACCESS-II models. Agricultural Water Management, 56: 113-129.

Field C B, Behrenfeld M J, Randerson J T, et al. 1998. Primary production of the biosphere: Integrating terrestrial and oceanic components. Science, 281: 237-240.

Firestone M, Davidson E. 1989. Microbial basis of NO and N_2O production and consumption//Andreae M O, Schimel D S. Exchange of Trace Gases between Terrestrial Ecosystems and the Atmosphere. New York: John Wiley: 7-21.

Flury M, Fluhler H, Jury W A, et al. 1994. Susceptibility of soils to preferential flow of water: A field study. Water Resour. Res. , 30: 1945-1954.

Foley J A, Prentice I C, Ramunkutty N, et al. 1996. Haxeltine, an integrated biosphere model of land surface processes, terrestrial carbon balance and vegetation dynamics. Global Biogeochemical Cycles, 10: 603-628.

Freeze R A, Harlan R L. 1969. Blueprint for a physically-based, digitally-simulated hydrologic response model. Journal of Hydrology, 9 (3): 237-258.

Freney J R, Simpson J R, Denmead O T. 1983. Volatilization of ammonia//Freney J R, Simpson J R. Gaseous Loss of Nitrogen from Plant-Soil System. Hague: Martinus Nijhoff/Dr. W. Junk Publishers: 1-32.

Fung I Y, Doney S C, Lindsay K, et al. 2005. Evolution of carbon sinks in a changing climate, Proc. Natl. Acad. Sci. USA, 102: 11201-11206.

Gao C, Wang H, Weng E S. 2011. Assimilation of multiple data sets with the ensemble Kalman filter to improve forecasts of forest carbon dynamics. Ecological Applications, 21 (5): 1461-1473.

Gedney N, Cox P M. 2006. Detection of a direct carbon dioxide effect incontinental river runoff records. Nature, 439: 835-838.

Gomez-Plaza A, Martinez-Mena M, Albaladejo J, et al. 2001. Factors regulating spatial distribution of soil water content in small semiarid catchments. Journal of Hydrology, 253: 211-226.

Govind A, Chen J M, Ju W M. 2009b. Spatially explicit simulation of hydrologically controlled carbon and nitrogen cycles and associated feedback mechanisms in a boreal ecosystem. Journal of Geophysical Research, 114: 1-23.

Govind A, Chen J M, Margolis H, et al. 2009a. A spatially explicit hydro-ecological modeling framework (BEPS-TerrainLab V2.0): Model decripsion and test in a boreal ecosystem in Eastern North America. Journal of Hydrology, 367: 200-216.

Gutman G, Ignatov A. 1998. The derivation of the green vegetation fraction from NOAA/AVHRR data for use in numerical weather prediction models. International Journal of Remote Sensing, （19）: 1533-1543.

Hao W, Yang D, Hu H, et al. 2009. Water resources allocation considering the water use flexible limit to water shortage-A case study in the Yellow River basin of China. Water Resour Manage, 23: 869-880.

Hargreaves G H, Samani Z A. 1985. Reference crop evapotranspiration from temperature. Applied Engineering in Agriculture, 1 (2): 96-99.

Hedin L O, Armesto J J, Jonhson A H. 1995. Patterns of nutrient loss from unpolluted, old-growth temperate forests: Evaluation of biogeochemical theory. Ecology, 76: 493-509.

Hewlett J D, Troendle C A. 1975. Nonpoint and diffused water sources: a variable source area problem// Proc. of Watershed Management Symp. Logan, Utah: Irrig. and Drain, Amer. Sot. Civil Engin.

Hickel K, Zhang L. 2006. Estimating the impact of rainfall seasonality on mean annual water balance using a top-down approach. Journal of Hydrology, 331: 409-424.

Houlton B Z, Wang Y P, Vitousek P M, et al. 2008. A unifying framework for dinitrogen fixation in the terrestrial biosphere. Nature, 454. (7202): 327-330.

Hurkmans R T W L, Terink W, Uijlenhoet R, et al. 2009. Verburg, effects of land use changes on streamflow generation in the Rhine basin. Water Resour. Res. , 45: 1-15.

Hurkmans R T W, de Moel H, Aerts J C J H, et al. 2008. Water balance versus land surface model in the simulation of Rhine river discharges. Water Resour. Res. , 44.

IGBP-DIS (Global Soil Data Task: Global Soil Data Products CD-ROM) . 2000. International Geosphere-Biosphere Programme-Data and Information Services. Oak Ridge, Tennessee, USA: Available online at (http: //www. daac. ornl. gov/) from the ORNL Distributed Active Archive Center, Oak Ridge National Laboratory.

Jothityangkoon C, Sivapalan M, Farmer D. 2001. Process controls of water balance variability in a large semi-arid catchment: Downward approach to hydrological model development. Journal of Hydrology, 254 (1-4): 174-198.

Kalbitz K, Solinger S, Park J H, et al. 2000. Controls on the dynamics of dissolved organic matter in soils: A review. Soil Sci. , 165: 277-304.

Kirchner J W. 2006. Getting the right answers for the right reasons: Linking measurements, analyses, and models to advance the science of hydrology. Water Resources Research, 42: W03S04.

Kirkby M J. 1978. Hillslope Hydrology. New Jersey: Wiley.

Klemes V. 1983. Conceptualization and scale in hydrology. Journal of Hydrology, 65: 1-23.

Kokkonen T S, Jakeman A J. 2002. Structural Effects of Landscape and Land Use in Streamflow Response. Amsterdam: Elsevier.

Kucharik C J, Foley J A, Delire C, et al. 2000. Testing the performance of a dynamic global ecosystem model: Water balance, carbon balance and vegetation structure. Global Biogeochemical

Cycles, 14 (3): 795-825.

Lai C T, Katul G G. 2000. The dynamic role of root-water uptake in coupling potential to actual tran-
spiration. Advances in Water Resources, 23: 427-439.

Laio F, Porporato A, Ridolfi L, et al. 2001. Plants in water-controlled ecosystems: Active role in
hydrologic processes and response to water stress: II. probabilistic soil moisture dynamics. Advances
in Water Resources, 24 (7): 707-723.

Landsberg J J. 1986. Physiological Ecology of Forest Production. London: Academic Press.

Leuning R, Cromer R N, Rance S. 1991. Spatial distributions of foliar nitrogen and phosphorus in
crowns of Eucalyptus grandis. Oecologia, 88: 504-510.

Leuning R, Kelliher F M, de Pury D G G, et al. 1995. Leaf nitrogen, photosynthesis, conductance
and transpiration: scaling from leaves to canopies. Plant, Cell and Environment, 18: 1183-1200.

Leuning R. 1995. A critical appraisal of a combined stomatal-photosynthesis model for C3 plants. Plant
Cell Environment, 18: 339-355.

Leuning R. 1997. Scaling to a common temperature improves the correlation between photosynthesis pa-
rameters Jmax and Vc, max. Journal of Experimental Botany, 307: 345-347.

Leuning R. 2002. Temperature dependence of two parameters in a photosynthesis model. Plant, Cell
and Environment, 25: 1205-1210.

Li C, Aber J, Stange F, et al. 2000. A process-oriented Model of N_2O and NO emissions from forest
soils: Model development. Journal of Geophysical Research, 105: 4369-4384.

Li C, Frolking S, Frolking T A. 1992. A model of nitrous oxide evolution from soil driven by rainfall
events: 1. Model structure and sensitivity. Journal of Geophysical Research, 97: 9759-9776.

Li C, Frolking S, Harriss R C. 1994. Modeling carbon biogeochemistry in agricultural soils. Global Bi-
ogeochemical Cycles, 8: 237-254.

Li L. 2000. A distributed dynamic parameters inverse model for rainfall-runoff. IAHS Publication, 270:
103-112.

Li L. 2001. A physically-based rainfall-runoff model and distributed dynamic hybrid control inverse
technique. IAHS Publication, 270: 135-142.

Li S, Pezeshki S R, Goodwin S. 2004. Effects of soil moisture regimes on photosynthesis and
growthin cattail (Typha latifolia). Acta Oecologica, 25 (1-2): 17-22.

Li X. 2005. Influence of variation of soil spatial heterogeneity on vegetation restoration. Science in China
Ser. D Earth Sciences, 48 (11): 2020-2031.

Li Z, Wang Y, Zhou Q, et al. 2008. Spatiotemporal variability of land surface moisture based on
vegetation and temperature characteristics in Northern Shaanxi Loess Plateau China. Journal of Arid
Environments, 72: 974-985.

Liang X, Let T D P, Wood E F, et al. 1996. One-dimensional statistical dynamic representation of
subgrid spatial variability of precipitation in the two-layer variable infilt ration capacity model. Journal
of Geophysical Research, 101 (D16): 21403-21422.

Liang X, Lettenmaier D P, Wood E F, et al. 1994. A simple hydrologically based model of land surface water and energy fluxes for general circulation models. Journal of Geophysical Research, 99 (14): 415-428.

Liang X, Wood E F, Lettenmaier D P. 1996. Surface soil moisture parameterization of the VIC-2L model: Evaluation and modification. Global and Planetary Change, 13 (1-4): 195-206.

Liang X, Xie Z H. 2001. A new surface runoff parameterization with subgrid scale soil heterogeneity for land surface models. Advances in Water Resources, 24 (9-10): 1173-1192.

Liang X, Xie Z H. 2003. A new parameterization for surface and groundwater interactions and its impact on water budgets with the variable infiltration capacity (VIC) land surface model. Journal of Geophysics Research, 108 (D16): 8613.

Liang, X., Wood E F, Lettenmaier E F, 1999. Modeling ground heat flux in land surface parameterization schemes, J. Geophys. Res., 104 (D8), 9581-9600.

Littlewood B, Croke F, Jakeman A, et al. 2003. The role of 'top-down' modelling for Prediction in Ungauged Basins (PUB). Hydrological Processes, 17: 1673-1679.

Liu Y H, An S Q, Xu Z, et al. 2006. Spatio-temporal variation of stable isotopes of river waters, water source identification and water security in the Heishui Valley (China) during the dry-season. Hydrogeology Journal, 16: 311-319.

Lohse K A, Brooks P D, Mcintosh J C, et al. 2009. Intercaction between biogeochemistry and hydrologic systems, Annu. Rev. Environ. Resourc., 34: 65-96.

Luo Y Q, Su B, Currie W S, et al. 2004. Progressive nitrogen limitation of ecosystem responses to rising atmospheric carbon dioxide. BioScience, 54: 731-739.

Luo Y Q, White L W, Canadell J G. 2003. Sustainability of terrestrial carbon sequestration: A case study in Duke Forest with inversion approach. Global Biogeochemical Cycles, 17 (1): 1021-1045.

Mackay D S, Band L E. 1997. Forest ecosystem processes at the watershed scale: Dynamic coupling of distributed hydrology and canopy growth. Hydrological Processes, 11: 1197-1217.

Maidment D R. 199. 水文学手册. 张建云, 李纪生译. 2002. 北京: 科学出版社.

Manabe S. 1969. Climate and ocean circulation: 1. The atmospheric circulation and the hydrology of the earth's surface. Monthly Weather Review, 97 (11): 739-774.

Mark B G, Seltzer G O. 2003. Tropical glacial meltwater contribution to stream discharge: A case study in the Cordillera Blanca, Perú. Journal of Glaciology, 49 (165): 271-281.

McDonnell J J, Woods R. 2004. On the need for catchment classification. Journal of Hydrology, 299: 2-3.

McGroddy M E, Daufresne T, Hedin L O. 2004. Scaling of C: N: P stoichiometry in forests worldwide: Implications of terrestrial redfield-type ratios. Ecology, 85: 2390-2401.

McGuire A D, Joyce L A, Kicklighter D W, et al. 1993. Productivity response of climax temperate forests to elevated temperature and carbon dioxide: A North American comparison between two global models. Climate Change, 24: 287-310.

McGuire A D, Melillo J M, Joyce L A, et al., 1992. Interactions between carbon and nitrogen dynamics in estimating net primary productivity for potential vegetation in North America. Global Biogeochemical Cycles, 6: 101-124.

McHale M R, McDonnell J J, Mitchell M J, et al. 2002. A field-based study of soil water and ground water nitrate release in an Adirondack forested watershed. Water Resour. Res. , 38: 1031.

McMahon P B, Bohlke J K, Christenson S C. 2004. Geochemistry, radiocarbon ages, and paleorecharge conditions along a transect in the central High Plains aquifer, southwestern Kansas, USA. Appl. Geochem. , 19: 1655-1686.

McVicar T R, Li L, Niel T, et al. 2007. Developing a decision support tool for China's re-vegetation program: Simulating regional impacts of afforestation on average streamflow in the Loess Plateau. Forest Ecology and Management, 251: 65-81.

Melillo J M, McGuire A D, Kicklighter D W, et al. 1993. Global climate change and terrestrial net primary production. Nature, 363: 234-240

Milly P C D, Dunne K A, Vecchia A V. 2005. Global pattern of trends in streamflow and water availability in a changing climate. Nature, 438: 347-350.

Milly P C D. 1994. Climate, interseasonal storage of soil water and the annual water balance. Advances in Water Resources, 17: 19-24.

Mo X, Beven K. 2004. Multi-objective parameter conditioning of a three-source wheat canopy model. Agricultural and Forest Meteorology, 122 (1-2): 39-63.

Mo X, Liu S, Lin Z, et al. 2004. Simulating temporal and spatial variation of evapotranspiration over the Lushi basin. Journal of Hydrology, 285, 125-142.

Mo X, Liu S, Lin Z, et al. 2005. Prediction of crop yield, water consumption and water use efficiency with a SVAT-crop growth model using remotely sensed data on the North China Plain. Ecological Modelling, 183: 301-322.

Mo X, Liu S. 2001. Simulating evapotranspiration and photosynthesis of winterwheat over the growing season. Agricultural and Forest Meterology, 109: 203-222.

Montandon L M, Small E E. 2008. The impact of soil reflectance on the quantification of the green vegetation fraction from NDVI. Remote Sensing of Environment, 112: 1835-1845.

Moore K B, Ekwurzel B, Esser B K, et al. 2006. Sources of groundwater nitrate revealed using residence time and isotope methods. Appl. Geochem. , 21: 1016-1029.

Nathan R J, McMahon T A. 1990. Evaluation of automated techniques for base-flow and recession analyses. Water Resources Research, 26 (7): 1465-1473.

Neff J C, Asner G P. 2001. Dissolved organic carbon in terrestrial ecosystems: Synthesis and a model. Ecosystems, 4: 29-48.

New M, Hulme M, Jones P. 1999. Representing twentieth-century space-time climate variability. Part I: Development of a 1961-1990 mean monthly terrestrial climatology. Journal of Climate, 12: 829-856.

New M, Hulme M, Jones P. 2000. Representing twentieth-century space-time climate variability. Part II: Development of 1901-1996 monthly grids of terrestrial surface climate. Journal of Climate, 13: 2217-2238.

Noilhan J, Planton S. 1989. A simple parameterization of land surface processes for meteorological models. Monthly Weather Review, 177: 536-549.

Noy-Meir I. 1973. Desert ecosystems: Environment and producers. Annu. Rev. Ecol. Syst., 4: 25-51.

Ol' dekop E M. 1911. On evaporation from the surface of river basins. Trans. Meteorol. Observ., 4: 200-201.

Onstad C A, Jamieson D G. 1970. Modeling the effect of land use modifications on runoff. Water Resources Research, 6: 1287-1295.

Ortega-Farias S, Olioso A, Fuentes S, et al. Latent heat flux over a furrow-irrigated tomato crop using Penman-Monteith equation with a variable surface canopy resistance. Agricultural Water Management, 2006, 82: 421-432.

Oudin L, Andréassian V, Lerat J, et al. 2008. Has land cover a significant impact on mean annual streamflow? An international assessment using 1508 catchments. Journal of Hydrology, 357 (3-4): 303-316.

Parkin G, O'Donnell G, Ewen J, et al. 1996. Validation of catchment models for predicting land-use and climate change impacts. 2. Case study for a Mediterranean catchment. Journal of Hydrology, 175 (1-4): 595-613.

Parton W J, Rasmussen P E. 1994. Long-term effects of crop management in wheat-fallow. Ⅱ. century model simulations. Soil Science Society of America Journal, 58: 530-536.

Parton W J, Schimel D S, Cole C V, et al. 1987. Analysis of factors controlling soil organic matter levels in Great Plains Grasslands. Soil Science Society of America Journal, 51 (5): 1173-1179.

Penman H L. 1948. Natural evaporation from open water, bare and grass. Proceeding of the Royal Society of London Ser A, 193: 120-145.

Peterson T C, Golubev V S, Groisman P Y. 1995. Evaporation losing its strength. Nature, 377: 687-688.

Philip J R. 1957. The theory of infiltration, IV: Sorptivity and algebraic infiltration equations. Soil Science, 84: 257-264.

Philip J R. 1960. General method of exact solution of the concentration-dependent diffusion equation. Australian Journal of Physics, 13 (1): 1-12.

Pike J G. 1964. The estimation of annual runoff from meteorological data in a tropical climate. Journal of Hydrology, 2 (2): 116-123.

Plummer L N, Rupert M G, Busenberg E, et al. 2000. Age of irrigation water in ground water form the Eastern Snake River Plain aquifer, south-central Idaho. Ground Water, 38: 264-283.

Porporato A P, Laio D F, Rodriguez-Iturbe I. 2003. Hydrologic controls on soil carbon and nitrogen cycles: I. modeling scheme. Adv. Water Resour., 26: 45-58.

Porporato A, D'Odorico P, Laio F, et al. 2002. Ecohydrology of water-controlled ecosystems. Advances in Water Resources, 25: 1335-1348.

Potter C S, Klooster M, Steinbach P, et al. 2003. Global teleconnections of climate to terrestrial carbon flux, J. Geophys. Res., 108 (D17): 4556

Potter C S, Randerson J T, Field C B, et al. 1993. Terrestrial ecosystem production: A process model based on global satellite and surface data. Global Biogeochem. Cycles, 7: 811-821.

Potter C S, Steinbach K M, Kumar P T V, et al. 2003. Global teleconnections of climate to terrestrial carbon flux. J. Geophys. Res. , 108 (D17): 4556.

Potter N, Zhang L, Milly P, et al. 2005. Effects of rainfall seasonality and soil moisture capacity on mean annual water balance for Australian catchments. Water Resources Research, 41: W06007.

Qian T A, Dai K E, Trenberth, et al. 2006. Simulation of global land surface conditions from 1948-2004, Part I: forcing data and evaluation. Journal of Hydrometeorology, 7 (5): 953-975.

Raich J W, Rastetter E B, Melillo J M, et al. 1991. Potential net primary productivity in south America: Application of a global model. Ecological Application, 4: 399-429.

Raich J W, Schlesinger W H. 1992. The global carbon dioxide flux in soil respiration and its relationship to vegetation and climate. Tellus B, 44: 81-99.

Randerson J T, Thompson M V, Malmstrom C M, et al. 1996. Substrate limitations for heterotrophs: Implications for models that estimate the seasonal cycle of atmospheric CO_2. Global Biogeochem. Cy. , 10: 585-602.

Rechid D, Jacob D. 2006. Influence of monthly varying vegetation on the simulated climate in Europe. Meteorologische Zeitschrift, 15 (1): 99-116.

Refsgaard J C, Storm B, Mike S H E. 1995. Computer Models of Watershed Hydrology. Colorado: Water Resources Publications.

Refsgaard J C, Storm B. 1996. Construction, calibration and validation of hydrological models. Distributed Hydrological Modelling, (22): 41-54.

Refsgaard J, Storm B. 1995. MIKE SHE//Singh V P. Computer Models in Watershed Hydrology. Water Resources Publication.

Reich P B, Hungate B A, Luo Y Q. 2006. Carbon-nitrogen interactions in terrestrial ecosystems in response to rising atmospheric carbon dioxide. Annu. Rev. Ecol. Syst, 37: 611-636.

Reynolds J F, Kemp P R, Ogle K, et al. 2004. Modifying the 'pulse-reserve' paradigm for deserts of North America: Precipitation pulses, soil water, and plant responses. Oecologia, 141: 194-210.

Robertson G P. 1989. Nitrification and denitrification in humid tropical ecosystems: Potential controls on nitrogen retention//Proctor J. Mineral Nutrients in Tropical Forest and Savanna Ecosystems. Oxford: Blackwell Sci. : 55-70.

Roderick M L, Farquhar G D. 2004. Changes in Australian pan evaporation from 1970 to 2002. International Journal of Climatology, 24: 1077-1090.

Rodriguez-Iturbe I A. Porporato F L, Ridolfi L. 2001. Plants in water-controlled ecosystems—Active role in hydrologic processes and response to water stress: I. Scope and general outline, Adv. Water Resource, 24: 695-705.

Rodríguez-Iturbe I, Porporato A, Laio F, et al. 2001. Plants in water-controlled ecosystems: Active role in hydrologic processes and response to water stress: I. scope and general outline. Advances in Water Resources, 24 (7): 695-705.

Rodríguez-Iturbe I, Porporato A. 2004. Ecohydrology of Water-Controlled Ecosystems: Soil Moisture and Plant Dynamics. New York: Cambridge University Press.

Romero D, Madramootoo C A, Enright P. 2002. Modelling the hydrology of an agricultural watershed in Quebec using SLURP. Canadian Biosystems Engineering, 44: 1.

Running S W, Coughlan J C. 1988. A general modelof forest ecosystem processes for regional applications, I. hydrologic balance, canopy gas exchange and primary production processes. Ecology Model, 42: 125-154.

Running S W, Gower S T. 1991. FOREST-BGC, a general model of forest ecosystem processes for regional applications, II. dynamic carbon allocation and nitrogen budgets. Tree Physiol., 9: 147-160.

Scanlon B R, Jolly I M, Sophocleous M, et al. 2007. Global impacts of conversions from natural to agricultural ecosystems on water resources: Quantity versus quality. Water Resour. Res., 43: W03437.

Schimel D S, Braswell B H, Parton W J. 1997. Equilibration of the terrestrial water, nitrogen, and carbon cycles. Proc. Natl. Acad. Sci., 94: 8280-8283.

Schreiber P. 1904. Uber die Beziehungen zwischen dem Niederchlag und der Wasserfuhrung der Flusse in Mittelleuropa. Z Meteorology, 21: 441-452.

Schultz G A, Engman E T. 2000. 水文与水管理中的遥感技术. 韩敏译. 2006. 北京：中国水利水电出版社.

Sellers P J, Berry J A, Collatz G J, et al. 1992. Canopy reflectance, photosynthesis, and transpiration. III. a reanalysis using improved leaf models and a new canopy integration scheme. Remote Sensing of the Environment, 42: 187-216.

Sellers P J, Bounoua L, Collatz G J, et al. 1996a. Comparison of radiative and physiological effects of doubled atmosphere CO_2 on climate. Science, 271: 1402-1406.

Sellers P J, Dickinson R E, Randall D A, et al. 1997. Modeling the exchange of energy, water, and carbon between continents and the atmosphere. Science, 275 (5299): 502-509.

Sellers P J, Los S O. 1996. A revised land surface parameterization (SiB2) for atmospheric GCMs. Part 2: The generation of global fields of terrestrial biophysical parameters from satellite data. Journal Climate, (9): 706-737.

Sellers P J, Mintz Y, Sud Y C. 1986. A Simple Biosphere Model (SIB) for Use within General Circulation Models. Journal of the Atmospheric Sciences, 43 (6): 505-531.

Sellers P J, Randall D A, Collatz G J, et al. 1996b. A revised land surface parameterization (SSiB2) for atmospheric GCMs. Part I model formulation. Journal of Climate, 9: 676-705.

Shamir E, Imam B, Morin E, et al. 2005. The role of hydrograph indices in parameter estimation of rainfall runoff models. Hydrological Processes, 19 (11): 2187-2207.

Shao W, Yang D, Hu H, et al. 2009. Water Resources Allocation Considering the Water Use Flexible Limit to Water Shortage-A Case Study in the Yellow River Basin of China. Water Resources Management, 23: 869-880.

Shi Y, Shen Y, Kang E, et al. 2007. Recent and future climate change in northwest China. Climate Change, 80 (3): 379-393.

Shirato Y, Yokozawa M. 2005. Applying the rothamsted carbon model for long-term experiments on Japanese paddy soils and modifying it by simple tuning of the decomposition rate. Soil Sci. Plant Nutr. , 51 (3): 405-415.

Shuttleworth W J. 1993. Evaporation. Handbook of Hydrology. New York: McGraw-Hill.

Singh V P, Woolhiser D A. 2002. Mathematical modeling of watershed hydrology. Journal of Hydrological Engineering, 7 (4): 270-292.

Sitch S, Smith B, Prentice I C, et al. 2003. Evaluation of ecosystem dynamics, plant geography and terrestrial carbon cycling in the LPJ Dynamic Vegetation Model. Global Change Biology, 9: 161-185.

Sivapalan M, Blöschl G, Zhang L, et al. 2003. Downward approach to hydrological prediction. Hydrological Processes, 17: 2101-2111.

Sivapalan M. 2003. IAHS decade on predictions in ungauged basins (PUB), 2003-2012: Shaping an exciting future for the hydrological sciences. Hydrological Sciences Journal, 48 (6): 857-879.

Sivapalan M. 2005. Pattern, Processes and Function: Elements of a Unified Theory of Hydrology at the Catchment Scale. Encyclopedia of Hydrological Sciences. London: John Wiley.

Skopp J, Jawson M D, Doran J W. 1990. Steady-state aerobic microbial activity as a function of soil-water content. Soil Sci. Soc. Am. J. , 54: 1619-1625.

Sokolov D W, Melillo K J M, Felzer B S. 2008. Consequences of considering carbon-nitrogen interactions on the feedbacks between climate and the terrestrial carbon cycle. J. Clim. , 21: 3776-3796.

Son K, Sivapalan M. 2007. Improving model structure and reducing parameter uncertainty in conceptual water balance models through the use of auxiliary data. Water Resources Research, 43: W01415.

Soulis E D, Snelgrove K R, Kouwen N, et al. 2000. Towards closing the vertical water balance in Canadian atmospheric models: Coupling of the land surface scheme CLASS with the distributed hydrological model WATFLOOD. Atmosphere Ocean, 38 (1): 251-269.

Steven M D, Malthus T J, Baret F, et al. 2003. Intercalibration of vegetation indices from different sensor systems. Remote Sensing of Environment, 88: 412-422.

Stockli R, Vidale P L. 2005. Modeling diurnal to seasonal water and heat exchanges at European Fluxnet sites. Theoretical and Applied Climatology, 80 (2): 229-243.

Sugawara M, Ozaki E, Watanabe I, et al. 1974. Tank model and its application to Bird Creek, Wollombi Brook, Bikin River, Kitsu River, Sanaga River and Nam Mune. Research Note of the National Research Center for Disaster Prevention, 11: 1-64.

Sugawara M. 1967. The Flood Forecasting by A Series Storage Type Model. Leningrad. USSR: International Symposium on Floods and Their Computation.

Tabios G Q, Salas J D. 1985. A comparative analysis of techniques for spatial interpolation of precipitation. Water Resources Bulletin, 21 (3): 365-380.

Tachikawa Y, Takasao T, Shiba M. 1996. TIN-based topographic modeling and runoff prediction using a basin geomorphic information system. IAHS Publication, 235: 225-232.

Tague C L, Band L E. 2004. RHESSys, Regional hydro-ecologic simulation system-an object-oriented approach to spatially distributed modeling of carbon, water, and nutrient cycling. Earth Interact, 8 (19): 1-42.

Thornton P E, Doney S C, Lindsay K, et al. 2009. Carbon-nitrogen interactions regulate climate-carbon feedbacks: Results from an atmosphere-ocean generation ciculation model. Biogeoscience, 6: 2099-2120.

Thornton P, Lamarque J F, Rosenbloom N A, et al. 2007. Influence of carbon-nitrogen coupling on land model response to CO_2 fertilization and climate variability. Global Biogeochemical Cycles, 21 (4): 405-412.

Van Genuchten M T. 1980. A closed form equation for predicting the hydraulic conductivity of unsaturated soils. Soil Science Society of America Journal, 44: 892-898.

Verma S B, Baldocchi D D, Anderson D E, et al. 1986. Eddy fluxes of CO_2 water vapor, and sensible heat over a deciduous forest. Boundary-Layer Meteorology, (36): 71-91.

Verma S B, Kim J, Clement R J. 1989. Carbon dioxide, water vapor and sensible heat fluxes over a tall grass prairie. Boundary-Layer Meteorology, (46): 53-67.

Vrugt J A, Bouten W, Gupta H V, et al. 2002. Toward improved identifiability of hydrologic model parameters: The information content of experimental data. Water Resources Research, 38 (12): 1312.

Wagener T, Sivapalan M, Troch P, et al. 2007. Catchment classification and hydrologic similarity. Geography Compass, 1 (4): 901-903.

Wang G, Xia J, Chen J. 2009. Quantification of effects of climate variations and human activities on runoff by a monthly water balance model: A case study of the Chaobai River basin in northern China. Water Resources Research, 45 (7): 206-216.

Wang Y P, Houlton B Z, Field C B. 2007. A model of biogeochemical cycles of carbon, nitrogen, and phosphorus including symbiotic nitrogen fixation and phosphatase production. Global Biogeochemical Cycels, 21.

Wang Y P, Houlton B Z. 2009. Nitrogen constraints on terrestrial carbon uptake: Implications forthe global carbon-climate feedback. Geophysical Research Letters, 36: 1-5.

Wang Y P, Law R M, Pak B. 2009. A global model of carbon, nitrogen and phosphorus cycles for the terrestrial biosphere. Biogeosciences Discuss, 6: 9891-9944.

Wang Y P, Leuning R, Cleugh H A, et al. 2001. Parameter estimation in surface exchange models using non-linear inversion: how many parameters can weestimate and which measurements are most useful? Global Change Biology, 7: 495-510.

Wang Y P, Leuning R. 1998. A two-leaf model for canopy conductance, photosynthesis and partitioning of available energy I: model description and comparison with a multi-layered model. Agricultural and Forest Meteorology, 91: 89-111.

Xia J, O'Connor K M, Kachroo R K, et al. 1997. A non-linear perturbation model considering catchment wetness and its application in river flow forecasting. Journal of Hydrology, 200 (1-4): 164-178.

Xia J, Wang G, Ge T, et al. 2005. Development of distributed time-variant gain model for nonlinear hydrological systems. Science in China Series D: Earth Sciences, 48 (6): 713-723.

Xia Y Q, Shao M A. 2008. Soil water carrying capacity for vegetation: A hydrologic and biogeochemical process model solution. Ecological modeling, 214: 112-124.

Xie Z H, Fengge S, Xu L, et al. 2003. Applications of a surface runoff model with horton and dunne runoff for VIC. Advances in Atmospheric Sciences, 20 (2): 165-172.

Xu R, Prentice I C. 2008. Terrestrial nitrogen cycle simulation with a dynamic global vegetation model. Global Change Biol., 14: 745-1764.

Yamanaka T, Kaihotsu I, Oyunbaatar D, et al. 2007. Summertime soil hydrological cycle and surface energy balance on the Mongolian steppe. Journal of Arid Environments, 69 (1): 65-79.

Yang D, Herath S, Musiake K. 1997. Analysis of geomorphologic properties extracted from DEMs for hydrological modeling. Annual Journal of Hydraulic Engineering, JSCE, 41: 105-110.

Yang D, Herath S, Musiake K. 1998. Development of a geomorphology-based hydrological model for large catchments. Annual Journal of Hydraulic Engineering, JSCE, 42: 169-174.

Yang D, Herath S, Musiake K. 2002. Hillslope-based hydrological model using catchment area and width function. Hydrological Sciences Journal, 47: 49-65.

Yang D, Kanae S, Oki T, et al. 2001. Expanding the distributed hydrological modeling to continental scale. IAHS Publication, 270: 125-134.

Yang D, Li C, Hu H, et al. 2004. Analysis of water resources variability in the Yellow River basin during the last half century using the historical data. Water Resources Research, W06502.

Yang D, Musiake K, Kanae S, et al. 2000. Use of the Pfafstetter Basin Numbering System in Hydrological Modeling. Proceedings of 2000 Annual Conference. Japan Society of Hydrology and Water Resources.

Yang D, Shao W. 2006. Toward Understanding Uncertainties in Water Resources Assessment in the Yellow River Basin. International Symposium on Flood Forecasting and Water Resources Assessment for IAHS-PUB. Beijing: Tsinghua University.

Yang D, Shao W. 2008. Analysis of water resources variability in the Yellow River of China using a distributed hydrological model. IAHS Publication, 322: 228-233.

Yang D, Sun F B, Liu Z, et al. 2007. Analyzing spatial and temporal variability of annual water-energy balance in non-humid regions of China using the Budyko hypothesis. Water Resources Research, 43: W04426.

Yang D, Sun F, Liu Z, et al. 2006. Interpreting the complementary relationship in non-humid environments based on the Budyko and Penman hypotheses. Geophysical Research Letters, 33: L18402.

Yang D. 1998. Distributed Hydrological Model Using Hillslope Discretization Based on Catchment Area

Function Development and Applications. Tokyo: University of Tokyo Thesis for Degree of Doctor of Engineering.

Yang H, Yang D, Lei Z, et al. 2008. New analytical derivation of the mean annual water-energy balance equation. Water Resources Research, 44: W03410.

Yeh P J F, Eltahir E A B. 2005. Representation of water table dynamics in a land surface scheme. Part I: model development. J. Climate, 18: 1861-1880.

Yu G R, Zhuang J, Yu Z L. 2001. An attempt to establish a synthetic model of photosynthesis-transpiration based on stomatal behavior for maize and soybean plants grown in field. Journal of Plant Physiology, 158: 861-874.

Yu G R. 1999. A study on modeling stomatal conductance of maize (Zea mays L.) leaves. Tech. Bull. Fac. Hort. Chiba Univ., 53: 145-239

Yu L, Cao M, Li K. 2006. Climate-induced changes in the vegetation pattern of China in the 21st century. Ecological Research, 21 (6): 912-919.

Zeng X, Zeng X, Shen S, et al. 2005. Vegetation-soil water interaction within a dynamical ecosystem model of grassland in semi-arid areas. Tellus, 57B: 189-202.

Zhang L, Dawes W R, Walker G R. 1999. Predicting the Effect of Vegetation Changes on Catchment Average Water Balance. Canberra CRC for Catchment Hydrology Technical Report, 99/12.

Zhang L, Dawes W R, Walker G R. 2001. Response of mean annual evapotranspiration to vegetation changes at catchment scale. Water Resources Research, 37 (3): 701-708.

Zhang L, Hickel K, Dawes W R, et al. 2004. A rational function approach for estimating mean annual evapotranspiration. Water Resources Research, 40: W02502.

Zhang L, Potter N, Hickel K, et al. 2008. Water balance modeling over variable time scales based on the Budyko framework-Model development and testing. Journal of Hydrology, 360 (1-4): 117-131.

Zhang X, Fried M A, Schaaf C B. 2006. Global vegetation phenology from moderate resolution imaging spectroradiometer (MODIS): Evaluation of global patterns and comparison with in situ measurements. J. Geophys. Res., 111: G04017.

Zhang X, Zhang L, McVicar T R, et al. 2007. Modelling the impact of afforestation on average annual streamflow in the Loess Plateau. China. Hydrological Processes, 22 (12): 1996-2004.

Zhang Y, Schilling K. 2006. Effect of land cover on water table, soil moisture, evapotranspiration, and groundwater recharge: A field observation and analysis. Journal of Hydrology, 319: 328-338.